F. L. Breusch · Referat

F. L. Breusch

Referat

Gegen Dogma und Dialektik

Kosmologie,
Molekularbiologie, Mechanistik

Akademische Verlagsgesellschaft
Frankfurt am Main

Gesamtherstellung Decker & Wilhelm, 6056 Heusenstamm
Printed in Germany
ISBN 3-400-00289-5

Inhalt

Einleitung

In diesem Referat wird versucht, aus allem grundsätzlichen Sachwissen der Erde mögliche Folgen zu ziehen.

Es beginnt mit Kosmologie, dem Aufbau des Universums aus nur 92 bekannten Elementen. Es folgt die Kombination der Atome zu Molekülen (Chemie). Es zeigt die Wahrscheinlichkeit der Entstehung lebender Zellen aus Molekülen unter den physikalisch-chemisch günstigen, aber astronomisch sehr seltenen Bedingungen der Erde; und deren Höherentwicklung durch Zufallsänderungen (Mutationen) der Zellbauchemikalien, bis zum Menschen mit seinem höchsten Computerinstrument, dem Hirn. Daraus abgeleitet werden die menschlichen Eigenschaften, Bewußtsein, das Denken, die Beseitigung der zu kritisch gewordenen Denküberschüsse durch Zwangsillusionen zum einzigen Zweck jeder tierischen und menschlichen Generation: die nächste Generation zu machen, und dann zu verschwinden.

Das Referat zeigt die heute nicht mehr ernstlich widersprechbare Mechanistik alles Lebenden, daß alles angeblich höhere, Gott, Seele, Vitalismen, Sinn des Lebens, nur vorläufige Zwangsillusionen sind, die vor der sachlich fortschreitenden Naturwissenschaft zu Spielereien zum Glücksgewinn im Kultur-karussell werden.

Es wendet sich gegen die Illusionen aller Religionen, der Marxismen, gegen das Betrugssystem der Dialektik, gegen die verhängnisvollen Predigten des Hegel, daß es zweierlei »Wahrheiten« gäbe: die höheren »ewigen« Wahrheiten, die angeblich evident, der Logik, der Sachkritik entzogen seien und gewöhnliche Wahrheiten, bei denen die Logik gilt.

Es gibt nur meßbare, prinzipiell sachlich formulierbare Wahrheiten der Naturwissenschaften, die nicht ewig sind, sondern durch neue Meßergebnisse modifiziert werden können.

Sachliche Wahrheitssuche ist nicht alt; erst seit es messende Experimente gibt, seit einigen Generationen. Sie dringt in das gewohnheitserstarrte Hirngestrüpp der jeweils gerade gültigen Illusionen nur schwer ein.

Vom Physiker Max Planck stammt der Satz: »Die Wahrheit wird nie im Triumph empfangen, aber ihre Gegner sterben aus«.

Falls es nicht dogma-verhärteten Illusionisten gelingt, die Erziehung der Jugend der nächsten Generation in die Hand zu bekommen; den Lehrern des Islams, den Lehrern des Marxismus, den Lehrern des Christentums, den Lehrern der Humanität, den Lehrern der Juden und anderen.

Denn es gibt keinen noch so abstrusen Unsinn, keine noch so falsche Illusion, die man nicht Kindern, Jugendlichen, Studenten in ihre noch nicht kritikreifen Hirne, ihre von Geburt leeren Neuronen des Hirns einpflanzen könnte. Die »ewigen« Wahrheiten erstarren zu festen Überzeugungen, sie gehen in die Reflexe über. Kein Kind würde von allein Christ oder Jude, Marxist oder Mohammedaner werden.

95 % aller Menschen, zu träge, um ihre komplizierten Grundlagen selbst zu überdenken, brauchen irgendwelche von außen gelieferten Leitillusionen zum praktischen Durchstehen der Lebenszeit; auch wenn sie falsch sind, wenn sie nur in der Menschenschicht ihrer Umgebung gültig sind.

Über das unentrinnbare Nebeneinander falscher Leitillusionen und der harten (möglichst) illusionslosen Ergebnisse der Naturwissenschaften, siehe die Definition von Heisenberg am Schluß des Buches.

1. Kosmologie

Zum Bewußtsein, ein winziger Teil des Weltalls zu sein, sind Menschen erst ab Galilei und Kepler gekommen.

Der Radius des Universums ist ca. 16 bis 18 Milliarden Lichtjahre (das sind ca. $1{,}5 \times 10^{23}$ km). Das Alter der Erde und ihres Mondes wird aus Uran-Zerfallsrechnungen zu mindestens 4,5 Milliarden Jahren bestimmt.

Alle Sterne, die gesamten anderen Galaxien (mehrere Milliarden andere Milchstraßen) bewegen sich von uns weg. Man konnte so zuerst annehmen, unsere Milchstraße sei der Mittelpunkt des Universums: So, wie man früher einmal annahm, die Erde — dann später unsere Sonne — sei der Mittelpunkt. Das ist unrichtig, denn von anderen Galaxien gesehen, entfernt sich unsere Milchstraße. Es ist, wie wenn man auf einen wenig aufgeblasenen Ballon Punkte malt, und dann weiter aufbläst. Alle Punkte entfernen sich voneinander. Kein Punkt ist bevorzugt und hat das Recht, als ruhender Mittelpunkt bezeichnet zu werden.

Man kann das Weltallalter aus der Fluchtgeschwindigkeit der Sterne von uns weg und aus ihren, mit verschiedenen anderen Methoden meßbaren, Entfernungen von unserem Sonnensystem bestimmen. Man kann mit gleichem Recht von der Fluchtgeschwindigkeit unserer Milchstraße und unseres Sonnensystems von den anderen sprechen. (Lit. 1, 20, 33, 38, 46, 60, 85, 93, 95, 99, 106, 65, 43, 50). Sie nimmt mit dem Abstand von uns um die Hubble-Konstante zu, (50 — 60 Kilometer Geschwindigkeitszuwachs pro Sekunde für je eine Million Parsec (= 3,26 Millionen Lichtjahre) Abstand von uns als Beobachter).

Die Fluchtgeschwindigkeit anderer Sterne und Galaxien von uns weg wird mit dem Doppler-Effekt aus der Verschiebung von Spektrallinien chemischer Elemente der Sterne nach der langwelligen Seite des Lichtspektrums (Seite 9) gemessen. (So wie die Tonhöhe der Klingel eines Radfahrers, der nach dem Vorbeifahren von uns weg fährt, tiefer wird, sich nach längeren akustischen Wellen verschiebt, woraus man die Geschwindigkeit des Radfahrers berechnen kann).

Die Entfernung von Sternen bis zu 100 Lichtjahren kann man direkt trigonometrisch vermessen, so wie ein Landvermesser von den Enden einer genau gemessenen Basislinie einen fernen Punkt anpeilt, die verschiedenen Winkel mißt, und dann die Entfernung ausrechnet (Lit. 43). Als Basislinie verwendet man in der Astronomie den Durchmesser der Erdumlaufbahn um die Sonne, 300 Millionen Kilometer. Diese Messungen sind auf weniger als ein Prozent genau.

Größere Entfernungen, bis zu 50 Millionen Lichtjahren, kann man mit Hilfe der sogen. Cepheiden rechnen. Es sind labile Sterne einer Übergangsphase, bei denen in streng gleichen Perioden die Lichtstärke pulsiert. Da zwischen Helligkeit, Masse und Periode solcher Cepheiden mathematisch faßbare Formelbeziehungen bestehen, die in allen Galaxien gleich sind, kann man durch Messung von Leuchtkraft und Periode ihre Entfernung und damit die Entfernung der betreffenden Galaxie (= Nebel = Milchstraße) ausrechnen.

Durch Rückwärtsrechnen kann man als wahrscheinlich annehmen, daß vor 16 bis 18 Milliarden Jahren die ganze Masse des Universums auf ein sehr kleines Volumen sehr hoher Dichte und vielen Milliarden Grad Temperatur konzentriert war, und dann in einer gewaltigen Explosion, dem Urknall, auseinandergejagt wurde. Diese Expansion geht immer noch weiter.

Abb. 1: Spiralnebel NGC 4565 (von der Seite gesehen).
Er enthält etwa 20 Milliarden Sterne, der Abstand von unserer Milchstraße beträgt 4 Millionen Lichtjahre. (Photograph courtesy of the Hale Observatories, Pasadena)

Abb. 2: Spiralnebel Andromeda (unter ca. 45° gesehen).

Der Andromedanebel ist die nächste Galaxie zum Spiralnebel „Milchstraße" (NGC 224; Messier 31). Er enthält etwa 200 Milliarden Sterne, sein Durchmesser beträgt ca. 100 000 Lichtjahre, die Entfernung von unserer Milchstraße beträgt 2 Millionen Lichtjahre. (Photograph courtesy of the Hale Observatories, Pasadena)

Das für uns übersehbare Weltall expandiert — im Durchschnitt — ziemlich gleichmäßig, die näheren Sterne langsamer, die weiter entfernten schneller.

Die äußersten bekannten Sterne in mehreren Milliarden Lichtjahren Entfernung fliegen mit 100 000 Kilometer pro Sekunde und mehr (Lichtgeschwindigkeit = 300 000 Kilometer/Sekunde) von uns weg. Durch die neuen Satellitenfernrohre, die jetzt auf 400 Kilometer Höhe nach außerhalb der Erdatmosphäre geschossen worden sind, erhofft man neue Erkenntnisse.

Die Annahme eines Urknalls erhielt eine wesentliche Stütze durch die Entdeckung der kosmischen Hintergrundstrahlung der Wellenlänge 7,5 cm. Sie kommt gleichmäßig von allen Seiten des Universums und ist mit der berechneten Reststrahlung des Urknalls identisch. Das Alter des Universums berechnet sich daraus auf etwa 10 Milliarden Jahre. Das stimmt, innerhalb der vorerst noch großen Meßbreite, mit dem Alter von 16 bis 18 Milliarden Jahren überein, wie es nach der Hubble-Konstante berechnet wurde. Möglicherweise ist die Hubble-Konstante nicht für alle Entfernungen von uns weg konstant.

Unser astronomisches Wissen von den Grenzen des Universums kommt aus Daten von Vorgängen, die vor zehn Milliarden Jahren passierten. So lange hat das äußerste Licht gebraucht, bis es mit 300000 Kilometer pro Sekunde in den Fernrohren unserer Erde an-

Abb. 3: Spiralnebel M 51 in den Jagdhunden (senkrecht zur Spiralscheibe gesehen). (Mit Erlaubnis von Dr. K. Schaifers, Sternwarte Heidelberg-Königstuhl).

Der Durchmesser beträgt ca. 30000 Lichtjahre, die Entfernung zur Milchstraße ca. 7 Millionen Lichtjahre. Unsere Milchstraße, ebenfalls ein Spiralnebel, sieht von einer fremden Galaxie bei senkrechter Betrachtung etwa ebenso aus. Wir sehen von der Erde aus die Milchstraße als Band, weil unser eigenes Sonnen-Planetensystem selbst Mitglied eines Spiralarmes in der Scheibe ist; dabei beträgt der Abstand zum Zentrum der Scheibe etwa 30000 Lichtjahre.

Abb. 4: Kugelsternhaufen Omega Centauri (Südhimmel).

Der Durchmesser beträgt ca. 70 Lichtjahre, die Entfernung von der Sonne 15 000 Lichtjahre. Er ist Mitglied unserer Milchstraße und enthält mehrere tausend Sterne von etwa Sonnengröße. Die sehr alten Sterne der Kugelhaufen sind wahrscheinlich durch Aufteilung von ursprünglichen Riesensternen entstanden, die sich ohne Super-Novae-Explosionen in stabile Sterne von Sonnengröße aufgeteilt haben. Kugelsternhaufen stehen etwas außerhalb der Scheibe der Milchstraße und nehmen an der Rotation des gesamten Spiralnebels nicht merkbar teil. (Mit Erlaubnis von Dr. K. Schaifers, Sternwarte Heidelberg-Königstuhl).

In Kugelsternhaufen sind die Einzelsterne ein oder mehrere Lichtjahre voneinander entfernt. Sie sehen deshalb von einem Stern zum anderen nicht wie unsere Sonne von der Erde (Abstand 8,5 Licht-Minuten) wie Scheiben aus, sondern wie dimensionslose Lichtpunkte. Die Gesamthelligkeit in einem Kugelsternhaufen ist nur etwa doppelte Vollmond-Helligkeit.

kam. Was dort »heute« geschieht, wird man auf der Erde erst in zehn Milliarden Jahren sehen, wenn dann unser Sonnensystem mit der Erde noch besteht, was unwahrscheinlich ist, da auch Sterne ständig neu entstehen, leuchten, ausbrennen; der Rest bleibt entweder als dunkle, nicht sichtbare Sterne oder wird in Supernovae-Ausbrüche ins freie Universum als Gas und Staub weggeblasen.

Was vor dem Urknall war, das Loch der ersten Ursache, ist bisher unbekannt. Jeder, dem es Spaß macht, kann dort als asylum ignorantiae einen Schöpfer ansiedeln; der seither nichts mehr hat von sich hören lassen.

Eine technische Forschungsschwierigkeit in der Astronomie lag bis vor zwanzig Jahren darin, daß die Gasatmosphäre unserer Erde von dem großen Strahlungs-Spektrum der Sterne nur zwei Wellenlängenfenster offen läßt. Erst in Höhe von 50 km und mehr verschwindet die Störung. Vor dem Zeitalter der Raketen waren solche Höhen nicht zugänglich (Abbildung 4 a Seite 9).

Die Überschreitung der Lichtgeschwindigkeit ist (nach heutigen Erkenntnissen) unmöglich. Sterne, die schneller wegfliegen, wären für uns nicht mehr sichtbar.

Die an Masse ziemlich gleichmäßigen Sterne unserer Milchstraße verteilen sich nach Art eines mit Spiralarmen versehenen Diskus'. Der Durchmesser der Milchstraße ist etwa 100 000 Lichtjahre, die Höhe 15 000 Lichtjahre (Lit. 43, 99),

Ein Lichtjahr ist die Entfernung, die das Licht bei 300 000 Kilometer pro Sekunde in einem Jahr zurücklegt, das sind $9{,}46 \times 10^{17}$ Zentimeter.

In der Astronomie rechnet man jetzt mit Parsec (pc aus Parallaxe und Bogensekunde). Es ist die gedachte Entfernung, von der aus der Erdbahn-Radius beim Umlauf um die Sonne (149 Millionen Kilometer = 1 astronomische Einheit) unter dem Winkel von einer Bogensekunde erscheint. 1 pc ist gleich 3,262 Lichtjahre. Ein Kiloparsec kpc sind 1000 pc; eine Million pc = Mpc.

Die Milchstraße, unser Spiralnebel, enthält 2.10^{11} = 200 Milliarden Sterne; fast jeder von der Durchschnittsgröße unserer Sonne.

Unsere Sonne steht in einem der Spiralarme der Milchstraße in einem Abstand von etwa 30 000 Lichtjahren vom Zentrum. Alle Sterne eines lokalen Sternhaufens rotieren in der Diskusscheibe um die senkrechte Achse; die Sonne einmal in 230 Millionen Jahren mit einer Geschwindigkeit von 235 Kilometer pro Sekunde.

Die nächste Nachbar-Galaxie zu unserer Milchstraße ist der gut sichtbare Andromeda-Nebel. Er ist zwei Millionen Lichtjahre von uns entfernt. Er hat ebenfalls wie unsere Milchstraße 200 Milliarden Sterne. Bis zu einer heute in Fernrohren maximal noch sichtbaren Entfernung von mehreren Milliarden Lichtjahren beträgt die Zahl der milchstraßenähnlichen Nebel einige Milliarden. Jeder Nebel hat selbst wieder Milliarden Sterne. Die Masse solcher Sternnebel variiert von 0,2 bis 400 Milliarden Sonnenmassen. Im Durchschnitt sind die meisten Nebel von der Größe unserer Milchstraße.

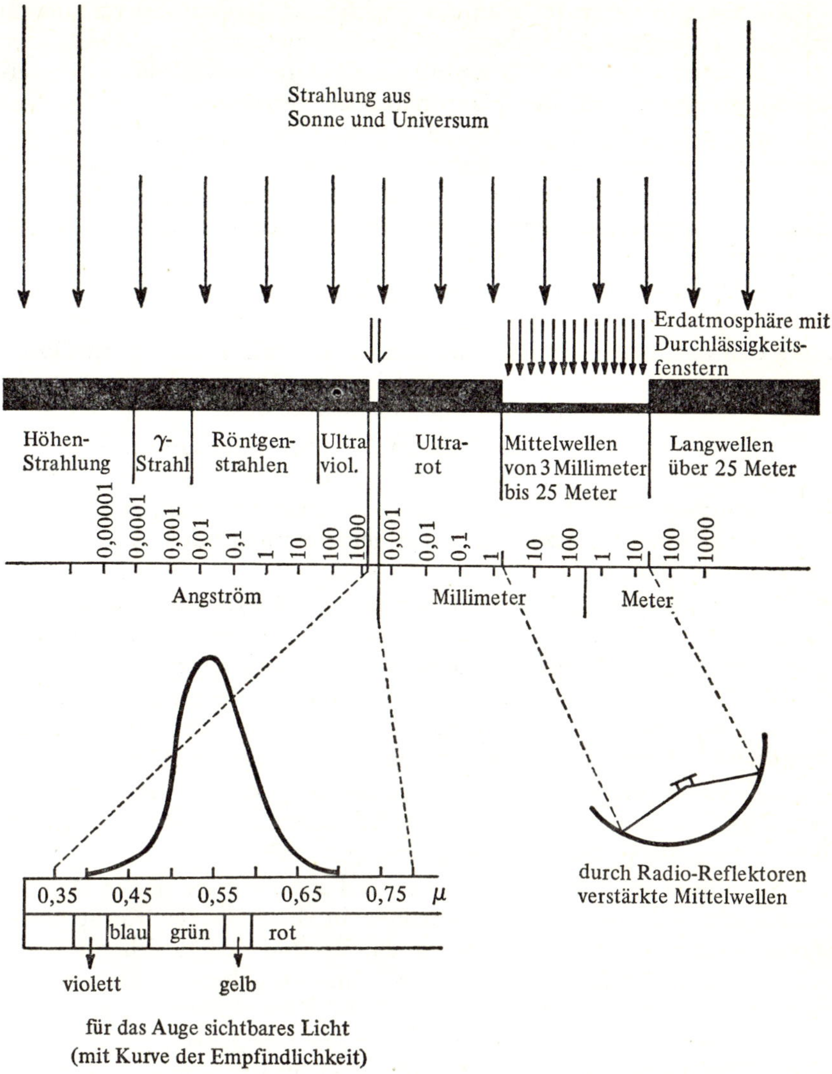

Abb. 4a: Durchlässigkeit der Erdatmosphäre für verschiedene Wellenlängen. Die Erdatmosphäre läßt die Strahlung, die aus dem Weltraum auf die Erde trifft, nur in zwei Wellenlängenbereichen durch: Das eine „Fenster“ liegt im Wellenbereich von 4000 Angström (violett) bis 8000 Angström (rot). Unser Auge sieht nur diesen engen Strahlungsbereich. Das zweite Fenster liegt im Wellenbereich von 3 mm bis 25 Meter Wellenlänge. Da der Energieinhalt dieser langwelligen Strahlung sehr gering ist, muß man große Mengen in Reflektoren sammeln.

Seit Einstein vermutet man ein in sich geschlossenes Universum. Es hat sich gezeigt, daß Lichtphotonen, die Energie und damit Masse haben (jedoch sicher unter 10^{-46} Gramm), im Gravitationsfeld dieses Universums gekrümmt nach der Hauptmasse zu verlaufen, in gekrümmten Linien, die nach Milliarden Jahren in sich selbst zurückfallen. Entscheidungen in dieser Frage bringt vielleicht die neue Astrophysik der Quasare; das sind Galaxien mit enormer Fluchtgeschwindigkeit und riesiger Energieverschwendung an den Grenzen der Sichtbarkeit des Universums.

Die durchschnittliche Verteilung der Sterne im Universum ist so, daß das Verhältnis von Sterndurchmesser zum Abstand vom nächsten Stern etwa eins zu 2 Millionen ist. Gibt man einem Stern 1 Zentimeter Durchmesser, so ist der nächste Stern in 20 Kilometer Entfernung. Zusammenstöße zweier Sterne sind so extrem unwahrscheinlich.

Da trotzdem die schwache Gravitation über beliebige Entfernungen wirkt, kommt es vor, daß sich zwei, manchmal mehr Sterne, relativ so nahe kommen, daß sie sich gegenseitig einfangen und nun, vorerst, nach den Kepler'schen Gesetzen um einen gemeinsamen Schwerpunkt rotieren (Doppel-Sterne, Lit. 38).

α-Centauri, einer der unserer Sonne am nächsten stehenden Sterne (Abstand 4 Lichtjahre = 1,3 parsec), besteht aus zwei sichtbaren Komponenten von 1,07 und 0,87 Sonnenmassen und einem dunklen, unsichtbaren dritten, genannt Proxima Centauri, dessen Existenz man aus den Umlaufstörungen der beiden anderen nach den Keppler'scher Regeln ausrechnen kann. Sie umkreisen sich in 80 Jahren einmal.

Auch unser hellster Nachbarstern, Sirius (8,7 Lichtjahre entfernt), mit 2,35 Sonnenmassen, hat einen nichtleuchtenden Begleiter (Sirius B; 1 Sonnenmasse, Dichte 16,5 Kilogramm pro cm^3).

In manchen ausgebrannten Sternen sind unter extrem hohen Drucken und Dichten die negativen Elektronen in die positiven Kerne eingepreßt, unter Bildung von Neutronen. Es sind vermutlich die kaum mehr leuchtenden Neutronensterne von nur 10 Kilometer Durchmesser mit einer ganzen Sonnenmasse (Lit. 43, 85). Das Universum, soweit die besten Fernrohre reichen (einige Milliarden Lichtjahre), hat etwa 10^{20} bis 10^{22} Sterne von meist ähnlicher Masse wie unsere Sonne.

Mit den großen, heutigen parabolischen Radioantennen kommt man auf Entfernungen von 6 bis 10 Milliarden Lichtjahre. Dabei wird das langwellige Spektrum von 0,3 cm bis mehrere Meter Wellenlänge benutzt, die Strahlung, die durch die Erdatmosphäre durchkommt (Seite 9). Dafür erreichen Radioantennen nur etwa 1/100 der Lokalisationspräzision eines Fernrohrs der sichtbaren Strahlen. Man kann so noch Sternhaufen identifizieren, wenn auch nicht mehr sehen, deren

Andromeda-Nebel, die unserer Milchstraße nächste Galaxie. Ein Spiralnebel, den wir unter einer Neigung von etwa 45° sehen. Durchmesser etwa 100 000 Lichtjahre. Enthält, wie unsere Milchstraße, 200 Milliarden Sterne.

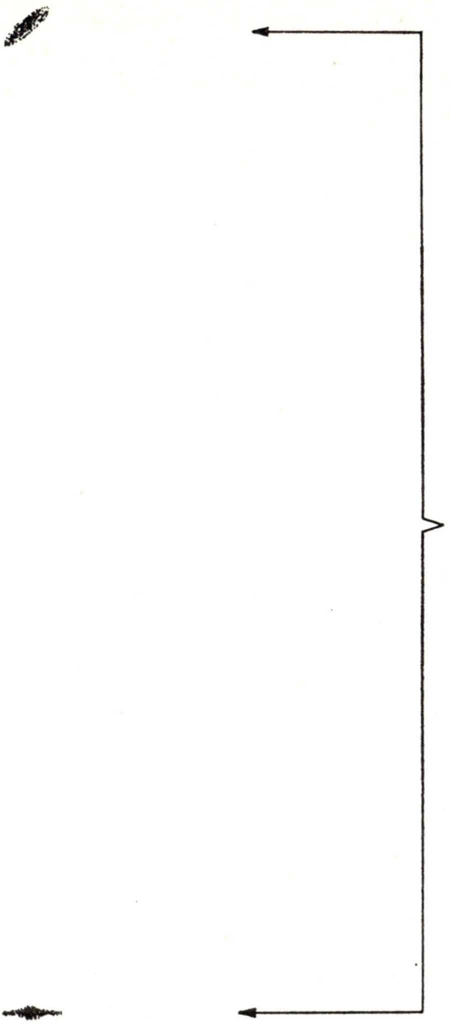

Abstand Milchstraße - Andromedanebel etwa 2 Millionen Lichtjahre.

Unsere *Milchstraße,* ein Spiralnebel, von der Seite gesehen, von 100 000 Lichtjahren Durchmesser. Enthält etwa 200 Milliarden Sterne der Durchschnittsgröße unserer Sonne. Die Sonne steht in einem der Spiralarme 30 000 Lichtjahre vom Mittelpunkt der Scheibe

Abb. 5: Größendimension von Milchstraße und dem nächsten Spiralnebel, dem Andromedanebel, der nächsten Galaxie.

(Maßstab 0 1 2 3 4 5 6 , je 100 000 Lichtjahre)

Unsere Galaxie, die Milchstraße, von 100 000 Lichtjahren (= 9,5 mal 10^{22} Zentimeter) Durchmesser, ist hier auf 8 Millimeter reduziert. Unsere Erde, von 12 000 Kilometer (= 1,2 mal 10^{9} Zentimeter), auf gleichen Maßstab reduziert, wäre ein Punkt von 10^{-14} Zentimeter, Das wäre weniger als ein Atomkerndurchmesser. Wo bleibt da der Mensch mit seinen grotesken Illusionen von Offenbarungen, Propheten, Himmel, Gott, Karl Marx und Hölle?

Fluchtgeschwindigkeit über 100000 Kilometer pro Sekunde beträgt (das ist 1/3 der Lichtgeschwindigkeit).

Fundierte Computerrechnungen über das Schicksal von Sternen in Abhängigkeit von Masse, Alter und chemischer Zusammensetzung sind gemacht worden. Sie geben fast genau das sehr unterschiedliche Verhalten der Zustände verschiedener Sterne wieder (Lit. 1, 43, 99). Eine Zusammenstellung der Endschicksale verschiedener Arten von Sternen wird in Lit. 95 gegeben.

Schon lange hat man versucht, Sterne meßbar zu klassifizieren. Man kann das nach mehreren Eigenschaften: Eine ist die Leuchtkraft. Sehr entfernte Sterne leuchten scheinbar nur schwach. Mit mehreren Methoden kann man ihre Entfernung ungefähr messen. Aus Entfernung und gemessener Leuchtkraft läßt sich die reale Leuchtkraft ausrechnen.

Die Leuchtkraft, die alle Sterne umgerechnet auf genau 10 Parsec Entfernung von uns haben, nennt man die absolute Leuchtkraft. Damit läßt sich bereits eine Klassifizierung auf die innere Energieproduktion des Sterns einrichten.

Die zweite, meßbare Eigenschaft ist die Einteilung in Spektralklassen. Es gibt blaue, gelbe, rote Sterne. Sterne mit einer Strahlung am blauen Ende des Spektrums, mit der kurzwelligsten, energiereichsten Strahlung, haben die höchsten Oberflächentemperaturen (bis 40 000 Grad). Die Sonne, gelb, hat 5 000 bis 6 000 Grad Oberflächentemperatur. Rote Sterne haben 2 000 Grad Oberflächentemperatur und weniger.

Mit wachsender Temperatur verschiebt sich die Austrahlung vom langwelligen, energiearmen Rot zum energiereichen kurzwelligen Blau und zum (auf der Erde unsichtbaren (s. Seite 4) Ultraviolett — bis zum extrem energiereichen, sehr kurzwelligen Röntgenstrahlbereich.

Nach ihrer Oberflächenfarbe teilt man die Sterne in Spektralklassen O, B, A, F, G, K, M mit Unterteilungen 0 bis 5 ein. Aus diesen Größen — absolute Helligkeit gegen Spektraltyp — läßt sich das heute wichtigste systematische Werkzeug der Astrophysik, das Hertzsprung-Russel-Diagramm, aufbauen. Es umfaßt praktisch alle bisher bekannten Sterne (Lit. 43, 99).

Die alten Sterne liegen an einer, neu aus Gaswolken oder Staubwolken entstandene, junge Sterne an einer anderen Stelle des Diagramms. Ihre Schicksale lassen sich im Diagramm verfolgen.

Unsere Milchstraße enthält 200 000 000 000 Sterne ($2 \cdot 10^{11}$ Sterne). Nach den bisherigen Messungen gibt es jährlich in diesem Bereich etwa 40 Novae-Ausbrüche. Die Wahrscheinlichkeit für unsere Sonne ist 0,25 in 2 Milliarden Jahren. Dazu kommt, daß Novae-Ausbrüche meist auf heißen Sternen unterhalb der Hauptreihe des Hertzsprung-Russel-Dia-

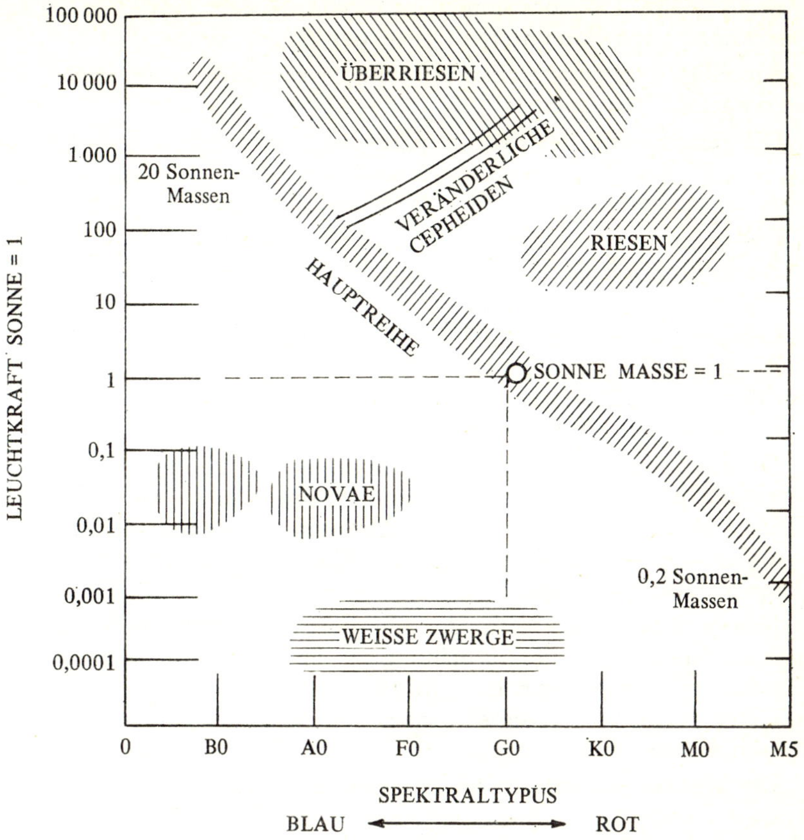

Abb. 6: Hertzsprung-Russell-Diagramm

In diesem Diagramm gibt es eine Hauptreihe, auf der die meisten Sterne liegen. Alle Sterne bewegen sich nach anfänglichem Zick-Zack nach ihrer Entstehung auf der Hauptreihe im Lauf ihres „Lebens" von links nach rechts unten. Die Sonne liegt auf der Hauptreihe bei G^0. Die schweren Sterne mit mehreren Sonnenmassen bewegen sich rascher unter Ausstrahlung größerer Energiemengen als die langsameren mit Sonnenmassen und kleiner.

Die Leuchtkraft nimmt von links oben mit etwa 1000-facher Sonnenleuchtkraft nach rechts unten mit 1/1000 Leuchtkraft der Sonne ab.

Sehr schwere Sterne gehen im Lauf ihres Lebens in „helle Riesen" und „Überriesen" mit sehr großem Volumen und kleiner Dichte (Lit. 43) über.

Unter dem Hauptast liegen die dichten weißen Zwerge mit hoher Dichte bis 10^{16} Gramm pro cm^3. Möglicherweise sind das ausgebrannte Neutronensterne, bei denen das ganze Volumen eines Sterns auf eine Kugel von nur 10 Kilometer Durchmesser zusammengeschrumpft ist.

gramms (Seite 13) vorkommen, während unsere Sonne ein ruhiger Durchschnittsstern im unteren Drittel der Hauptreihe ist.

Die möglichen Folgen eines Novae-Ausbruchs für unsere Erde lassen sich ungefähr berechnen.

Die gesamte von der Erde empfangene Sonnenstrahlung beträgt bei $1{,}27 \cdot 10^8$ km^2 Erdquerschnittsgrundfläche und einer Solarkonstante von 1,97 $cal/cm^2 \cdot min = 2{,}50 \cdot 10^{15}$ Kilo-Cal/Minute.

Die gesamte Wassermenge der Erde ist $1{,}42.10^{21}$ Kilogramm. Die Verdampfungswärme dieses gesamten Erdwassers ist bei 539 Kilo-Calorien pro Kilo Wasser und zusätzlich 80 Kilo-Cal für die Erwärmung von 20° auf 80° pro kg dann $8{,}8 \cdot 10^{23}$ Kilo-Calorien.

Bei einem Novae-Ausbruch steigt die Energieemission eines Sterns auf etwa das 50000-fache der Norm. Sie nimmt in einem bis drei Monaten wieder auf Normalwert ab.

Ein durchschnittlicher Novae-Ausbruch der Sonne mit Erhöhung der Strahlung auf $12{,}5 \cdot 10^{19}$ Kilo-Calorien pro Minute würde bei einer Dauer von einem Monat = 43200 Minuten alles Wasser der Erde verdampfen. Damit würde alles Leben erlöschen, abgesehen von den anderen tödlichen Strahlen.

Eine weitere Möglichkeit, die alle Sterne der Hauptreihe des Diagramms betrifft, ist die Aufblähung zu einem roten Riesen mit etwa 300-fachem Durchmesser, der sich dann bis zu den Bahnen der inneren Planeten erstreckt und sie schmelzen und eventuell in Gasform überführen würde.

Die Wahrscheinlichkeit von Novae-und Supernovae-Ausbrüchen ist vorerst nicht zu berechnen, weil noch viele Daten über die inneren Zustände von Sternen fehlen. Diese Gefahren existieren aller Wahrscheinlichkeit für die Sonne für die nächsten Milliarden Jahre nicht.

Einen Novae-Ausbruch des Sirius (Abstand 8,5 Lichtjahre) wäre für das Leben auf der Erde nicht tödlich. Dagegen wäre ein Supernovae-Ausbruch mit seiner gegenüber dem Novae-Ausbruch nochmals um das 10- bis 100000-fache gesteigerten Strahlenmissionen auch für das Leben der Erde tödlich, wenn er in Siriusnähe passierte.

In unserer Galaxie Milchstraße kennt man jährlich etwa 40 Novae und insgesamt 3 Supernovae, darunter den gut sichtbaren Crabnebel vom Jahr 1054, der heute aus einer stark strahlenden Radioquelle und einem Ring ausgeschleuderter Materie besteht, der sich immer noch mit 1300 Kilometer pro Sekunde ausdehnt. Über mögliche Novae-Ausbrüche der Sonne läßt sich folgendes sagen: Da das Leben auf unserer Erde seit der ersten Primitivzelle etwa zwei bis drei Milliarden Jahre existiert, ist seither bei unserer Sonne bestimmt kein Novae-Ausbruch vorgekommen.

P. Jordan (Lit. 51) stellt die Vermutung auf, daß Supernovae-Ausbrüche in bis zu 100 Lichtjahren Entfernung durch ihre Hochenergiestrahlung auf der Erde zum plötzlich erfolgten genetischen Aussterben der Riesensaurier vor 60 Millionen Jahren geführt haben. Die Gene kleinerer Tiere scheinen weniger empfindlich gegen radioaktive- und Höhenstrahlungen gewesen zu sein. Man kennt heute Bakterien, die bis zu 10 000 mal größere Mengen radioaktiver Strahlen aushalten als höhere Tiere; vielleicht, weil sie bessere Reparierenzyme für gebrochene Genketten haben (Lit. 18).

Wo kommen die riesigen Energien her, die von allen sichtbaren Sternen des Kosmos verschwenderisch verstreut werden?

Diese seit Milliarden Jahren produzierte Energie kann weder aus chemischen Prozessen, noch aus Gravitationserhitzung gedeckt werden. Chemische Energie wird nur frei, wenn sich zwei Atome vereinigen, von denen eines ein oder mehrere Elektronen an das andere abgibt. In den Sternen, die zu 80% und mehr nur aus Wasserstoff bestehen, ist eine solche Vereinigung mit Energiegewinn nicht möglich; weil bei Sterntemperaturen von Millionen Grad chemische Verbindungen nicht mehr existenzfähig sind, sondern sofort zerfallen. Selbst wenn das möglich wäre, läßt sich ausrechnen, daß chemische Energieproduktion nur für wenige Millionen Jahre Energielieferung ausreichen würde, während unsere Sonne sicher schon seit einigen Milliarden Jahren ununterbrochen leuchtet und nach ihrem ^1_1H-Vorrat noch mehrere Milliarden Jahre weiter mit gleicher Intensität leuchten kann.

Diese Energie muß aus anderer Quelle stammen. Sie stammt aus der Umwandlung von Masse in Energie, aus Änderungen im Atomkern, und nicht, wie chemische Energie, aus Änderungen in der äußeren Elektronenhülle der Atome. Von Einstein stammt die schon vorher erwähnte Formel

$$\text{Energie} = \text{Masse} \cdot (\text{Lichtgeschwindigkeit})^2 \cdot E = m \cdot c^2$$

Einer sehr kleinen Masse entspricht eine sehr große Energiemenge (da die Lichtgeschwindigkeit konstant ist).

Auf allen Sternen wird im Inneren Wasserstoff ^1_1H bei mindestens 10 Millionen Grad in Helium ^4_2He verwandelt.

Vier Atomgramm ^1_1H vom Atomgewicht 1,008	= 4,032 Gramm
kondensiert zu ^4_2He, Atomgewicht	= 4,003 Gramm
dabei entsteht ein Massenverlust von	0,03 Gramm.

Das entspricht einer Energieausbeute von ca. $0{,}27 \cdot 10^{13}$ Joule.

Die Sonne gibt dauernd $3{,}85 \cdot 10^{26}$ Watt (Volt-Ampere) ab; sie verbraucht pro Sekunde $586 \cdot 10^9$ Kilo ^1_1H von einer zu 80% aus Wasserstoff bestehenden Masse von 1,99 · 10^{30} Kilogramm. Bei noch höheren Innentemperaturen von etwa 25 Millionen Grad ab wird auch Helium unter weiterem Massenverlust zu mittleren Elementen, z. B. zu Kohlenstoff 12C kondensiert.

Unsere Sonne kann mit ihrem Vorrat an $^{1}_{1}$H noch etwa 6 Milliarden Jahre weiter leuchten, wenn keine Astro-Störung dazwischen kommt. Diese Kernverschmelzungen sind in allen bekannten Sternen die hauptsächlichen Energiequellen für die Strahlung.

Sterne entstehen aus interstellaren Gas- und Staubmassen durch gegenseitige Gravitationsanziehung. Stabil sind nur Sterne zwischen 0,08 und 60 Sonnenmassen.

Bei kleineren Sternen reicht die Gravitation nicht, um den nötigen Innendruck und die für die $^{1}_{1}$H-Atomkondensation nötige Innentemperatur von 10 Millionen Grad zu erzeugen. Ohne die Kondensation von $4 \cdot {}^{1}_{1}$H zu $^{4}_{2}$Helium mit Massenverlust (Lit. 1, 43) kann kein Stern genügend Energie produzieren, um zu leuchten (Seite 15).

Bei mehr als 60 Sonnenmassen wird das dynamische Gleichgewicht zwischen innerem Strahlungsdruck und äußerem Gravitationsdruck instabil; sie platzen und zerfallen eventuell in mittlere Sterne (Seite 7). Es gibt jedoch als vorläufige Kondensationsprodukte aus interstellarem Gas oder Staub rote Riesengassterne von bis zu 400 Sonnenmassen und mehr, die sich bald — noch ungeklärt wie — weiter verändern; wahrscheinlich zerfallen sie zu Haufen kleinerer Sterne von Sonnengröße, den Haufensternen (Lit. 43, 99).

Im Inneren von sehr heißen Sternen, oder erst bei Supernovae-Ausbrüchen entstehen unter nicht bekannten Bedingungen Elemente höheren Atomgewichts.

Alle höheren Elemente haben gegen H einen Massenverlust. Da von mittleren Elementen an (wie etwa Eisen) die relative Masse wieder ansteigt, können solche Elemente, wie $^{238}_{92}$Uran, nur durch Energiezufuhr aus den Elementen mittleren Atomgewichts entstehen. Es ist das Gegenstück (Energiezufuhr) zur Energiegewinnung durch Spaltung von Uran zu mittleren Elementen.

Die Masse eines Planeten mit Gashülle darf nicht sehr viel kleiner sein als die der Erde, da sonst die Gravitation nicht reicht, um die Gashülle festzuhalten. Schon die Masse der Erde reicht nicht mehr, um Gase sehr geringen Atomgewichts wie Wasserstoff und Helium festzuhalten; sie entstehen aus Erdgasquellen und diffundieren in das Vakuum des Universums. Unser zu kleiner Mond hat deswegen keine Atmosphäre.

Die Erde dreht sich im Lauf der Zeit durch Energieverlust aus Ebbe

Tabelle I der Eigenschaften der Nachbarplaneten des Sonnensystems (Lit. 43,99)

Name	Oberflächentemperatur	Masse	Sonnenentfernung	mittlere Sonneneinstrahlung pro cm^2/min	Gashülle und Druck
Sonne	5–6000°	$1{,}98 \cdot 10^{30}$kg	–	–	–
Merkur	+500°	$3{,}0 \cdot 10^{23}$kg	$58 \cdot 10^9$Meter	ca. 6 cal	wenig Helium kein O_2
Venus	+400°	$4{,}9 \cdot 10^{24}$kg	$108 \cdot 10^9$Meter	3,19 cal	Gasgürtel CO_2-Atmosphäre von 20 Atü.
Erde	ca. +14°	$5{,}9 \cdot 10^{24}$kg	$149 \cdot 10^9$Meter	1,90 cal	N_2, O_2 Gasgürtel von 1 Atmosphäre
Mars	ca. −15°	$0{,}64 \cdot 10^{24}$kg	$228 \cdot 10^9$Meter	0,82 cal	CO_2 Gasgürtel von 0,1 Atmosphäre
Jupiter	ca. −190°	$1900 \cdot 10^{24}$kg	$778 \cdot 10^9$Meter	0,073 cal	vorerst unbekannt

und Flut und von Erdkrustenbewegungen langsamer. Pro 200 Millionen Jahre wird der Tag um eine Stunde länger. Die Erdrotation wird einmal in Milliarden Jahren ganz aufhören. Die Erde wird der schweren Sonne dann immer dieselbe Seite zudrehen; so, wie der leichte Mond der schwereren Erde heute schon immer dieselbe Seite zudreht.

Leben unserer Erdart, aufgebaut aus den Elementen H, O, N, C und P, zusammengebaut in den Proteinen, ist nur unter engen physikalisch-chemischen Bedingungen möglich. Die Bedingungen sind etwa die folgenden:

1. Eine Temperatur von 0° bis 80° Celsius,

2. ein langsamer, in Milliarden Jahren erfolgter Umbau des Gasgürtels aus einer reduzierenden Atmosphäre (H_2, CH_4, NH_3) in eine oxydierende Atmosphäre (20% O_2 + Ozon + 0,03% CO_2 in der Gashülle),

3. flüssiges Wasser, dabei Entstehung passender Chemikalien wie Aminosäuren und Purine.

4. Gasschutzgürtel mit Ozon gegen die lebenszerstörenden Ultraviolettstrahlen der Sonne und (teilweise) gegen Höhenstrahlen, Licht- und Wärmeeinstrahlung; dann Entstehung lebender Zellen.

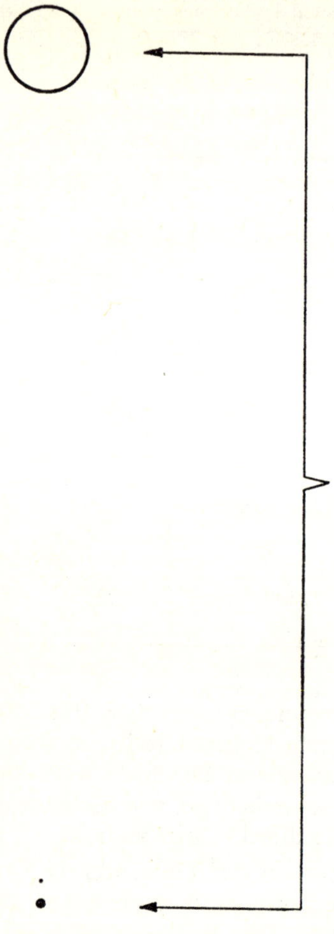

Sonne, Durchmesser 1,4 Millionen Kilometer, Masse 2.10^{33} Gramm; das 332 000-fache der Erdmasse, Dichte 1,41.

Abstand Sonne - Erde 149 Millionen Kilometer = 500 Licht-Sekunden = 8,5 Lichtminuten

Mond, Durchmesser 3 476 Kilometer, Masse $7{,}3.10^{25}$ Gramm; Dichte 3,34.

} Abstand 384 000 Kilometer = 1,2 Licht-Sekunden

Erde, Durchmesser 12 600 Kilometer, Masse $5{,}9.10^{27}$ Gramm, Dichte 5,51

Abb. 7:

Größendimensionen von Sonne, Erde, Mond.

Maßstab 0 10 20 30 40 Millionen Kilometer.

(Der Abstand Sonne - Erde ist maßstabgerecht gezeichnet. Der Sonnenradius, ebenso der Abstand Erde - Mond ist zehnfach zu groß, der Durchmesser von Erde und Mond ist hundertfach vergrößert; sonst wären beide nicht zu sehen.)

Sonne und jeder Planet kreisen nach den Keppler'schen Gesetzen um ihren gemeinsamen Schwerpunkt. Da die Masse der Sonne 332 000 mal größer ist als die Masse der Erde, fällt der gemeinsame Schwerpunkt praktisch mit dem Sonnen-Mittelpunkt zusammen. Deswegen steht für uns die Sonne still, und die Erde läuft in (nahezu) einer Kreisbahn herum; ebenso alle anderen Planeten.

Nur unter diesen auch im Universum sehr seltenen Bedingungen, die alle gleichzeitig erfüllt sein müssen, ist die Chance, die Möglichkeit des unerwarteten Lotteriegewinns »Leben« überhaupt möglich.

Nach allen bisherigen Meßergebnissen astro-physikalischer Art und von ausgeschickten Meßsonden existieren auf keinem der anderen Planeten unserer Sonne Bedingungen, die Leben unserer Art ermöglichen. Auch nicht bei Planeten unserer Nachbarsonnen.

Da man selbst große und relativ nahe Sterne, wie Sirius, in Fernrohren nur als Lichtpunkte sehen kann, sind die nicht selbst leuchtenden eventuellen Planeten von 1/1000 oder weniger Radius neben den Sternen nicht sichtbar.

Bei den uns nahen wichtigen Sonnensystemen, α-Centauri und Sirius, sind Planeten mit lebensfähigen Bedingungen unmöglich.

Unsere Sonne, ein isolierter Einzelstern, erlaubt fast kreisförmige Umlaufbahnen der Planeten. So sind die Strahlungsbedingungen dieser Planeten konstant. Unsere irdischen Sommer-Winter-Unterschiede sind sekundär bedingt, weil die Achse der Erdrotation um 23° von der Achse des Erdumlaufs um die Sonne abweicht. So erhält in einem Umlauf der Erde um die Sonne in 365 Tagen einmal die Nordhälfte, einmal die Südhälfte mehr Sonnenstrahlung und Wärme.

α-Centauri und Sirius sind dreifache und zweifache, sogenannte Doppelsterne. Eine kreisförmige Bahn von eventuellen Planeten ist hier unmöglich; vielleicht eine elliptische Bahn, vielleicht eine ganz unregelmäßige, und dann instabile Bahn. Das schließt ein, daß die angenommenen Planeten einmal zuviel Wärme erhalten, wobei alle an einem eventuellen Leben beteiligten Proteine bei 100° Celsius irreversibel zerstört werden. Beim Durchgang am anderen Ellipsenende wäre die Strahlung zu gering; alles zum Leben nötige flüssige Wasser würde dauergefrieren (Seite 17).

Unser nächster Stern, Barnards Stern, vier Lichtjahre entfernt, nicht mit bloßem Auge sichtbar, hat nur 1/2000 der Leuchtkraft der Sonne. Nach Rechnungen der seit 50 Jahren genau gemessenen Zick-Zack-Bewegungen hat er fünf Planeten von etwa Jupitergröße. Wegen der geringen Leuchtkraft der Zentralsonne haben diese Planeten wahrscheinlich Oberflächentemperaturen von weniger als —100° C. Wegen der sehr viel höheren Schwerkraft würden menschenähnliche Organismen an ihrer Oberfläche platt gedrückt. Leben irgendwelcher Art, oder gar menschenähnliches ist unmöglich.

Im Universum dürfte es um die 10^{20} bis 10^{22} Sterne, einige Milliarden kleine Planeten, Satelliten dieser Sterne, geben. Wieviele davon von Lebewesen bewohnt sind, ist zwar für die Astrophysik gleichgültig, rührt aber an intimste menschliche Gefühle.

Man versucht neuerdings, Botschaften für eventuell mögliche Lebewesen in Form stark auf einen nahen Stern gerichteter Radiowellenbündel nach Art der Morsezeichen auszusenden. Da Sirius 8,7 Lichtjahre entfernt ist, und auch Radiosignale nicht schneller als Lichtwellen sind, müssen für Hinsendung und Rückantwort 17 Jahre vergehen, falls da überhaupt jemand oder etwas wäre, was von unserem Signal Notiz nähme und antworten könnte.

Wenn es dort schon ältere Lebewesen mit einem dem unseren ähnlichen Verstand gäbe, wären sie bei Milliarden Jahren Entwicklung entweder intelligenter als wir, dann hätten sie schon lange Morsesignale geschickt. Nichts davon ist bisher jemals auch mit empfindlichsten Instrumenten gefunden worden.

Oder sie wären, wenn überhaupt, noch dümmer als wir Erdmenschen, dann hätten sie keine Empfangsinstrumente, die auch wir erst in den letzten 40 Jahren entwickelt haben.

Die ganze Frage wird — außer einigen Sensationsknüllern, die sich danach als Wunschluftblasen erwiesen — vielleicht immer ungelöst bleiben.

Es ist eine psychologische Eigenart aller höheren Lebewesen, daß sie sich nur für ihresgleichen interessieren. Ein Kind in einer Menschenmenge sieht nur horizontal andere Kinder gleicher Größe; es beobachtet die viel größeren Erwachsenen nicht. Ein Hund unter Menschen interessiert sich nur, wenn in dreißig Meter Entfernung ein anderer Köter um die Ecke kommt. Ein Mensch zeigt in Ansicht der ungeheuren Weite des Universums hauptsächlich Interesse dafür, ob es in einem anderen Planetensystem zum eigenen Max eine ähnliche Lisa oder so etwas gibt — womöglich mit dem gleichen Äußeren wie er selbst.

Das ganze ist eine groteske, menschliche Selbstüberschätzung; der Mensch als Zufallsprodukt von vielleicht Milliarden Zufallsmutationen seiner Erbmechanik, die sich bei keinem anderen Stern so wiederholen.

2. Kleine Chemie

Es gibt auf der Erde 92 bekannte, teilweise radioaktive Elemente Lit. 1, 10, 106). Die gleichen Elemente, vor allem die mit niederem Atomgewicht kommen auch auf allen Sternen vor.

Im ganzen Universum ist nach seinem Spektrum noch nie ein Element entdeckt worden, das nicht auch auf der Erde vorkommt. Auch alle Proben vom Mond und weit aus dem Universum kommende Meteorsteine haben dieselbe Zusammensetzung aus den uns bekannten chemischen Elementen.

Schon 1868/69 war von Mendelejew und L. Meyer gefunden worden, daß sich die verschiedenen Atomarten (damals waren von 92 möglichen

		1. Gruppe	2. Gruppe	3. Gruppe	4. Gruppe	5. Gruppe	6. Gruppe	7. Gruppe	8. Gruppe	0. Gruppe
		${}^{1,008}_{1}\mathrm{H}$								${}^{4,00}_{2}\mathrm{He}$
Kleine Periode	1	${}^{6,94}_{3}\mathrm{Li}$	${}^{9,02}_{4}\mathrm{Be}$	${}^{10,8}_{5}\mathrm{B}$	${}^{12,0}_{6}\mathrm{C}$	${}^{14,0}_{7}\mathrm{N}$	${}^{16,0}_{8}\mathrm{O}$	${}^{19,0}_{9}\mathrm{F}$		${}^{20,2}_{10}\mathrm{Ne}$
	2	${}^{23,0}_{11}\mathrm{Na}$	${}^{24,3}_{12}\mathrm{Mg}$	${}^{27,0}_{13}\mathrm{Al}$	${}^{28,1}_{14}\mathrm{Si}$	${}^{31,0}_{15}\mathrm{P}$	${}^{32,1}_{16}\mathrm{S}$	${}^{35,5}_{17}\mathrm{Cl}$		${}^{39,9}_{18}\mathrm{Ar}$
Große Periode	3	${}^{39,1}_{19}\mathrm{K}$	${}^{40,1}_{20}\mathrm{Ca}$	${}^{45,1}_{21}\mathrm{Sc}$	${}^{47,9}_{22}\mathrm{Ti}$	${}^{50,9}_{23}\mathrm{V}$	${}^{52,0}_{24}\mathrm{Cr}$	${}^{54,9}_{25}\mathrm{Mn}$	${}^{55,84}_{26}\mathrm{Fe}$ ${}^{58,9}_{27}\mathrm{Co}$ ${}^{58,7}_{28}\mathrm{Ni}$	
		${}^{63,6}_{29}\mathrm{Cu}$	${}^{65,4}_{30}\mathrm{Zn}$	${}^{69,7}_{31}\mathrm{Ga}$	${}^{72,6}_{32}\mathrm{Ge}$	${}^{74,9}_{33}\mathrm{As}$	${}^{79,0}_{34}\mathrm{Se}$	${}^{79,9}_{35}\mathrm{Br}$		${}^{83,7}_{36}\mathrm{Kr}$
	4	${}^{85,4}_{37}\mathrm{Rb}$	${}^{87,6}_{38}\mathrm{Sr}$	${}^{88,9}_{39}\mathrm{Y}$	${}^{91,2}_{40}\mathrm{Zr}$	${}^{92,9}_{41}\mathrm{Nb}$	${}^{96,0}_{42}\mathrm{Mo}$		${}^{101,7}_{44}\mathrm{Ru}$ ${}^{102,9}_{45}\mathrm{Rh}$ ${}^{106,7}_{46}\mathrm{Pd}$	
		${}^{107,9}_{47}\mathrm{Ag}$	${}^{112,4}_{48}\mathrm{Cd}$	${}^{114,8}_{49}\mathrm{In}$	${}^{118,7}_{50}\mathrm{Sn}$	${}^{121,8}_{51}\mathrm{Sb}$	${}^{127,6}_{52}\mathrm{Te}$	${}^{126,9}_{53}\mathrm{J}$		${}^{131,3}_{54}\mathrm{X}$
	5	${}^{132,9}_{55}\mathrm{Cs}$	${}^{137,4}_{56}\mathrm{Ba}$	${}^{138,9}_{57}\mathrm{La}$ ↕	${}^{178,6}_{72}\mathrm{Hf}$	${}^{180,9}_{73}\mathrm{Ta}$	${}^{184,0}_{74}\mathrm{W}$	${}^{186,3}_{75}\mathrm{Re}$	${}^{191,5}_{76}\mathrm{Os}$ ${}^{193,1}_{77}\mathrm{Ir}$ ${}^{195,2}_{78}\mathrm{Pt}$	
		${}^{197,2}_{79}\mathrm{Au}$	${}^{200,6}_{80}\mathrm{Hg}$	${}^{204,4}_{81}\mathrm{Tl}$	${}^{207,2}_{82}\mathrm{Pb}$	${}^{209,0}_{83}\mathrm{Bi}$	${}^{210}_{84}\mathrm{Po}$			${}^{222}_{86}\mathrm{Rn}$
			${}^{226,0}_{88}\mathrm{Ra}$	${}^{227}_{89}\mathrm{Ac}$	${}^{232,1}_{90}\mathrm{Th}$	${}^{231}_{91}\mathrm{Pa}$	${}^{238,1}_{92}\mathrm{U}$			

Seltene Erden ↕ ${}^{140,1}_{58}\mathrm{Ce}$ ${}^{140,9}_{59}\mathrm{Pr}$ ${}^{144,3}_{60}\mathrm{Nd}$ — ${}^{150,4}_{62}\mathrm{Sm}$ ${}^{152,0}_{63}\mathrm{Eu}$ ${}^{157,}_{64}\mathrm{Gd}$ ${}^{159,2}_{65}\mathrm{Tb}$ ${}^{162.5}_{66}\mathrm{Dy}$ ${}^{164,9}_{67}\mathrm{Ho}$ ${}^{167,2}_{68}\mathrm{Er}$ ${}^{169,4}_{69}\mathrm{Tu}$ ${}^{173,0}_{70}\mathrm{Yb}$ ${}^{175,0}_{71}\mathrm{Cp}$

Tabelle II: Periodensystem der Elemente (Lit. 1, 10).

Die Zahlen links oben am Symbol eines Elementes bedeuten das Atomgewicht (Wasserstoff H = 1,008, Sauerstoff O = 16).

Die linke untere Zahl ist die Zahl der positiven Kernladungen (auch als Atomnummer oder Ordnungszahl bezeichnet), und gleichzeitig die Zahl der um den Kern kreisenden negativen Elektronen. In den untereinander geschriebenen Reihen, nach der Atomnummer geordnet, kommen nach 8 Elementen (später nach 16 und 32 Elementen) ungefähr dieselben chemischen Eigenschaften wieder. Alle Elemente bekamen international gebrauchte kurze Symbole, meist die Anfangsbuchstaben ihrer historischen Namen. Die in den Planeten und Sternen nicht vorkommenden künstlichen Elemente sind nicht eingezeichnet.

Elementen nur 60 bekannt) nach ihren chemischen Eigenschaften und ihrem Atomgewicht in ein System einordnen lassen, das Periodensystem der Elemente.

Der Wasserstoff H, das Element mit dem niedrigsten Atomgewicht (1,008), macht 70 bis 80 % der Gesamtmasse der meisten Sterne aus, zusammen mit anderen Elementen niedrigen Atomgewichts, Sauerstoff 16 O, Stickstoff 14 N, Helium 4 He, Kohlenstoff 12 C und andere. Elemente höheren Atomgewichts sind seltener. Ihre Häufigkeit im Universum nimmt ungefähr logarithmisch mit steigendem Atomgewicht bis zum Uran 238 U ab.

Alle Atomkerne von Elementen setzen sich aus einer bestimmten Menge positiv geladener Wasserstoffkerne (genannt Protonen) und ebensoviel oder mehr Neutronen zusammen. Neutronen sind praktisch ebenso schwer wie Protonen, aber elektrisch neutral.

Von den meisten Elementen gibt es Isotope, mit gleicher Protonenzahl, gleicher Elektronenzahl (und damit gleichen chemischen Eigenschaften), aber verschiedener Neutronenzahl und damit verschiedenem Atomgewicht, z. B. 235 U und 238 U.

Von den Elementen und ihren Isotopen sind manche radioaktiv; ebenso alle Elemente mit mehr als 83 Protonen im Atomkern. Sie zerfallen. Die Halbwertszeit beträgt für 3 Tritium, ein künstliches Isotop von 1 H, 31 Jahre, für 220 Radium 1580 Jahre, und für 238 Uran $4{,}5 \cdot 10^9$ Jahre. Endgültiges stabiles Abbauelement des radioaktiven 238 Uran ist ein stabiles Bleiisotop, 206 Pb. Da das normale Blei ein Isotopengemisch, 207,2 Pb ist, kann man aus den genau meßbaren Konzentrationsverhältnissen von 238 Uran und 206 Pb + 207,2 Pb in geologisch altem Gestein das Alter ausrechnen.

Die in diesem Referat mehr interessierenden chemischen Verbindungen zwischen den Atomen kommen auf zweierlei Art zustande: Erstens durch Austausch der Elektronen der äußersten Schalen, die polare Bindung (Lit. 1, 10). Die Bindung zwischen den elektrisch geladenen Ionen ist elektrostatischer Natur.

Die zweite Art von Bindung nennt man homöopolar. Diese Art von Bindung hält alle Moleküle zusammen, z. B. N_2, Stickstoffmoleküle, Cl_2, Chlormoleküle, weiter alle C, N und H der organischen Verbindungen. Sie kommt durch gegenseitiges partielles »Ausleihen« von Elektronen durch zwei Atome zustande. Die beiden Elektronen werden von beiden Atomen gemeinsam benutzt. Zwei gemeinsame Elektronen bezeichnet man als Bindung. Man schreibt sie in Formeln von Molekülen als Bindestrich.

Von allen Elementen des Periodensystems kann nur eines, 12 C, Kohlenstoff, durch gemeinsame Benutzung von zwei Elektronen mit einem anderen C oder mit O, oder mit N lange gerade oder verzweigte oder Ringverbindungen bilden; die organischen Verbindungen.

Zwischen Na und Cl gibt es nur eine einzige anorganische Verbindung, NaCl, Kochsalz. Für eine Verbindung zwischen C und H, etwa $C_{20}H_{42}$, gibt es bereits 366 319 verschiedene verzweigte isomere Formeln, die im Prinzip alle synthetisiert werden können. Die Formelbilder organischer Substanzen auf dem Papier waren zuerst nur eine Art Gedächtnishilfe. Sie erwiesen sich als praktisch, weil sie die meisten chemischen Eigenschaften in Gruppenbildern wiedergeben: Zum Beispiel -COOH: saure Eigenschaften, $-NH_2$: basische Eigenschaften, $-CH_2-CH_2-CH_2-CH_2-$ Paraffinketten, wasserunlösliche Eigenschaften.

Noch mehr bestätigt wurde die Richtigkeit der Formeln, als es sich zeigte, daß man die Substanzen nach den Plänen auf dem Papier synthetisch aufbauen konnte, so wie Handwerker ein Haus nach den Plänen des Architekten bauen.

So wurden diese Formeln immer richtiger, obwohl sie bis 1940 noch niemand in Substanz gesehen hatte. Heute sind sie durch Röntgenstrahlinterferenz-Methoden dreidimensional sichtbar zu machen. Die ursprüngliche Gedächtnishilfe erwies sich als real.

Dieser außerordentliche Reichtum an möglichen organischen Verbindungen ist die unentbehrliche Grundlage des individuellen Substanzaufbaus der ungeheuer variablen lebenden Substanz.

Anorganische Verbindungen, Salze, sind meist bis 1000 — 2000° beständig, zerfallen aber bereits bei der Oberflächentemperatur der Sonne, 5000 — 6000° C in Einzelatome und Ionen als Gase.

Von organischen Substanzen sind die mit komplizierter Strukturformel und hohem Molekulargewicht (alle chemischen Bestandteile lebender Zellen) nur bis 120 — 200° beständig. Proteine koagulieren schon bei 100° (das Hartkochen von Eiern), verlieren ihre für das Leben wichtige Raumstruktur. Einfachere organische Substanzen, wie Paraffine sind bis 400° stabil.

Die Summe der Atomgewichte aller an einer Verbindung beteiligten Atome nennt man das Molekulargewicht einer Verbindung (H = 1,008, C = 12, O = 16, N = 14), z. B. die Aminosäure Alanin

$$\begin{array}{l} \quad\;\; H \\ H_3C\text{-}C\text{-}COOH = C_3H_7NO_2 \\ \quad\;\; NH_2 \end{array}$$

hat das Molekulargewicht 89,065.

Die wichtigsten chemischen Verbindungen, deren Formeln später im Kapitel »Genetik« gebraucht werden, sind:

1. Aminosäuren, kristallisierte, wasserlösliche Verbindungen, die sowohl eine »saure« -COOH-Gruppe wie eine »basische« $-NH_2$-Gruppe

im Molekül enthalten. Sie reagieren durch intramolekulare Neutralisation ihrer sauren und basischen Gruppen mit wenigen Ausnahmen in Wasser neutral.

Durch chemische Bindung der sauren -COOH-Gruppe eines Moleküls Aminosäure mit der basischen $-NH_2$ Gruppe der nächsten Aminosäure, unter Abspaltung von 1 H_2O bilden sich lange Molekülketten von einigen bis zu vielen tausend Aminosäuren, die sogen. Proteine (Abbildung 8, unten und Seite 39).

Man nennt solche Ketten aus gleichen oder ähnlichen Molekülgliedern Polymere.

Die Zahl der möglichen, in ihrer Struktur der Aufeinanderfolge der Aminosäuren verschiedenen Proteine ist sehr groß. Aus dieser enormen Zahl von möglichen, voneinander verschiedenen Proteine beruht die große Vielfalt aller Formen von Pflanzen und Tieren, die zu 10 bis 70 % ihrer Trockensubstanz aus Proteinen bestehen.

Aus Proteinen bestehen die Gestalt-Substanzen, z. B. Muskeln, Fleisch, Magen, Därme, Leber, Haare und der größte Teil des Hirns (Lit. 11, 72).

Alle Proteinketten, die in der Natur vorkommen, sind unverzweigt. Proteine sind nicht nur wichtig als Körpersubstanz (sie machen mit den

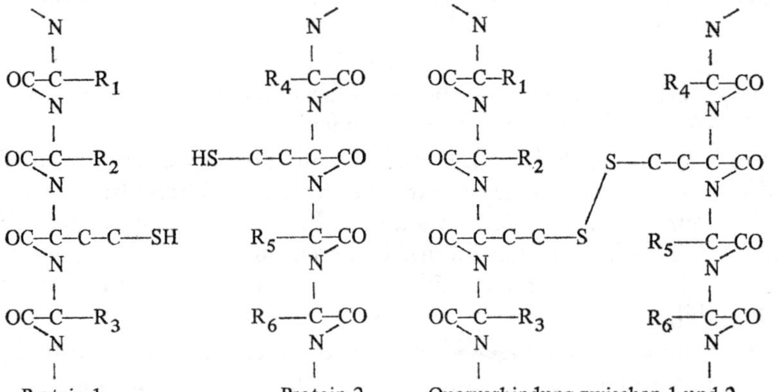

Abb. 8: Schema der Vernetzung zweier Proteinketten durch Oxydation von zwei —SH Cystein-Molekülen zu einem Cystin-Molekül.

Solchen Cystin-Brücken verdanken die meisten Proteine ihre wichtige physikalische Raumform, bei Hämoglobin, bei Insulin, bei dem Hautprotein Keratin, das auch Nägel und Haare bildet. Ohne diese Schlingen und Ringe bildenden Formelemente wären die Proteine formlose Fäden und für die Herstellung der Gestalt von Lebewesen und die sehr präzise nötige Raumform der Enzyme wertlos.

Adenin

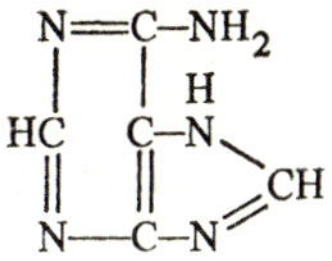

Adenin
kristallisiert, Smp. 360 °, löslich zu 0,1 % in H_2O,
in Säuren und Laugen löslich

Thymin

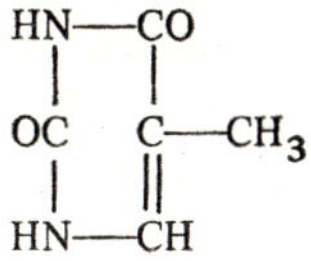

ohne $-CH_3$
= Uracil

Thymin
kristallisiert, farblos
wasserlösl. 0,4 %

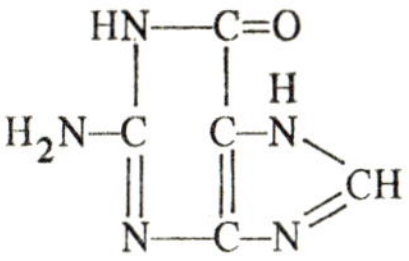

Guanin
weiß, kristallisiert, zersetzt sich beim Schmelzen,
fast unlöslich in H_2O, löslich in Säuren und Laugen

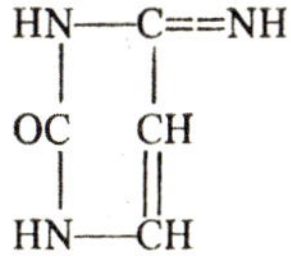

Cytosin
kristallisiert, farblos
Smp. 320 °; zu 0,8 % wasserlöslich

Abb. 9

Knochen die Körperform), sondern auch als Enzyme (oder Fermente). Das sind Proteinkatalysatoren (häufig gemeinsam mit Metallionen wie Fe^{++}, Cu^{++} und anderen). Sie bringen chemische Reaktionen in den Zellen, die ohne Katalysatoren nicht ablaufen würden, geregelt in Gang. Viele, koordinierte hintereinander geschaltete Enzyme sind für den stufenweise erfolgenden chemischen Abbau der Nahrung, und daraus den Aufbau der Körpersubstanz und ihrer Form verantwortlich — ein nie stillstehendes, dynamisches Gleichgewicht, das man Leben nennt.

2. Weitere wichtige chemische Bestandteile aller lebenden Zellen sind die Nucleinsäuren (Seite 37/39). Sie enthalten die Purinbasen Adenin und Guanin und die Pyrimidinbasen Thymin und Cytosin. Außerhalb des Zellkerns ist Thymin durch Uracil ersetzt. Nucleinsäuren sind die eigent-

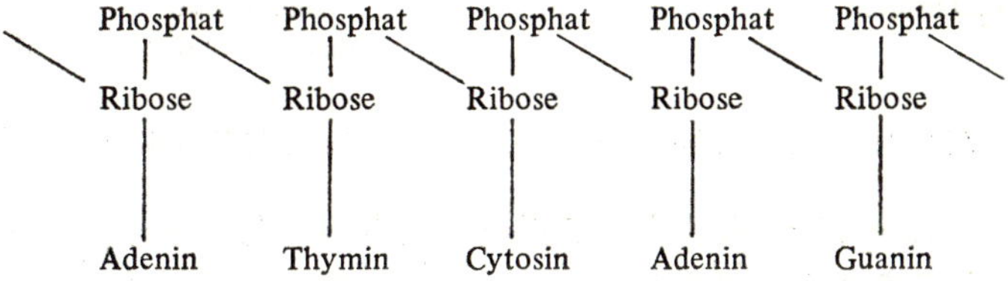

Abb. 10: Nucleinsäuren. Polymere von Nucleotiden.

lichen Träger der Erbinformationen, die von jeder Generation auf die nächste weitergegeben werden. Sie enthalten die unentrinnbaren Befehle, nach denen ein Lebewesen entsteht, wächst, sich fortpflanzt und stirbt.

Neben dem in den Nucleinsäuren vorkommenden 5 C-Zucker sind die 6 C-Zucker als Nahrungsmittel zur Verbrennung in allen lebenden Zellen wichtig.

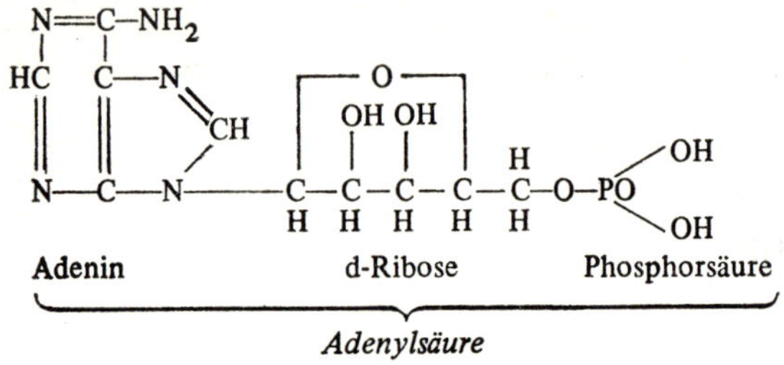

kristallisiert, farblos, Smp. 195 ° unter Zersetzung, löslich in H_2O

Abb. 10: Das Nucleotid Adenylsäure.

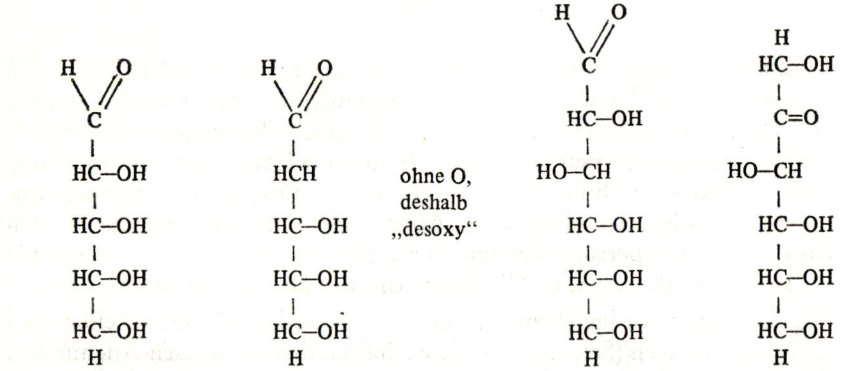

d(–)-Ribose	d-Desoxyribose	d-Glucose	d-Fructose
kristallisiert	kristallisiert	kristallisiert + 1 H_2O	kristallisiert
Smp. 87 °	leicht in H_2O löslich	Smp. 146 ° (wasserfrei)	Smp. 95 °
leicht in H_2O löslich		Dichte 1,56	leichtlöslich
		löslich etwa 60 %	Dichte 1,66

Abb. 11: Zucker, Hexosen und Pentosen. Wasserlösliche Kristalle.

Die Nahrung aller tierischen Zellen besteht aus Zuckern (Kohlehydraten), Proteinen und (nicht unbedingt nötig) Fetten. Die 6 C-Zucker Glukose (im Blut 0,1 %) und Fruktose kommen in allen Früchten teils frei, meist in polymerer Form, als Stärke, auch als Hauptbestandteil des Holzes, als Cellulose vor.

Die Verbrennung der Zucker in allen lebenden Zellen erfolgt so, daß zuerst Phosphat angelagert wird. Dann wird durch Enzym-Katalysatoren das 6 C-Kohlenstoffgerüst in zwei Moleküle 3 C-Verbindung Milchsäure übergeführt, die dann über Essigsäure auf dem Weg über den Citronensäurecyclus zu CO_2 und H_2O, Kohlendioxyd und Wasser verbrannt und ausgeschieden wird. Aus Zwischengliedern dieses Abbaus, der Essigsäure, baut die tierische Zelle gleichzeitig Fette auf (Lit. 77, 11a).

Pflanzen tun das Umgekehrte. Unter Verwendung der Sonnenlichtenergie bauen sie aus dem CO_2 der Luft und H_2O Kohlehydrate, Zucker auf, von denen die Tiere entweder direkt (Pflanzenfresser) oder indirekt (Fleischfresser) leben.

3. Zell-Entstehung, Weiterführung und Genetik

Am Anfang der Bildung einer festen Kruste aus der (vielleicht) ursprünglich flüssigen Erde enthielt die Gashülle nur reduzierende Gase, HCN, H_2, CO, NH_3, CH_4 und — nach weiterer Abkühlung — Wasserdampf. Auf der Kruste bildete sich flüssiges Wasser (Seite 17).

Die für jede Art von Lebewesen tödlichen ultravioletten Strahlen von Sonne und anderen Sternen wurden durch diese Gase nicht abgeschirmt.

Aber die ultravioletten energiereichen Strahlen lieferten die Energie zum Aufbau bestimmter organischer Verbindungen.

Als erste und fast einzige chemische organische Substanzen entstanden unter diesen Bedingungen Aminosäuren und Purine (Seite 23/25), daneben Formaldehyd, CH_2O, der sich mit alkalischen Mineralien leicht zu Kohlehydraten, Zuckern polymerisiert (Seite 26). Diese Prozesse sind unter den geeigneten Bedingungen in Laboratorien vielfach wiederholt worden und gaben immer die gleichen Resultate. Große Mengen von Aminosäuren und Purinen sammelten sich in Wasser an (Lit. 112).

Die energiereichen ultravioletten Strahlen der Sonne zersetzten auch Wasser nach $2\ H_2O \rightarrow 2\ H_2 + O_2$. Der Wasserstoff H_2, vom Molekulargewicht von nur 2 konnte von der zu schwachen Erdgravitation nicht festgehalten werden und diffundierte in den freien Weltraum. Nur der schwere Sauerstoff (O_2, Molekulargewicht = 32) wurde festgehalten, reicherte sich an.

Durch die Ultraviolettbestrahlung entstanden in hohen Lagen der Erdgasschicht (ca. 30 Kilometer) aus O_2 Schichten von O_3, Ozon. Dieses Ozon ist für Strahlen etwa der Wellenlänge 3000 Angström (und kleiner) ein Schutzfilter gegen jede Art von energiereichen Strahlen. Nachdem sich in der Gashülle der Erde 20 % O_2 gebildet hatten (mit der im Gleichgewicht dazu stehenden Ozonmenge), drangen ultraviolette Strahlen nur noch in sehr geringen und unschädlichen Mengen zur Erdoberfläche durch (Seite 9). Der oben formulierte Zersetzungsprozeß von H_2O kam zum Stillstand und der O_2-Gehalt unserer Erdathmosphäre ist so seit vielen hundert Millionen Jahren konstant geblieben.

Da nur die chemischen Verbindungen Aminosäuren und Purine im Wasser in nennenswerten Mengen angereichert waren, konnten sich die chemischen Ablaufgebilde, die man in späteren Entwicklungsphasen Zelle nennt, nur aus diesen vorhandenen chemischen Verbindungen entwickeln. Alle lebenden Substanzen bestehen hauptsächlich aus Aminosäuren und ihren Kombinationen, den Proteinen, weiter aus Purin-Derivaten, den Nucleinsäuren und Kohlehydraten (Seite 39).

Dazu kam als Einschränkung, daß von Millionen organisch-chemischen Verbindungen (Paraffine, Petroleum) die meisten nur wenig oder gar nicht wasserlöslich waren. In dem auf unserer Erde allein vorhandenen Lösungsmitteln H_2O, Wasser, konnten nur wasserlösliche Verbindungen zu biochemischen Abläufen reagieren. Aminosäuren und Purine sind alle mehr oder weniger in Wasser löslich.

Aus solchen organisch-chemischen Grundmolekülen bilden sich in wässriger Lösung durch Energiezufuhr von gefiltertem Sonnenlicht (Seite 9) Kondensationsprodukte-chemische Zusammenbindungen vieler Moleküle ähnlicher oder derselben Art zu sogenannten Polymeren. Die Polymeren der Aminosäuren sind die Proteine (Seite 24), die der Purine (oder besser ihrer Nucleotide) sind Nucleinsäuren. Zucker entstehen aus Formaldehyd, CH_2O, mit Kalk (Lit. 10, 11, 35).

An diesem Punkt, bis zu dem jeder Schritt experimentell beweisbar ist, geht die Entwicklung in vorerst unbewiesene Schritte zur ersten lebenden Zelle über.

Hier trennen sich Wissenschaftler und frommes Volk. Entweder kann man sich billig zufrieden geben und sagen: Das hat ein Geist gemacht, oder, als asylum ignorantiae, ein Gott, oder eine andere nebelhafte Scheinkausalität. Kein seriöser Forscher kann damit zufrieden sein. Wenn er Nebelgründe nicht annimmt, muß er der Entstehung des ersten primitiven Lebens auf der Erdoberfläche mit allen ihm möglichen Mitteln nachgehen, auch wenn die Aussichten auf Erfolg vorerst gering sind.

Hier können nur Wahrscheinlichkeitsrechnungen weiterhelfen.

Die Wahrscheinlichkeit, daß aus dem Chaos der vermutlichen 10^{80} Protonen (den einfachten Atomkernen, des Wasserstoffs) des Universums spontan eine Ordnung oder eine selbst fortpflanzbare lebende Zelle entstehen konnte, ist unmeßbar gering, vielleicht von der Häufigkeit 10^{-100}. Manche Forscher haben daraus abgeleitet, daß das unmöglich sei; daß hier nur eine Vitalkraft, ein Schöpfer tätig gewesen sein könnte (Seite 81, Lit. 40).

Daß Priester aller Religionen das nachreden, ist selbstverständlich. Sollten gerade sie Klugheit gegen ihre eigenen Interessen zeigen?

All diese absterbenden Generationen übersehen, daß die enorme Unwahrscheinlichkeit auf zahlreiche, sehr viel wahrscheinlichere Stufenschritte verteilt werden kann: $10^{-5} + 10^{-8} + 10^{-4}$ usw. Global kommt zwar scheinbar auch 10^{-100} heraus. Aber viele Unwahrscheinlichkeitsstufen überwinden sich von selbst dadurch, daß in der »Nähe« des absoluten Nullpunkts, in der wir leben, wo Lebewesen aus Proteinen allein existieren können, die Affinitäten der chemischen Elemente zueinander automatisch zu definierten chemischen Molekülen führen, zu den Zellbestandteilen.

Einwände gegen die Wahrscheinlichkeit einer mechanischen Entstehung einer ersten lebenden Zelle und ihre Fortpflanzung sind oft: Es ist unmöglich, daß aus nichts eine Maschine von selbst entsteht, und sich als Maschine selbst vervielfältigt, fortpflanzt. Das ist ein Irrtum.

Maschinen, die sich von selbst fortpflanzen, sind von Neumann und Wiener beschrieben worden (Lit. 74, 28, 91, 109). Vom Physiker Gell-Mann stammt der Satz: »Alles, was nicht verboten ist, ist obligatorisch.« Das heißt, alles, außer strikt verbotenen Tatsachen, tritt zwangsläufig irgendwann einmal ein; auch wenn seine Wahrscheinlichkeit beliebig klein ist; etwa die Spontan-Entstehung lebender Zellen, des Menschen und seines Hirns. Wenn nur die zur Verfügung stehenden Zeiten sehr lang sind und die Umstände der Atombewegungen genügend oft variieren, so daß jede beliebige Unwahrscheinlichkeit durchprobiert wird. Leider gibt es keine sichere, experimentell beweisbare Definition des physikalisch Verbotenen. (siehe Popper, Lit. 76, 76a).

Ein Physiker, der noch an vitalistischen Theorien festhält (Lit. 40) betont immer wieder, daß die Wahrscheinlichkeit der Entstehung des Lebens ohne gezielte Schöpfung 10^{-100} sei, wenn man sie als Würfelspiel der 10^{80} Protonen des Universums betrachtet.

Er irrt. Man kann das am Kugelfall im Galton-Wahrscheinlichkeits-Kugelbrett sehen. Am senkrecht stehenden Nagelbrett stehen in der obersten Reihe zwei Nägel. In der zweiten Reihe drei Nägel, in der dritten vier und so weiter. In jeder folgenden Reihe steht jeder Nagel immer genau unter der Mitte der Lücken der vorhergehenden Reihe. Eine präzis runde Kugel, die man zwischen die zwei Nägel der obersten Reihe zum Absinken eingibt, hat so, bei gleichem Abstand der Nägel jeder Reihe, beim Fallen durch eine Lücke auf den Nagel der nächsten Reihe gleich viel Chancen, rechts oder links zu fallen. Die Wahrscheinlichkeit des Fallens geschieht beim Nagelbrett nach dem Dual-System (Seite 60), ja oder nein.

Verlängert man das Nagelbrett nach unten bis auf die millionste Reihe mit 1 000 001 Nägeln, und läßt oben in der ersten Reihe eine Kugel einfallen, dann kann man das ganze aus zwei Richtungen betrachten.

1. Man schaut von unten in die millionste Reihe und nimmt eine bestimmte Lücke und sagt: Das ist der Mensch. Man wartet, daß die Zufallskugel genau da herauskommt. Dann ist die Wahrscheinlichkeit, daß die Zufallskugel zum Menschen führt, nur ein millionstel; oder, wenn man beliebig große Nagelreihen annimmt, beliebig klein.

2. Man schaut von oben. Dann ist die Wahrscheinlichkeit, daß unten ein beliebiger, zufälliger Zwischenraum drankommt, gleich eins.

Die erste Annahme ist logisch falsch. Denn sie postuliert ja schon eine der Millionen Zufallsmöglichkeiten von lebenden Formen, gerade zufällig »Mensch« genannt, als fertiges Produkt, an einer fertigen Wahrscheinlichkeitsstelle.

Hier schimmert die im jugendlichen Religionsunterricht übernommene Illusion einer ewigen Seele; die angeblich von einem Schöpfer stammt und so natürlich nicht einem millionenfachen Dual-Spiel rechts oder links, null oder eins, unterworfen sein kann, sondern exakt vorausgeplant ist.

Betrachtet man von oben, nach 2., so sieht man sofort, daß zufällig eine bestimmte der Millionen oder Billionen Möglichkeiten, der Zufälle von Mutationen verwirklicht wurde; daß aber statistisch, zufällig Billionen von anderen Möglichkeiten von Molekülkombinationen, die man vielleicht auch »Leben« nennen könnte, durch Zufall nicht gelangen.

Wenn man die Zufälligkeit der Stufen von Mutationen, die Zufälligkeiten am Wahrscheinlichkeits-Kugelfallbrett nicht gelten läßt, dann müßte an jeder der Billionen übereinandergeschichteten Mutationsänderungen jedesmal (billionenmal) der Daumen eines Schöpfers dran gewesen sein; der dem Bit, ja oder nein, rechts oder links, jedesmal durch gezieltes »Mogeln« nachgeholfen hat, weil er von vornherein wußte, was für ein Gebilde »Mensch« in der letzten Reihe des Wahrscheinlichkeitsbretts herauskommen sollte.

Wieder eine groteske Folge dialektischer Theologen-Logik (Seite 147).

Der Mensch ist ein zufälliges Endprodukt aus Billionen von übereinander geschichteten Nagelbrett-Wahrscheinlichkeiten der Mutationen, die zufällig zu den Formen und dem Inhalt geführt haben, die man heute als Mensch bezeichnet. Die sich in zehn- oder hunderttausend Jahren durch neue Mutationen in etwas ganz anderes verwandeln können; oder letal enden (Lit. 53, 71, Seite 107, Monod).

»Gott würfelt nicht«. Ein unkritisches Relikt Einsteins aus seiner religiösen Jugenderziehung. Er tut überhaupt nichts, weil er noch nie in Erscheinung getreten ist. Theologen haben damit gegen Wahrscheinlichkeits-überlegungen der Lebensentstehung hantiert.

Erst aus dem chaotischen Durcheinander der 10^{80} Protonen des Universums, mit ihren ungeheuer zahlreichen Zufalls-möglichkeiten der Kombinationen haben sich unter geeigneten Umweltsbedingungen (Seite 17) in Wahrscheinlichkeitsstufen die Gebilde des »Lebens« entwickelt. »Es« hat gewürfelt, der Zufall, trotz Einsteins Illusionen, nach statistischen Regeln.

Rechnerisch sind diese Wahrscheinlichkeiten überzeugend vom Nobelpreisträger Manfred Eigen und seinen Mitarbeitern durchkalkuliert worden (Lit. 22, 22a,). Eigens Schlußfolgerungen sind:

»Die Entstehung des Lebens ist an eine Reihe von Eigenschaften geknüpft, die sich sämtlich eindeutig begründen lassen. Die Vorbedingungen sind vermutlich schrittweise erfüllt worden, so daß der Ursprung des

Lebens sich ebensowenig wie die Evolution der Arten als einmalig vollzogener Schöpfungsakt darstellen läßt«.

Auch der Physiker P. Jordan (Lit. 51, Seite 102) schreibt im Schlußwort seines letzten Buches: Wenn der Grundgedanke materialistischer Wirklichkeitsdeutung Wahrheit ist, dann widerlegt er alles, was jemals von religiöser Weltbewertung aus als Wahrheit betrachtet wurde. Nur das eine kann Wahrheit sein, und das andere ist unwahr«.

Auch K. Lorenz (Lit. 66, Seite 102) gibt als wesentliche Folgerung: »Von der Bio-Kybernetik und der Biochemie sind so entscheidende Erkenntnisse errungen worden, daß es keine utopische Hoffnung ist, die Eigengesetzlichkeit des Lebendigen aus der Struktur seiner Materie und aus der Geschichte seines Gewordenseins zu erklären«.

Religionen machen sich die Entstehungs-kausalitäten-netze des Lebens leicht. Sie dekretieren kurzerhand dogmatisch, ein imaginärer Schöpfer habe das gemacht.

Nichts garantiert die ewige Überlegenheit des heute Höchstwertigen dieser Erde, des Menschen. Die Mutationszufälle zur Verdoppelung des Hirngewichts vom Pithecanthropus (mit 600 — 900 Gramm Hirn, Seite 58) bis zum überlegenen Menschen (mit 1 400 Gramm Hirn) haben nur eine Million Jahre gedauert; 30 000 bis 50 000 Generationen.

Viele höhere Tiere, Gorilla, Orang-Utan, Delphine haben schon den ganzen nötigen physiologischen Körperapparat zur Ernährung von vielleicht neu entstehenden zehnmal größeren Gehirnen.

Als Stufen einer zufälligen Entwicklung muß man folgendes annehmen: Primitive, nicht durch Zellwände zusammengehaltene Ablaufkombinationen aus Proteinen, Zuckern und Metall-Ionen, etwa Eisenionen; die kamen und spurlos wieder verschwanden. Erst in Milliarden solcher Abläufe fanden sich auch Nucleinsären als Partner. Wenn solche Systeme zufällig in den Bereich von sauren Quellwässern gerieten, bildeten sich durch äußere Proteinfällung eine semipermeable Außenhaut. Jetzt war das biochemische Ablaufsystem gegen das Auseinanderlaufen geschützt; die Form einer Zelle war geboren.

Auch diese »Zellen« starben in Billionenmengen ohne Nachkommen. Wenn aber einmal in einer neuen Zufallstufe unter dem Einfluß der Nucleinsäuren zuviel Proteine gebildet wurden, konnte eine Sprengung der Primitivzelle unter Bildung von zwei Zellen möglich werden.

Wenn in einer weiteren Zufallsstufe in nur einer von Milliarden »Nieten« von Zellen der Vorgang der Zellspaltung auf eine Spaltung des Computerbandes der Nucleinsäuren überging, dann wurde der Vorgang beliebig wiederholbar. Die lebendige, fortpflanzungsfähige Zelle war geboren — ohne Schöpfer. Das ist ein möglicher, aber vorerst unbewiesener Weg.

Die Zellteilung, die Fortpflanzung zu beliebigen Mengen einer Art geht jetzt leicht. Das Genmuster wird unsterblich.

Die Zelle ist das einzige mögliche Gebilde, in dem der Ablauf Leben stattfinden kann. Die Kriterien des Lebens sind: Diffusionsaufnahme von Nahrungs-Chemikalien der Außenwelt durch die nur halbdurchlässige äußere Zellmembran, langsame, geregelte Verbrennung der Nahrung zur Energiegewinnung und zum Aufbau von nötigen neuen Zellbestandteilen durch Protein-Enzyme (Seite 25), dann Ausscheidung der Abfallprodukte, z. B. Kohlendioxyd. Weiter nötig ist ein geordneter Mechanismus zur Bildung von Tochterzellen nach Mustervorlagen in den Chromosomen des Zellkerns. Alles wird vor dem Auseinanderlaufen geschützt durch die äußere nur teildurchlässige Zellmembran.

Die Grundstruktur der Zelle ist in der ganzen Entwicklungszeit aller lebenden Organismen der Erde — eine Milliarde Jahre — ungefähr gleich geblieben.

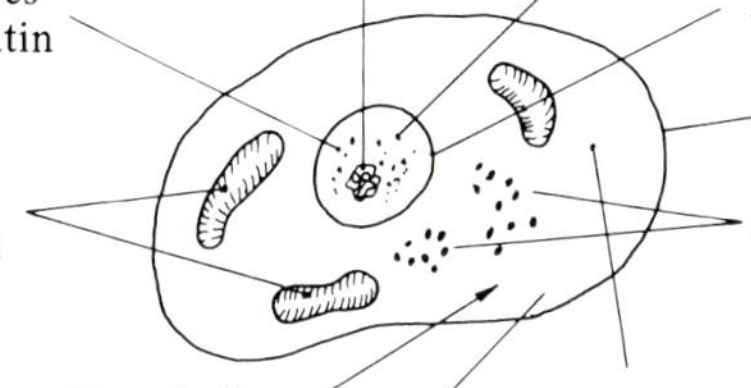

Abb. 12: Einfaches Schema einer lebenden Zelle

Jede lebende Zelle (Tier, Pflanze, Einzeller) enthält folgende wesentliche Teile: Außen eine für gelöste Stoffe halbdurchlässige Zellwand. Innen einen durch eine Membran vom Plasma der viskosen Zellflüssigkeit getrennten Zellkern. Im Zellkern sind die Chromosomen und ihre Abschnitte die Gene, Pakete von Nucleotiden (Lit. 11, 73), in den aus Desoxy-Ribonucleinsäuren bestehenden Molekülschnüren. Sie enthalten wie auf einem Morsestreifen die gesamte Erbinformation zum Aufbau neuer Zellen. Ein weiterer Bestandteil sind die Mitochondrien (bei Pflanzen Plastiden), ehemals selbständige Zellen, die den chemischen Zellstoffwechsel besorgen: Abbau der von außen kommenden Nahrung und Aufbau kleinerer Moleküle, Aminosäuren, Zucker. Wichtig sind weiter die Ribosomen, an denen aus den Gen-informationen, über Tranfer-Ribo-Nucleinsäuren, die hochmolekularen Proteine aus den von den Mitochondrien gelieferten niedrigen Aminosäuren gebildet werden.

Die Zelle darf nicht größer sein, als daß die physikalisch gegebenen Diffusionsgeschwindigkeiten von wassergelösten Chemikalien im Innern mit der Verbrennungsgeschwindigkeit harmonieren und die nötigen Proteine und Nucleinsäuren des Kerns (Seite 25) Platz haben. Das heißt Größen von 0,0005 bis 0,5 Millimeter.

Alle spätere Entwicklung bis zum Menschen beruht nur im Entstehen von immer komplizierten Zellanhäufungen, mit koordinierten Spezialfunktionen, Leberzellen, Knochenzellen, Blutzellen, Nervenzellen, Hirn-Neuronen. Alle haben sie die Grundstruktur der primitiven ersten Zellen beibehalten.

Alle Erbinformationen, die überhaupt existieren, der Bauplan der Zellen, der eines neuen Menschen, ist in den langen Molekülschnüren aus Desoxy-Ribo-Nucleinsäuren (Seite 37/39, Lit. 32, 42, 57) gespeichert.

Die chemischen Kausalitätsketten der Nucleinsäure-Gen-Schnüre liegen bei primitiven Zellen, bei Viren und Phagen (Lit. 104, Seite 47) als ein einziger verknäulter Faden vor. Bei höheren Organismen sind sie spiralig aufgerollt, auf stabförmige, am Centrometer zusammenhängende Gebilde aufgeteilt. Beim Menschen 46 Stück, die man Chromosomen nennt (Lit. 11, 98, Seite 46). Einzelne Abschnitte auf diesen Schnüren (für je ein

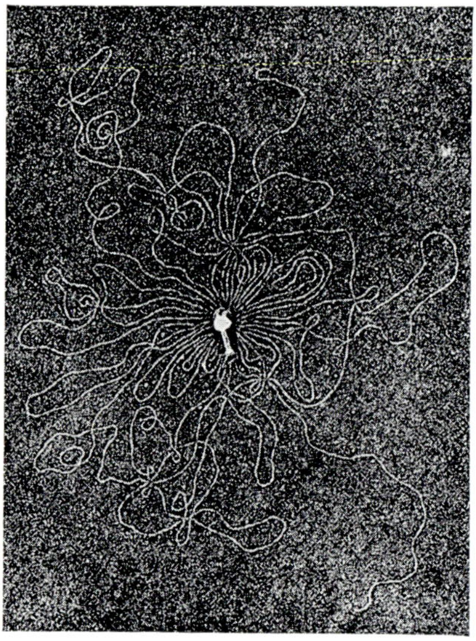

Abb. 13: T2-Phage mit ausgequetschten DNS-Genfäden.

Der Faden ist 56 μ lang und enthält $2 \cdot 10^5$ Nucleotide $= 6 \cdot 10^4$ Codons (Tripletts) und entspricht etwa 600 Proteinen à 100 Aminosäuren.

(Nach A. K. Kleinschmidt u. a. Biochemica Biophysica Acta (Amst.) 61, 857 (1962).

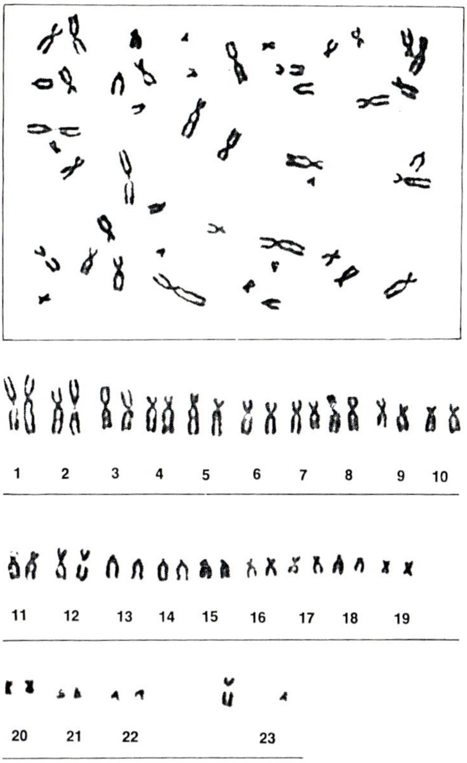

Abb. 14: Schema der Darstellung der ungeordneten und geordneten 46 Chromosomen jeder menschlichen Zelle (= Karyogramm).

Jedes Chromosom ist in zwei Exemplaren vorhanden, eines vom Vater und eines von der Mutter. Sie haben X-Form, 4 Zweige, die in der Mitte, am Centromer, zusammenstoßen. Jedes Chromosom besteht aus Knäueln von Genfäden, den Desoxy-Ribo-Nucleinsäuren. Ausgezogen sind alle DNS-Fäden ca. 100 cm lang. Möglicherweise sind im Zellkern alle Chromosomen über chemische Brücken verbunden und bilden, wie bei den Virus-Gen-Nucleinsäuren, einen einzigen langen Faden, der erst bei der mikroskopischen Präparation in die Chromosomenstücke auseinanderbricht. Das Karyogramm wird so hergestellt, daß unter dem Mikroskop der Zellkern vorsichtig zerdrückt wird. Man färbt, photographiert stark vergrößert, schneidet jedes Chromosomenbild aus und ordnet der Größe nach (modifiziertes internationales Denversystem).

Protein, Seite 39) nennt man Gene (Lit. 11, 32, 103, Seite 39). Gengruppen aus denselben oder verschiedenen Chromosomen derselben Zelle sind die Kausalitätslieferanten (Seite 66) für die Entwicklung und den Formaufbau einzelner Teile des neu entstehenden Organismus.

Es hat sich gezeigt, daß auch bei großen Tieren jede einzelne der

800 bis 1000 Milliarden Zellen, aus denen ein Mensch oder ein höheres Tier besteht, in jedem seiner Zellkerne (Seite 33) eine volle Kopie des Chromosomen-Originals besitzt — mit all den kleinen geerbten Abweichungen, die eine Persönlichkeit von einer anderen unterscheiden.

Da bei einem Tier alle Zellen eines Körpers den gleichen Chromosomenbestand haben, müssen alle Zellen eines solchen Tieres dieselbe Menge Desoxy-Ribo-Nucleinsäure (Seite 25) enthalten. Das ist tatsächlich so. Beim Ring enthält jede Zelle:

Leber	64.10^{-13} Gramm
Niere	64.10^{-13} Gramm
Milz	68.10^{-13} Gramm
Stier-Sperma	33.10^{-13} Gramm (Lit. 35)

Ein Nucleotid vom Molekulargewicht 350 wiegt 48.10^{-23} Gramm. In 64.10^{-13} Gramm pro Zellkern sind demnach $1{,}3.10^{10}$ Nucleotide = 13 Milliarden. Das sind 4 Milliarden Triplets (Codonen) für die Fixierung von 4 Milliarden Aminosäuren. Nimmt man Durchschnittsproteine von 100 Aminosäuren Länge, dann sind in den Zellkernen die Kausalitäten für 40 Millionen verschiedene Protein-moleküle verankert. Bei kurzen Proteinen entsprechend mehr; bei langen weniger.

Durch die Unterteilung in 46 einzelne Chromosomen liegen beim Menschen, anders als bei Viren und Phagen (Seite 34/48) die Befehlsketten nicht in einer Reihe sondern unterteilt vor. Wie sie zusammenarbeiten, ist vorerst noch unbekannt.

Da bei jeder Zellteilung die gesamte Erbinformation auf zwei Folgezellen unverändert (invariant) verteilt werden muß, muß diese Information durch eine chemische Molekular-Kopie verdoppelt werden, damit jede Folgezelle die genaue Erbinformation unverkürzt mitbekommt.

Der heute im Prinzip als richtig bewiesene Mechanismus ist erst 1953 von Watson und Crick (Lit. 103) gefunden worden.

Die gesamte Informationsmenge auf den langen Molekülschnüren der Nucleinsäuren in den Chromosomen, aus denen als unwidersprechbare Kausalität jeder Mensch entsteht, enthält nur vier verschiedene chemische Moleküle als Komponenten: Adenin (A), Guanin (G), Cytosin (C), und Thymin (T) (Seite 25).

Aus vier Komponenten allein lassen sich nur vier Befehle herstellen. Aber vier Komponenten als Paare von je zwei ergeben $4^2 = 16$ Befehle. Kombinationen von je drei ergeben $4^3 = 64$ mögliche Befehle.

Die gesamte Körpersubstanz (außer Knochen, Fett und Wasser) setzt sich aus Proteinen zusammen; das sind Ketten von Aminosäuren (Seite 39). Es gibt im Körper 20 verschiedene Aminosäuren.

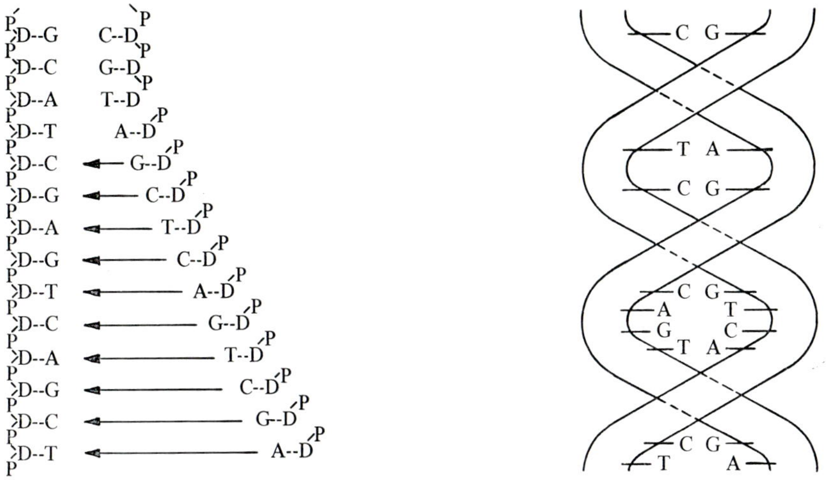

Original-Desoxy-Nucleinsäure-strang in den Chromosomen; mit nur vier Basen: Cytosin (C), Adenin (A), Thymin (T), Guanin (G)

Anlagerung von komplementären Einzel-Nucleotiden G zu C; A zu T; und umgekehrt. P = Phosphat. D = Desoxyribose

Doppel-Helix nach Watson-Crick; aus Originalstrang und kopiertem Negativ-Strang. Davon werden wieder Positiv-Kopien gemacht. Dann ist der genetische Kausalitäten-Strang verdoppelt. Die Zelle kann sich in zwei volle neue Zellen teilen.

Abb. 15: Verdoppelung der Desoxy-Ribose-Nucleinsäureketten der Chromosomen in den Zellkernen

Die 64 möglichen Dreiergruppen (= Triplets = Codonen) der Nucleinsäure-Ketten der Zellkern-Chromosomen verteilen sich (wie beim Morse-Beispiel, Seite 60) auf die 20 Aminosäuren + Satzzeichen.

Einen größeren Abschnitt auf der Kette, der so für ein bestimmtes Protein verantwortlich ist, nennt man ein Gen.

Aus den nur vier Informationszeichen über 64 Triplets bei 20 Aminosäuren pro Protein, sind jetzt 20! $(1 \cdot 2 \cdot 3 \cdot 4 \cdot 20) = 2{,}43 \cdot 10^{18}$ verschiedene Proteine als Möglichkeit kausal verankert. Mehr als ein Mensch enthält. Die tatsächliche Zahl ist sehr viel größer, denn es gibt alle Proteine zwischen drei und einer Million Aminosäuren.

Von den Urkausalitäten in den Nucleinsäureketten der Zellkern-Chromosomen müssen sowohl die Verdoppelung der Chromosomen zur unentbehrlichen Zellteilung, wie die Befehle zur exakten Proteinsynthese genau und ohne Irrtumsmöglichkeit abgelesen werden.

Das Verhältnis von Adenin zu Thymin, und von Guanin zu Cytosin ist immer eins.

An jeder Base hängen, chemisch gebunden, ein Molekül Desoxy-Ribose (Seite 25) und ein Phosphatrest. Eine solche Kombination vom Molekulargewicht etwa 350 nennt man ein Nucleotid (Seite 26). Ketten von Nucleotiden sind Nucleinsäuren. Im Zellkern kommt als Zucker nur Desoxy-Ribose, in der übrigen Zelle Ribose vor.

Zur Chromosomen-Verdoppelung lagern sich, über schwache Wasserstoffbrücken, jeweils ein Adenin an ein Thymin und ein Cytosin an ein Guanin an. Die angelagerten Einzel-Nucleotide (mit Desoxy-Ribose und Phosphat) verbinden sich enzymatisch zu einer neuen, jetzt komplementären Nucleinsäure-Kette (Seite 37). Von dieser komplementären Kette wird auf gleiche Weise wieder eine Originalkette gemacht, wie beim Fotografieren: Aus dem Schwarz-Weiß-Bild wird ein Negativ Weiß-Schwarz; daraus wird wieder ein Original Schwarz-Weiß.

Die beiden komplementären Stränge legen sich spiralig umeinander: die berühmte Doppel-Helix (Seite 37, Lit. 103). Sie gibt dem dünnen Faden der Nucleinsäuren eine gewisse Raumstabilität und verhindert wahrscheinlich eine Verknäulung der Fäden.

Für die Weitergabe der Befehle von der Kausalitätskette der Chromosomen zur Proteinsynthese wird ähnlich verfahren. Zum Unterschied von der Bildung einer kompletten neuen Kette für die Zellteilung soll aber für ein Protein von sieben Aminosäuren nur der betreffende Bezirk der Nucleinsäure-Kette abgelesen werden, also nur die Triplets, die dafür da sind.

Die 64 möglichen Triplets reichen nicht nur für die 20 möglichen Aminosäuren, sondern auch dafür, daß manche Aminosäuren mehrere Triplets haben; auch für »Satz-Anfänge« und für »Satzend-Punkte«. Denn der Satz für das gewollte Protein muß ja auf der Kette irgendwo anfangen und nach geerbtem Kausalitätsprogramm rechtzeitig aufhören. Das Protein darf nicht länger werden, als präzis für seine Funktion im Zellaufbau nötig ist; sonst gibt es eventuell tödliche Fehl-Proteine.

Solche präzis abgelesene Nucleinsäure-Stücke, die jetzt den Zucker »Ribose« statt Desoxy-Ribose enthalten, nennt man Messenger- (= Boten)-Ribo-Nucleinsäuren (m-RNS).

Als Satzanfang und -ende dienen wahrscheinlich sogen. Nonsens-Gene, die keiner Aminosäure entsprechen: UAG, UGA und andere.

Die Genschnüre der DNS werden von einem Ende abgelesen, so, wie Lochstreifen von einer dafür eingerichteten Rechenmaschine in Richtung vom 5-Phosphat zum 3-Phosphat. (Lit. 11). Von den Genketten müssen Auswahl und Folge der Aminosäuren präzis abgelesen werden können. Die Aufeinanderfolge der 20 verschiedenen Aminosäuren (Lit. 11, 92, 98), aus denen alle Proteine aufgebaut sind, ist grundsätzlich wichtig.

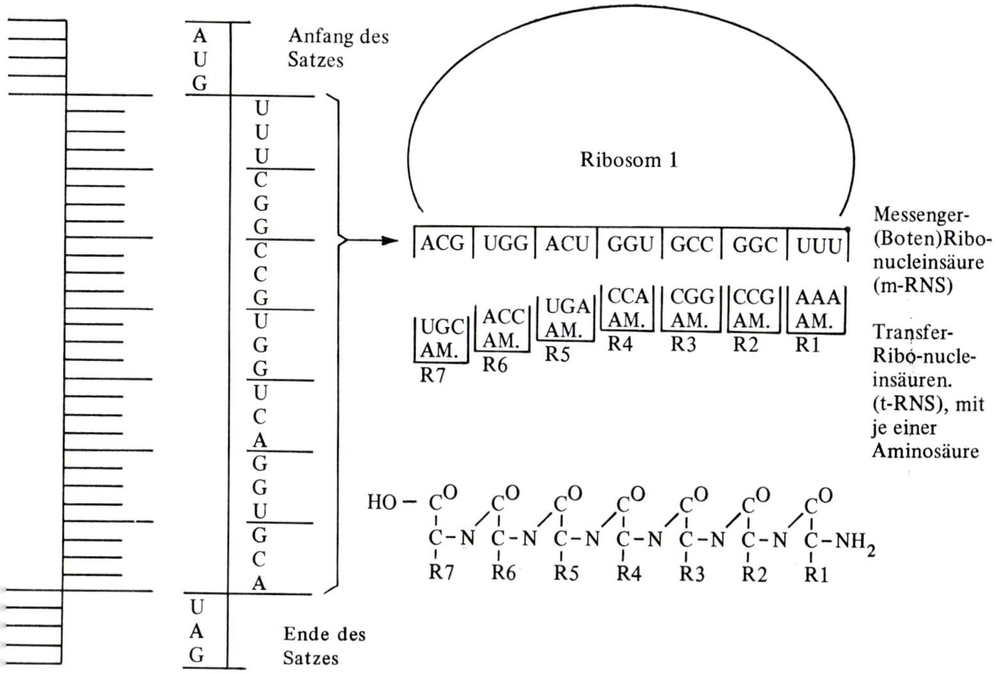

)riginal-
ucleinsäure-
trang DNS.
)er Abschnitt
n der Kette,
nit Anfang und
:nde, wird ein
;en genannt.

Messenger-RNS,
Boten-Kopie für
ein Gen. Für ein
Protein aus 7
Aminosäuren.
Statt Desoxy-
ribose Ribose.
Statt Thymin
jetzt Uracil.

Fertiges Protein aus 7 Aminosäuren;
chemisch genau aus den Erbvorschriften
der Chromosomen-Kette hergestellt.

.bb. 16: Transscription eines Körperaufbau-Bestandteils aus den Chromosomen-Vorschriften in Proteine.

Die zentrale DNS der Chromosomen wird abgelesen zwischen Anfangs- und Schluß-Triplet. Das so gebildete Stück Messenger-(Boten)-Ribo-Nucleinsäure (m-RNS) wandert zu den Ribosomen, die aus zwei Stücken bestehen (im Bild ist nur die eine Hälfte gezeichnet). Zwischen den beiden wird das Stück m-RNS wie vor einer Magnetband-Abhörvorrichtung durchgezogen.

Je nach Konstitution jedes Triplets lagert sich (passend wie Schloß und Schlüssel) eine dritte Art von Nucleinsäuren an: die transfer-Ribonucleinsäuren (t-RNS). Es sind kleinere Nucleinsäuren von etwa 60 Nucleotiden. Jede dieser t-RNS Moleküle enthält je nach Triplet-Schlüssel eine der zwanzig Aminosäuren.

Sie lagern sich, zwischen den beiden Ribosomen-Stücken nach DNS-Vorschrift der Zellkern-Chromosomen zu einer Kette zu sammen. Das genau vorgeschriebene Protein als Körperbestandteil ist fertig. Es gibt Proteine, die drei (Hormonproteine) bis viele tausend (Muskel-Proteine) Aminosäuren enthalten, alle nach geerbten Vorschriften der Zellkern-Chromosomen, und rein chemisch-mechanistisch.

Jedes Protein mit anderen Aminosäurefolgen, etwa in einem Enzym, hat andere biochemische und physikalische Eigenschaften. Jede Abweichung vom ererbten Plan bedeutet häufig Krankheit oder Tod.

In der Flüssigkeit der Zelle, hergestellt in den Mitochondrien, schwimmt eine dritte Art von kürzeren Ribose-Nucleinsäuren herum, die transfer-Ribo-Nucleinsäuren (t-RNS). Jedes Molekül einer solchen t-RNS trägt an einem Ende chemisch gebunden, eine der 20 Aminosäuren. Am anderen Ende hat sie ein spezifisch nur für diese Aminosäure gültiges Anti-Codon.

Die Ribosomen (Abbildung 16, Seite 39), weniger als 0,0001 Millimeter große Gebilde, setzen sich im Zellplasma aus zwei Teilen vom Molekulargewicht 800 000 und 1 800 000 zusammen.

Zwischen diesen beiden Teilen wird der Faden der m-RNS eingeklemmt, und durchgezogen — wie ein Tonband vor einer Ablesevorrichtung. Am Band der m-RNS, wie es als Kopie vom Chromosomen-Faden nach genau codiertem Plan geliefert wurde, synthetisiert das Ribosom durch genaue komplementäre Auslese aus frei in der Zelle herumschwimmenden t-RNS eine Folge von Aminosäuren, die dann in der richtigen Reihenfolge verbunden und von den Nucleinsäuren abgespalten werden. Das kausal in den Zellkern-Chromosomen festgelegte Protein ist fertig (Abbildung 16).

Jedes Gen ist mitverantwortlich für die Bildung eines Gliedes eines Organs, der Augenfarbe oder sonst eines Körperbestandteils. Bei fast jedem Aufbau sind mehrere Gene aus verschiedenen Einzelchromosomen beteiligt. Die genauen Mechanismen dieser sehr komplizierten, ebenfalls aus den Chromosomen-DNS gesteuerten Zusammenarbeit sind bisher nur in wenigen Fällen bekannt (Seite 48, Lit. 42, 73, 98).

Alle lebenden Substanzen, abgesehen von Knochen und bei Pflanzen von Cellulose, bestehen aus formlosen Protein-Fäden. Trotzdem hat fast alle lebende Substanz mehr oder weniger feste Form. Etwa die Form der knochenfreien Ohrmuschel oder teilweise der Nase. Diese Formen stützen sich ausschließlich auf feste Molekülformen der beteiligten Proteine.

Feste räumliche Formen werden Proteinen aufgezwungen, entweder durch Salz-Bindungen im selben Molekül oder durch Cystin-Bindungen (Seite 24) zwischen mehreren verschiedenen Protein-Ketten;

DNS-Kettenänderungen, Mutationen, sind möglich durch »crossing-over«, wobei sich Bruchstücke einzelner Chromosomen mit Gliedern anderer austauschen. Oder es können durch chemische Einflüsse (Contergan) oder durch Krankheit (Röteln der Mutter während der Schwangerschaft) Einzelnucleotide verändert werden. Oder es können durch energiereiche Strahlen (Röntgen- und Höhenstrahlen) an der DNS Schäden entstehen.

Die Zahl der Mutationen hängt auch vom Alter der Erzeuger ab. Junge Frauen haben bei jedem 600sten Kind eine Aberration, Verdreifachung statt Verdoppelung von Chromosom 21 (Trisomie). Das führt unentrinnbar zu einem Kind mit mongoloider Idiotie (Lit. 63, 57, 102).

Bei Frauen, die erst mit 40 gebären, ist diese Wahrscheinlichkeit 1/200. Bei sehr alten, 20 Tage alten Taufliegen haben die Nachkommen doppelt so viele letale Mutationen wie die Nachkommen junger, nur vier Tage alte Fliegen.

Fehler in den Geschlechtschromosomen, etwa xxy oder x allein, bedingen Sterilität und schlechte Körperentwicklung, soweit die Früchte nicht vor der Geburt absterben.

Dreifarbige Kater (gelb, schwarz, weiß) sind steril (Lit. 63). Sie haben eine Trisomie der Geschlechtschromosomen xxy. Auch bei Menschen treten beim Klinefelder-Syndrom (Lit. 63, 42, 102) mit xxy Sterilität und manchmal eunuchoide Körperformen auf.

Kleine Ablesefehler von den Chromosomen-DNS-Schnüren oder ihren Teilabschnitten, den Genen, können in jeder Generation auftreten (Lit. 63, 73). Wird in dem, aus dem mutierten Gen kopierten Protein eine Aminosäure geändert, so können die Folgen verschieden sein:

1. Das geänderte Protein ist mit dem Weiterleben der Zelle unvereinbar, dann stirbt die Zelle: eine Letalvariation.

2. Die Mutation ist für die Funktion des Proteins unwichtig. Es ändert sich nichts. Die Mutation wird weitervererbt. Das ist möglich, weil es in jeder Proteinkette, etwa einem regulierenden Enzym, funktionell wichtige und unwichtige Aminosäuren gibt. Man kennt beim Menschen Dutzende von Mutationen des Proteins Globin im Blutfarbstoff Hämoglobin, die die normale Funktion nicht wesentlich stören. Man fand solche, mit denen Träger lebenslang krank sind oder früh sterben.

3. Die Mutation ist schädlich, bringt aber andere Vorteile. Ein Ersatz der 6ten Aminosäure, Glutaminsäure vom Aminoende (Lit. 35, 63) der β-Proteinkette (146 Aminosäuren) des Hämoglobins durch Valin bedingt schwere Störungen des O_2-Stoffwechsels. Blutkörperchen mit diesem fehlerhaften Hämoglobin gehen bei vermindertem Sauerstoffdruck (auf Bergen) in Sichelform über. Erstickung droht.

Aber die Träger dieser Sichelzellenanämie sind gegen Malaria immun. So sind in Afrika ganze Negerstämme atmungskrank, aber von der vielfach tödlichen Malaria verschont. Sie vermehren sich trotz Krankheit, mehr als die gesunden, die der Malaria erliegen.

Eine andere, wesentliche Fehl-Mutation, die sich später als vorteilhaft erwies, ist der Verlust des Körperpelzes der Menschen seit der Abtrennung von den Ur-Hominiden. Zufällig trat unabhängig davon die Fähigkeit zum aufrechten Gang auf, mit der Möglichkeit des Gebrauchs der Hände als Werkzeuge. Damit konnte zuerst der Pelz erjagter anderer Tiere als Kälteschutz verwendet werden. Es entstand die Fähigkeit, aus Pflanzenfasern und Tierhaaren Textilien zu machen. Die Anfänge des Handwerks, was dann zu einer reichen Entfaltung menschlicher Fähigkeiten führte.

Man schätzt, daß auf mehrere Millionen Mutationen, von denen fast alle Letalvariationen, wenige unschädlich sind, nur eine kommt, die eine umweltbrauchbare Fortentwicklung bringt.

Auf diesen ganz seltenen positiven Mutationen beruht jede Höherentwicklung in der seit einer Milliarde Jahren laufenden Entwicklungsreihe vom primitiven Ur-Einzeller bis zum Menschen.

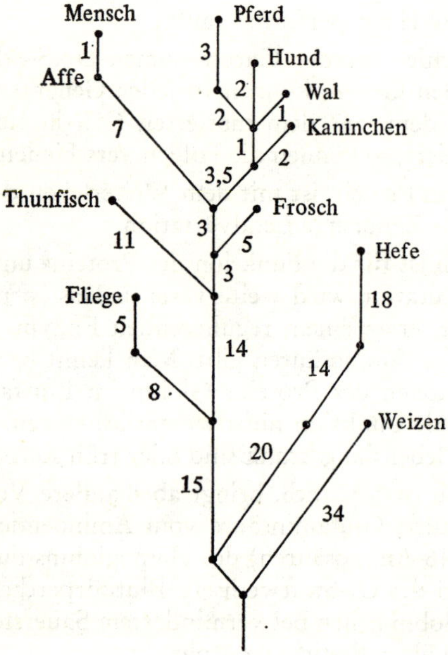

Abb. 17: Stammbaum der Aminosäurensequenz des Proteins des Cytochroms von einer nicht bekannten Urzelle bis zum Menschen.

Die Zahlen geben jeweils die durch Mutationssprünge entstandene Zahl der Änderungen in der Sequenz der 104 Aminosäuren (vereinfacht nachgezeichnet nach M. D. Dayhoff, Sci. American (1969), (Lit. 108).

Man hat die langsame Entwicklung der Hauptbestandteile aller lebenden Zellen, der Proteine, an einem besonders leicht rein herzustellenden Eiweiß untersucht, das in allen Zellen vom einfachsten Einzeller, in allen Pflanzen, bis zum Menschen vorkommt.

Das sind, neben den kristallisierten Hämoglobinen der Tiere, vor allem das Protein von Atmungsfermenten, der Cytochrome.

Das Cytochrom-Protein hat 104 Aminosäuren. Mensch und Rhesus-Affe unterscheiden sich nur in einer Aminosäure. Bis zum Känguruh sind 10 Aminosäuren verschieden. Die beiden extremen Enden der Reihe, Einzeller und Mensch haben 64 Aminosäuren gemeinsam; 40 sind verschieden. Alle anderen Cytochrom-Proteine liegen dazwischen (Abbildung 17, Seite 42, Lit. 108).

Menschliches Cytochrom-Protein ist durch 40 bis 45 zufällige Mutationssprünge in etwa einer Milliarde Jahren aus dem vermutlichen Ur-Cytochrom-Protein entstanden.

Daraus ergibt sich, daß im Durchschnitt alle 25 Millionen Jahre eine Mutation passierte, die zu einem besser angepaßten Protein führte. Die Zahl der wirklich passierten Mutations-Änderungen ist sicher sehr viel größer. Aber sie waren fast alle mit dem Leben der Zelle unvereinbar. Sie sind, zufällig falsch entstanden, als Letalvariationen ausgestorben.

Wenn alle Molekülketten der Original DNS in den Chromosomen exakt kopiert und verdoppelt sind, teilt sich die Zelle — mit vollem Chromosomensatz für beide.

Das kann sich beliebig wiederholen. Zum Beispiel bei Hefen, die keine sozialen Hemmungen gegen andere Zellen kennen, sich einfach hemmungslos vermehren, solange Umwelt und Nahrung reichen.

Beim Aufbau höherer Organismen bleiben die neuen Zellen nach der Vervielfachung beieinander. Sie bilden einen Zellverband, der sich bei weiterer Teilung rasch differenzieren muß, wenn der gebildete Zellhaufen einen funktionierenden Zellstaat bilden soll, in dem jeder Teil eine lokale Funktion im sozial nötigen und möglichen Rahmen erfüllen muß (Ordnung; Seite 192).

Würde die Zellteilung unverändert weitergehen, so entstünde rasch ein chaotischer Haufen, in dem die inneren Zellen aus Sauerstoffmangel, und aus Mangel der Abfuhr ihrer chemischen Abfallprodukte zugrunde gingen, wie das beim Carcinom der Fall ist.

Jeder größere Zellhaufen, der über hundert Zellen hinausgeht, braucht ein Sozialsystem der gegenseitigen Zusammenarbeit, ein System der Arbeitsteilung; er braucht physikalisch-chemische Ordnung.

Es müssen mechanische Systeme der Sauerstoffzufuhr, Lungen oder Kiemen entstehen. Der Sauerstoff muß in Umlaufsystemen, Pumpen

(Herz) durch das Ganze getrieben werden- in Umlaufsystemen, die gleichzeitig Nahrung zuführen und als Müllabfuhr unbrauchbaren Abfall nach außen befördern.

Es müssen Eßwerkzeuge entstehen und anschließend Därme, die die von außen kommende vielfältige Nahrung in Zucker und Einzel-Aminosäuren aufspalten, damit der inzwischen zum Organismus gewordene Zellhaufen daraus seine eigenen Proteine machen kann.

Weiter muß (bei zweigeschlechtlicher Fortpflanzung) ein Zentralsystem der Sexualität entstehen, das jedes Individuum zur Machung der nächsten Generation zwingt.

Ohne Koordination wäre das ganze komplizierte System zwecklos und würde nach einer Generation untergehen. Daß alle durch Mutationen entstandenen Automatie-Befehle als Instinktzwang vererbbar geworden sein müssen, ist unausweichlich.

Bei höherer Komplikation eines Organismus muß eine reflexartig arbeitende Zentrale entstehen: das automatisch arbeitende System Rükkenmark und Hirnstamm.

Ganz zuletzt, zur Verarbeitung sehr komplizierter Umweltprobleme, denen das automatische System nicht gewachsen war, entstand die Computerzentrale Großhirn, mit den Werkzeugen Bewußtsein und Logik (Seite 64).

Jeder höhere Organismus, Tier und Pflanze, besteht aus verschiedenen Formteilen, Organen. Jede Art von Form ist das Ergebnis einer genetisch festgelegten Störung im dynamischen Gleichgewicht zwischen lokalem chemischen Aufbau und Abbau von Substanz. (Lit. 89).

Wenn verschiedene Formbestandteile, Organe, Glieder gebildet werden sollen und nicht ein undifferenzierter Zellhaufen, dann müssen in verschiedenen Zellen, je nach Aufgabe des betreffenden Körperteils, zu verschiedenen Zeiten Hemmkörper an den DNS-Ketten des Zellkerns eingreifen. Der in jeder Körperzelle voll intakte Determinationsplan in den Nucleinsäuren muß an manchen Stellen unterdrückt, an manchen gefördert werden.

Man nennt solche Stoffe Aktivatoren und Repressoren. Sie werden als Sonderproteine an bestimmten Stellen der DNS-Kette des Zellkerns synthetisiert. Durch lokale Einflüsse, die man chemisch noch nicht genau definieren kann, decken sie unerwünschte Stellen an der DNS ab, so daß sie chemisch nicht arbeiten können. Aktivatoren, ebenfalls Sonderproteine, arbeiten den Repressoren entgegen (Monod, Jacob, Lwoff, Lit. 48, 71). Ihre zeitlich nach Zellbedarf variierten Gleichgewichte sorgen für die Anhäufung von stehenbleibenden Chemikalien an bestimmten individuellen Stellen: Das ist die Bildung der räumlichen Form aller Organismen.

Die Regulation der Synthese von Gestaltproteinen und Enzymen durch Aktivatoren und Repressoren (auch durch feeding back) ist lebenswichtig. Ohne das wäre nur ein Zellbrei, keine Form möglich.

Hefen und andere Einzeller vermehren sich fast ausschließlich durch ungeschlechtliche Zellteilung (Seite 46). Solche seit hunderten von Millionen von Jahren immer gleich fortgesetzten Teilungen geben wenig Chancen für wesentliche und höherführende Änderungen der genetischen DNS (bei manchen auch nur der RNS).

Tiere und Pflanzen, höher differenzierte Organismen, konnten erst entstehen, als durch Entwicklungszufälle einmal eine Differenzierung in zwei geschlechtlich verschiedene Zellarten derselben Gattung auftrat, die erst durch Vereinigung einen Nachkommen machen können. Erst durch die dadurch geschaffene Vielfalt der Kreuzungsmöglichkeiten gab es immer wieder neue überraschende Änderungsmöglichkeiten der determinierenden DNS, von denen nur selten eine zu einer Höherentwicklung führte (Lit. 11).

Die menschliche Nachkommensmachung beruht auf zweigeschlechtlicher Vereinigung von männlichen und weiblichen Halbzellen. Vom Stammhirn, der Automatenregulierung aller nicht bewußten Körperfunktionen, wird über den unentrinnbaren Drang der sexuellen Gefühle die Vereinigung erzwungen.

Vor der Befruchtung werden (bei fast allen höheren Tieren) in den weiblichen Eierstöcken die (beim Menschen) in jedem Zellkern vorhandenen 23 Paare = 46 Chromosomen durch meiotische Teilung gespalten. Im weiblichen Ei, das in Monats-Abständen aus den Eierstöcken in die Eileiter wandert, sind nur 23 Chromosomen. Eines davon ist ein x-Geschlechts-Chromosom. Es ist die Hälfte eines Paares aus 2 mal 23 Chromosomen, die zusammen zwei weibliche x-Geschlechts-Chromosomen enthalten.

Beim Mann enthält ein voller Chromosomensatz in der Hälfte von 23 Chromosomen ein weibliches x-Chromosom, in der anderen Hälfte ein männliches y-Chromosom. Die vorhandenen 46 Chromosomen werden in den männlichen Hodenzellen halbiert. Dann haben von den Millionen Samenfäden jedes Ejakulats je 50 % ein x-Geschlechts-Chromosom, und 50 % ein y-Geschlechts-Chromosom.

Die beweglichen männlichen Samenfäden konkurrieren um das unbewegliche weibliche Ei auf der Wand des Eileiters.

Es ist dem statistischen Zufall überlassen, ob ein Samenfaden mit x-Chromosom oder einer mit y-Chromosom zuerst in die weibliche Eizelle eindringt. Sie schließt sich sofort nach dem Eindringen gegen weitere Samenfäden ab. Der Überschuß von hundert Millionen Samenfäden verdirbt.

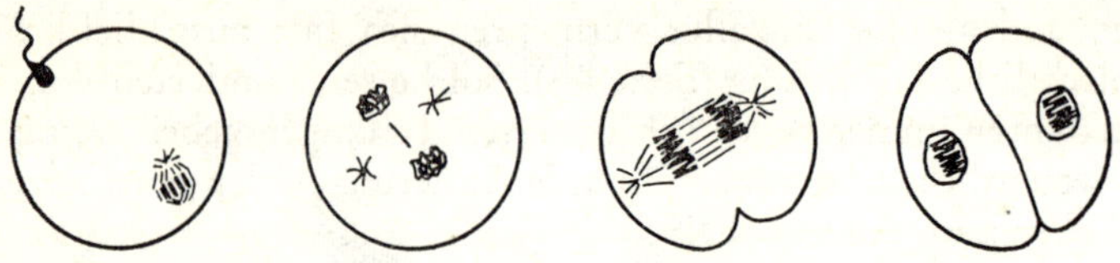

Abb. 18: Vereinfachtes Schema der Befruchtung des weiblichen Eis durch männliche Samenfäden, Spermien.

Bei der zweigeschlechtlichen menschlichen Empfängnis konkurrieren um ein im Eileiter festsitzendes weibliches Ei mit 23 Halb-Chromosomen hundert bis dreihundert Millionen männliche Spermien; mit ebenfalls je 23 Halb-Chromosomen (1). Sie werden durch Reiz-Chemikalien vom Ei angelockt. Nur ein Spermium dringt ein. Alle anderen gehen in 24 Stunden zugrunde.
Nach dem Eindringen eines Samenfadens hat das Ei 46 Chromosomen, 23 Paare (2). Die vereinigten Chromosomen teilen sich (3); siehe Seite 36. Dann fängt die (von jetzt ab ungeschlechtliche) Zellteilung an (4). Jede neue Zelle bekommt so einen vollen, von der ersten befruchteten Ei-Zelle genau kopierten Satz von 46 Chromosomen.
Das befruchtete Ei wandert aus dem Eileiter in den Uterus und nistet sich in die Wand ein. Es wird von jetzt an aus dem mütterlichen Blut mit Nahrung zum Wachsen versorgt. Manche Tiere, Vögel, geben — etwa im Hühnerei — ihren Empfängnis-Produkten soviel Nahrung mit, daß es außerhalb der Mutter bis zum fertig geborenen jungen Tier reicht.

Nach dem Eindringen des Samenfadens (der Befruchtung) hat die Eizelle 46 Chromosomen — je zur Hälfte vom Vater und der Mutter.

In den 23 Chromosomen-Paaren sind die von Vater und Mutter funktionell fast identisch, aber phänomenologisch erbverschieden. Zum Aufbau eines Organs wird jeweils eines oder ein Einzelteil jedes Chromosomenpaares verwendet. Die Auswahl ist dem Zufall überlassen mit Einschränkungen, besonders durch die Geschlechts-Chromosomen. So haben Kinder etwa dunkle Augen von der Mutter, aber helles Haar vom Vater oder andere Mischungen.

Die 46 Chromosomen sind in jeder der vielen Milliarden Zellen eines Menschen vollständig vorhanden. Es scheint jedoch, daß (in seltenen Spezialzellen) vom kompletten Chromosomensatz einzelne Stücke abbrechen und verloren gehen.

Die menschliche Frau produziert in ihrem Sexualleben von 12 bis 45 Jahren in ihren Eierstöcken vierhundert reife Eizellen mit halber Chromosomenzahl. Je eine wandert alle 28 Tage in die Eileiter.

Der Mann produziert pro Ejakulation etwa 300 Millionen Samenzellen, ebenfalls mit halber Chromosomenzahl. Im Gegensatz zur Frau hängt die männliche Produktion von keiner Periode ab. Der Grund für die Unterschiede ist vorerst unbekannt.

Die gesamte Erbinformation der Chromosomen hat in einem winzigen Raum Platz. Stern (Lit. 92) hat ausgerechnet, daß das Volumen aller väterlichen Spermien-Chromosomen, die zur Geburt der heute lebenden Viermilliarden Menschen geführt haben, zusammen etwa die Größe einer Aspirin-Tablette hat.

Eine Sonderklasse von Zellen sind die Viren und Bakteriophagen. Sie sind kleiner als Bakterien (5 bis 50 mμ) gegen 1000 bis 5000 mμ und nur im Elektronenmikroskop bei 30 000 bis 100 000-facher Vergrößerung sichtbar. Bakteriophagen sind Viren, die nur Bakterien angreifen.

Sie bestehen häufig aus einer schützenden, an einem Ende zugespitzten Proteinhülle und innen aus einem einzigen genetischen Faden von DNS, manchmal RNS. Sie haben kein eigenes Leben, keinen Stoffwechsel (Lit. 42, 57, 73, 98, 102, 103, 104).

Die Infektion der tausendmal größeren Zelle lebender Organismen geschieht dadurch, daß mit dem Stachel des Phagen zuerst die Zellwand durchstoßen wird. Dann wird, wie mit einer Spritze, als Reflex die gesamte giftige Genkette des Phagen in eine Bakterienzelle injiziert. Die Phagenhülle bleibt draußen und zerfällt.

Viren und Bakteriophagen können nur jeweils ihre speziellen Opfer infizieren und durch räuberische Übernahme der Wirts-DNS sich selbst tausendfach vermehren.

Viren und Bakteriophagen gehören zur nicht selbstlebenden Welt der Kristalle. Sie bilden einen Übergang zur lebenden Welt, weil sie als tote Genkatalysatoren lebende Zellen zwingen können, sich bis zum Tode zu opfern, um neue Viruskatalysatoren zu machen.

Manchmal gelingt das einem Virus oder Bakteriophagen nicht vollständig. Es bleiben Bruchstücke der Virusgene, vorerst unschädlich, in die Chromosomen der Wirtzelle eingebaut. Sie werden so mitvererbt. Sie können, oft sehr spät, Anlaß zu neuen zufälligen Gen-Mutationen werden.

Man hat die Frage gestellt, ob die mit dem Alter zunehmende Carcinom-Anfälligkeit von Tier und Mensch auf Spätwirkungen solcher von früher mitgeschleppten Virus-Genbruchstücken zurückgeht.

Mit der Erkenntnis, daß in den DNS-Ketten im Zellkern eine Befehls-

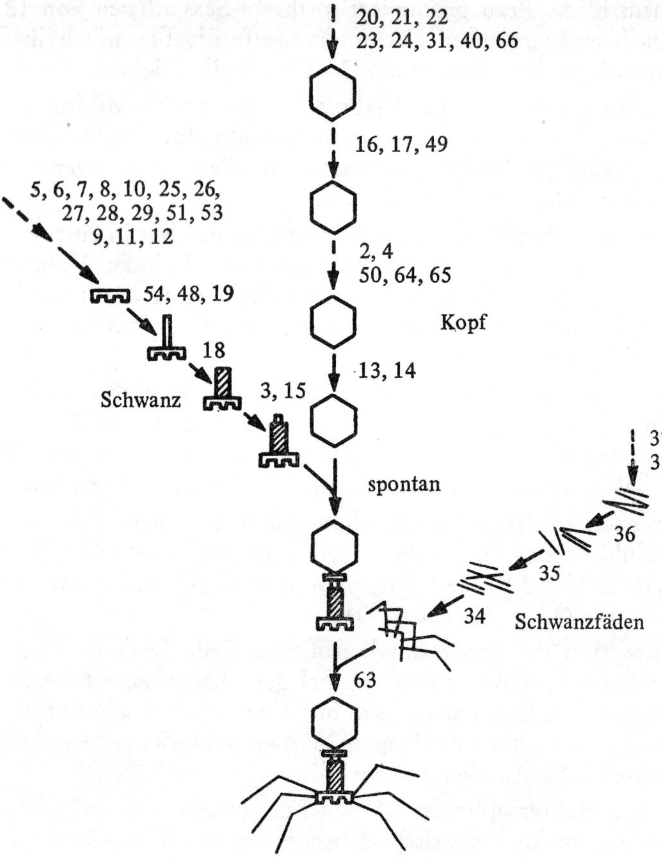

Abb. 19: Phage T4 und seine Biosynthese.

Morphopoiese des Phagen T4; die Zahlen sind die Bezeichnungen der Gene, die für die einzelnen Schritte verantwortlich sind

Bei diesem Phagen ist es gelungen, an der ganzen numerierten Kette der Gene die Abschnitte genau zu lokalisieren, von denen als Kausalstelle die einzelnen Stücke gemacht und dann zusammengesetzt werden. Die Formen des Phagen, Greiffüße, Injektionsspritze und sechseckiger Kopf mit dem Nucleinsäurefaden sind in elektronenoptischen Aufnahmen direkt sichtbar. (Gezeichnet nach R. S. Edgar, W. B. Wood; Science and Engineering 32, 18 (1968); Jour. Mol. Biol. 32, 263 (1968), (Lit. 104).

zentrale vorliegt, die den neuen Organismus bis ins letzte determiniert, ist für irgendeine Freiheit der Entscheidung kein Platz.

Es ist gelungen, nicht nur an Drosophila, sondern besonders an Phagen Genkarten aufzustellen, an denen man sehen und rechnen kann, an welcher Stelle der DNS-Kette eine bestimmte determinierende Kausalität liegt, oder wo die Gen-Gruppen liegen, die für einen Zweck arbeiten (Abbildung 19, Phage T4, Lit. 73, 104).

Bei höheren Tieren mit ihren komplizierten, oft auf mehrere Chromosomen verteilten Einzelgenen (beim Menschen insgesamt 13 Milliarden Einzelnucleotide pro Zelle), ist die Zuordnung einzelner Entwicklungskausalitäten auf Einzelbereiche der Kette schwierig.

Am besten ist die Aufklärung bis jetzt bei der Obstfliege Drosophila melanogaster gelungen. Sie hat schon fast alle hauptsächlichen Organe höherer Tiere: Magen-Darm, Augen, Gehwerkzeuge, ein kleines Hirn. Sie vermehrt sich alle 6 bis 10 Tage. Sie ist in ihrer äußeren Form sehr mutationsfreudig auf Bestrahlung und mutagene Gifte (Lit. 11, 35, 42, 18, 34, 100).

Sie hat noch einen weiteren, experimentellen Vorteil: Es gibt in ihren Speicheldrüsen sogenannte Riesenchromosomen. Das sind dicke Stränge von identischen DNS-Fäden, von denen sich tausende so parallel lagern, daß dieselben Genstellen genau nebeneinander liegen. Durch einen biologischen Irrtum wurden sie nicht getrennt. Im mikroskopischen Bild sind Riesenchromosomen nach geeigneter Färbung quergestreift.

Wenn man feststellen kann, daß bestimmte äußerlich oder im Mikroskop sichtbare Abläufe in der Entwicklung, etwa Änderungen der Gestalt, Verpuppung, Änderung von Körperfarben, zeitlich mit der Bildung von Färbbarkeitsänderungen an bestimmten Stellen der Riesenchromosomen zusammenfallen, hat man einen Hinweis auf die Lokalisation der betreffenden Kausalitätskomplexe. Man kann solche Gestaltsänderungen durch geeignete Chemikalien oder durch Röntgenstrahlen hervorrufen. So hat man bei Drosophila, aber auch bei anderen geeigneten Tieren, die Genorte jedes Körperteils lokalisiert und fast komplette Genkarten, Gen-Atlanten des Vererbungscodes, aufgestellt.

Bei der Entwicklung bestimmter Gebiete eines Körpers sind oft spezielle lokale »Computer« tätig, die Imaginalscheiben. Sie steuern das dynamische, chemische Gleichgewicht in den ihnen unterstellten Zellen, so daß im richtigen Ausmaß lokal an einzelnen Stellen chemischer Aufbau bis zu schon in den Chromosomen determinierten Formen zu Gliedern oder Organen eintritt (Spemann, Hadorn, Lit. 34, 100).

Solche lokale, determinierende Computer-Imaginalscheiben sind wieder zuerst an der Obstfliege Drosophila isoliert worden. Man kann in verschiedenen Körperregionen der noch wenig differenzierten Larven etwa ein Dutzend verschiedene Imaginalscheiben von 0,2 bis 0,5 Millimeter Durchmesser unter dem Mikroskop mit feinen Glasnadeln aus den 5 bis 6 Millimeter langen Larven herausoperieren.

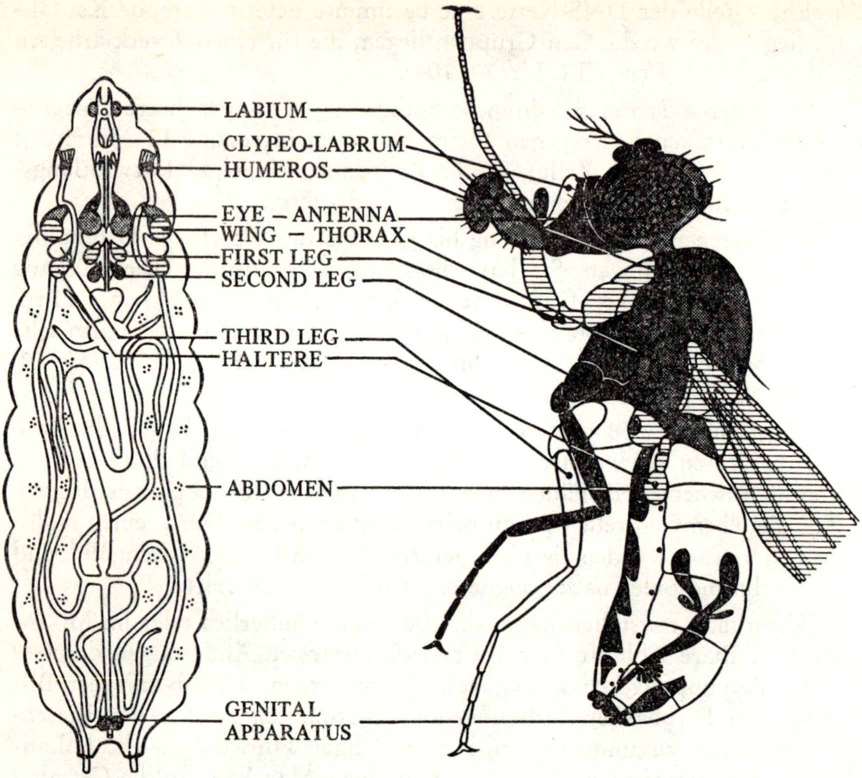

Abb. 20: Lage der Imaginalscheiben bei der Obstfliege Drosophila.
Die Imaginalscheiben sind sekundäre, aus dem Gesamt-genbestand der Zelle ausgewählte Spezialkausalitätsstellen zur Herstellung bestimmter Organe, Glieder, Teile der fertigen Fliege (Lit. 34, 100); (mit freundlicher Erlaubnis der Professoren Ursprung und Nöthiger, Zürich).
Bei der Umwandlung der Puppe zur (anatomisch ganz andersartigen) Fliege lösen die Imaginalscheiben die ganze übrige Masse der Puppe auf. Aus diesem chemischen Material werden dann als Ungleichgewicht zwischen chemischem Auf- und Abbau die Einzelformen der Fliege aufgebaut. Bei höheren Tieren gibt es keine Imaginalscheiben, da es in ihrer Entwicklung keine grundlegende Umwandlung von der Puppe zur Fliege gibt.
Setzt man eine solche Imaginalscheibe, die in der Larve die Entwicklung eines Beines determiniert, in ein Auge ein, so wächst aus dem Auge ein Bein.

Die ganze, unentrinnbar vordeterminierte Entwicklung spezifischer Organe wird über Repressoren und Aktivatoren gelenkt, die ihrerseits der Kontrolle der Imaginalscheiben unterliegen (Seite 44).

Die Verbrennung der Nahrung durch die tierische Welt hält im Gleichgewicht mit dem Aufbau durch die Pflanzen CO_2-Gehalt der Erdatmosphäre konstant bei 0,03 % (Seite 53).

Von Pflanzen werden pro Jahr auf der Erde, je zur Hälfte auf dem Land und im Meer, 16 Milliarden Tonnen CO_2 zu Kohlehydraten gebunden und 12 Milliarden Tonnen Sauerstoff O_2 daraus freigesetzt — durch Energiezufuhr aus der Sonnenstrahlung.

Im dynamischen Gleichgewicht des ununterbrochenen chemischen Auf- und Abbaus (Lit. 11a, 89) der Körpersubstanz des Menschen haben alle Bestandteile Halbwertzeiten, in denen die vorhandenen Körperchemikalien zur Hälfte durch die Chemikalien der Nahrung ausgetauscht werden. Das läßt sich heute genau mit Hilfe künstlicher, radioaktiver Elemente feststellen. Ersetzt man außerhalb des Körpers in den Nahrungschemikalien die normalen 12C (Kohlenstoff) und 14N (Stickstoff) durch die radioaktiven 14C und 13N, so werden diese Verbindungen in der Körperchemie genauso behandelt wie die entsprechenden nicht radioaktiven Verbindungen. Jeder Nahrungsbestandteil, jedes Körperorgan und alle Ausscheidungen sind so genau gekennzeichnet und ihre Halbwertzeit ist errechenbar. Man mißt nach Fütterung Menge und Zeit ihres Einbaus in Körpermaterial und Zeit der Abgabe. Halbwertzeiten der Bestandteile für einen 70-Kilo Menschen (Lit. 12):

Gesamtproteine	80	Tage
Leberproteine	10	Tage
Muskelproteine	160	Tage
Gesamt-H_2O	9	Tage
Rote Blutkörperchen	120	Tage

Jeder Mensch wird in etwa zwei Jahren in seinen chemischen Bestandteilen durch Nahrungschemikalien einmal total ersetzt. Was bleibt, sind nur die durch die DNS-Ketten in den Zellkernen determinierten Formen, der Bauplan. Im Alter machen die DNS-Zentralen anscheinend beim Zellersatz zunehmend Fehler. So lassen die Oberflächenproteine der Lungenbläschen bei einem 60-jährigen nur noch halb soviel O_2 durch, wie bei einem 20-jährigen. Muskelproteine verhärten. Über die Zellchemie des Alters und ihre Gründe weiß man noch wenig.

Durch den begrenzten Nahrungsspielraum und den (bisher in seiner Zwangsläufigkeit nicht begründbaren aber unentrinnbaren) Tod aller lebendigen Gebilde traten Schmarotzerorganismen auf, die die Leichen alles ehemals Lebendigen wieder in ihre chemischen Bestandteile zerlegen und neu verwerten.

Wären sie nicht als Aasverwerter aufgetaucht, so wären längst alle Organismen in den Leichenbergen ihrer Vorfahren erstickt. Rechnet man nur eine Million Jahre von den menschlichen Anfängen bis heute, so hätten wir bei einer Generationsfolge von 20 Jahren 50 000 Ahnengenerationen. Bei einem Menschengewicht von vielleicht 60 Kilo mit 20 Kilo Trockensubstanz, hätte jeder von uns etwa 1000 Tonnen Ahnen. Rechnet man im Durchschnitt eine Milliarde Tote pro Generation, dann läge, unverwertet, etwa 1 000 000 000 000 Tonnen organisches Material herum — mehr, als die ganze Erdoberfläche enthält.

An keiner Stelle der Entwicklung eines Organismus' war je die Rede von einer Gleichberechtigung der Zellen oder der Organe. Im Gegenteil: Die automatischen Mechanismen unterdrücken rücksichtslos despotisch jede allzu große Aktivität einzelner Zellkonglomerate. Es herrscht trotz Zusammenarbeit strenge Hierarchie. Die Automatiezentren, Herz, Kreislauf, Lungen, Magen-Darm, genügen zum (bewußtlosen) Lebensablauf. Erst sekundär, dann aber in ständigem Gegensatz zur Hirnstamm-Automatie, zuerst nur als Werkzeug, dann unerwartet selbständig geworden, entstanden Großhirn und Bewußtsein; mit allen konfusen Folgen der Illusionen, des Glaubens. (Seite 55). Die ganze menschliche Welt, als Überorganisation alles dessen, was als Mensch bezeichnet wird, ist ebenfalls nicht ohne Ordnung, mit möglichen Abweichungen von vielleicht ∓ 30 % von der Norm möglich.

Wie bei der Ungleichberechtigung der einzelnen Zellen eines Körpers kann in der Kombination von Menschen keine Rede von einer theoretischen Gleichwertigkeit und damit Gleichberechtigung aller Menschen sein. Es entspricht allen biologischen Tatsachen, daß der mit besseren Agressivmöglichkeiten mit mehr Intelligenz und Dynamik sich höhere ungleiche Rechte schafft.

In jeder noch so friedhofsmäßig organisierten Gleichheitsberechtigung setzt sich nach einiger Zeit eine Ungleichberechtigung der Glieder nach ihren »Fähigkeiten« durch, wobei für das Wort Fähigkeit in jeder Zeit und Umgebung andere Maßstäbe gelten.

Im Lauf der 1 bis 2 Milliarden Jahre dauernden Entwicklung durch übereinander gelagerte Mutationen haben sich zwei Prinzipien schon zu Anfang bis heute unter allen Umständen durchsetzen müssen:

1. Der Zwang zu einer Ordnung, einer Hierarchie der biochemischen Auf- und Abbauabläufe in einer Zelle, einem Organismus, deren Gleichgewicht jede Form alles Lebenden hervorruft.

2. Der Zwang zur Fortpflanzung, sei es durch direkte ungeschlechtliche Zellteilung, sei es durch geschlechtliche Fortpflanzung durch verschieden differenzierte Partner derselben Rasse mit anschließender ungeschlechtlicher Zellteilung.

Alle Mutationen, die das Ordnungsprinzip nicht einhielten, starben aus. Alle Zellen und die daraus gebauten Zellsysteme, die Organe, arbeiten abgestimmt zusammen. Jede Abweichung bedeutet Tod und Aussterben der Linie. Nur vielleicht jede millionste (die Zahl ist offen) Abweichung führt zu neuen lebens- und fortpflanzungsfähigen Organismen.

Alle chemischen Formeln, wie die Nahrungsbestandteile Zucker, Fette und Aminosäuren (aus Proteinen) in allen lebenden Zellen auf dieselbe Art mit O_2 der Luft zu CO_2, H_2O und Harnstoff (oder ähnliches) verbrannt werden, sind bekannt (Lit. 77, 11a). Alle Katalysatoren, die Enzyme, die die zahlreichen Stufen einer langsamen Verbrennung (mit genau geregelter Energie-Wärme-Abgabe) regeln, sind isoliert; und heute in vielen Fällen schon im Laboratorium sythetisiert. Viele sind in reiner Kristallform bereits zu kaufen.

Ebenso bekannt sind fast alle Stufen des Umbaus und Aufbaus der chemischen Zellbestandteile; unter Energiezufuhr.

Alle diese sehr komplizierten, bekannten und ineinandergreifenden Reaktionen können unter geeigneten Bedingungen im Glasgefäß, chemisch mechanistisch ausgeführt werden.

Auch das Zusammenarbeiten der zahlreichen speziellen Organe höherer Tiere und Menschen ist im Prinzip bekannt; die Regelung über chemisch bekannte und synthetisch herstellbare Hormone und Transmittersubstanzen, über elektrisch nervöse Impulse. Wie das für eine solch junge Wissenschaft der Biochemie (50 bis 80 Jahre alt) selbstverständlich ist, fehlen noch viele Zwischenglieder, die heute Gegenstand rascher weiterer Entwicklung sind.

Ebenso ist die chemische Mechanistik der Genetik, der Vererbung seit 1953 (Watson, Crick, Lit. 103) immer genauer bekannt. Sie ist an den teilweise rein in Kristallform isolierten chemischen Bestandteilen (bruchstückweise) im Reagenz nachahmbar.

Auch die Entwicklung vom ersten fortpflanzungsfähigen Einzeller bis zur höchsten komplizierten lebenden Stufe des Menschen ist heute durch immer neue Funde von vergangenen Zwischenstufen sicher bekannt. Experimentell ist eine solche langsame Spontan-änderung des Erbmaterials durch Mutationen viel schwerer zu bearbeiten, als rasch ablaufende interne Zellvorgänge.

Vorerst nur durch Warscheinlichkeits-rechnungen (Lit. 22, 22a) anzugehen ist die Erstehung einer einzigen lebenden, teilungsfähigen Urzelle.

Die Erde hatte hier für immer wieder neue Zufallskonstellationen der (aus der anorganischen Erdentwicklung schon vorhandenen, Lit. 112) Grundchemikalien ein bis zwei Milliarden Jahre Zeit; Zeiten, die uns für heute mögliche menschliche Experimente nicht zur Verfügung stehen.

Das Prinzip der reinen chemischen Mechanistik des Ablaufs, den man Leben nennt, ist heute nicht mehr widersprechbar. Nirgends wurde bisher eine Stelle gefunden, wo in diesen Abläufen eine Vitalkraft, ein Gott, oder irgend etwas ähnliches Platz hatte.

Noch ist vieles unverstanden.

Noch ist unverstanden, wie beim Menschen die auf 46 Chromosomen verteilten Kausalitäten zum Neumachen eines Menschen zusammenarbeiten. Zwar sind zahlreiche experimentelle Resultate gesichert, die keine andere als eine molekular-mechanische Deutung zulassen. Aber die lückenlose Zusammenarbeit aller Einzelreaktionen der beteiligten Chemikalien sind teils noch hypothetisch, teils noch unbekannt. In den Laboratorien der ganzen Welt wird heftig daran gearbeitet.

Die scheinbare Unverständlichkeit des Lebenden liegt in der Diskrepanz des ungeheuer komplizierten Geschehens in der Zelle, der ein erkennendes Hirn gegenübersteht, das in einem Augenblick nur eine einzige Idee im Bewußtsein festhalten kann. Es ist ein armes, für ganz andere Zwecke der Lebenserhaltung entstandenes Werkzeug, das vor der riesigen Komplexität des Zellgeschehens verzweifelt in das vermeindlich alles erklärende asylum ignorantiae eines Schöpfers flüchtet — dem man bequem alle Anfänge und Kausalitäten aufbürden kann.

Das wesentliche der ganzen bisherigen Forschung und Beschreibung einer Entwicklung ist, daß an keiner Stelle andere als die bekannten physikalischen und chemischen Mechanismen auftreten, daß jede Art von Vitalismen, Gott, Schöpfung und dergleichen unnötig sind. Es ist aber das Recht und die Pflicht eines Wissenschaftlers, jede unnötige Theorie, Erklärung als überflüssig auszuscheiden.

Was vor dem wahrscheinlichen Beginn unseres heutigen Kosmos, vor dem vermutlichen Urknall (Seite 4, Lit. 43) geschah, ist vorerst leere Spekulation. Dort, als Ausfüllung des Nichts, mögen Theologen und Gläubige ihren Gott unterbringen. Niemand kann damit etwas anfangen.

4. Erkenntnis

Das Hirn aller Tiere ist langsam in einigen hundert Millionen Jahren aus übereinandergetürmten Zufallsmutationen entstanden — Entwicklungen, die dann nach Darwin durch Umwelterprobung blieben oder zugrundegingen.

Da der Molekularmechanismus alles Geschehens in lebenden Zellen heute unwidersprechbar geworden ist, muß auch der Ablauf im Hirn des Menschen mit seinen 12 bis 15 Milliarden untereinander sehr ähnlichen Neuronenzellen nach physikalisch-chemischen Regeln gehen.

Das heißt, daß alles, was mit dieser Kombinationsmaschine gemacht werden kann, alles Denken, alles Bewußtsein, alles Erkennen prinzipiell mechanistisch erklärbar ist. Daß weiter alles Seelische, Psychische, alle Phantasie über Sein, Glauben, Überzeugungen mechanistischen Ursprungs ist. Diese Kombinationsmaschine ist nur vorläufig wegen des noch nicht

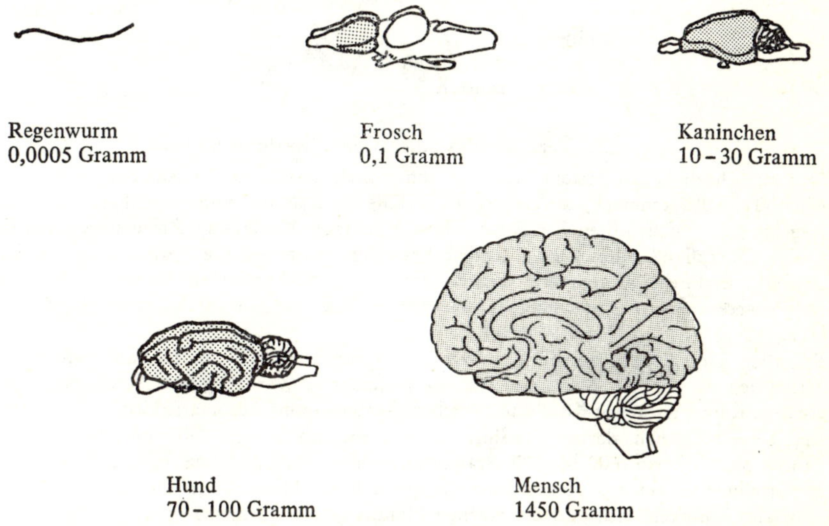

Abb. 21: Verschiedene Stufen der Hirnentwicklung.

Das ist nur ein Vergleich. Er sagt nichts über die genetische Zusammengehörigkeit und Aufeinanderfolge dieser Stufen. Die Hirngröße allein geht nicht parallel zur Intelligenz. Man muß sie in Beziehung zur Körpergröße setzen. Wesentlich ist die an der Oberfläche liegende graue Substanz, in der möglicherweise Gedächtnis-Inhalte fixiert sind. Zur Vergrößerung der grauen Oberfläche haben höhere Tiere (Delphin, Affe, Hund, Mensch) zahlreiche Gehirnfurchen. Niedere Tiere wie Fische, Frösche, Vögel haben wenige oder gar keine Furchen.

genügend fortgeschrittenen Zustands der Naturforschung zu kompliziert für eine lückenlose analytische Zergliederung.

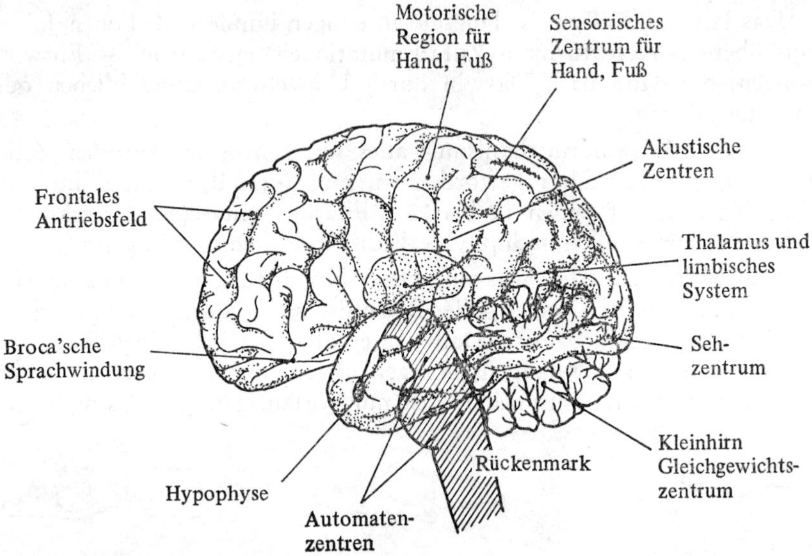

Abb. 22: Vereinfachtes Schema des menschlichen Hirns.

Das menschliche Hirn besteht aus zwei funktionell getrennten Teilen: dem automatischen Teil, Rückenmark, aufgesetztem verlängertem Mark und dem Kleinhirn zur Regelung der unbewußten Vorgänge: Herz, Kreislauf, Verdauung, Bewegungs-Koordination, Fortpflanzungszwänge. Darüber liegt der Thalamus, die Vermittlungszentrale und das limbische System mit Gefühlszentren, als übergeordnete Zentrale, die eine noch zweckmäßigere Anpassung an wechselnde Außenwelten zuläßt, dann das Großhirn.

Bei allen Tieren, auch bei höheren, ist die Quantität von Großhirn und Automatie-Hirnteilen so, daß das Großhirn nur ein verfeinertes Werkzeug der Automaten-Zentren ist. Kein Tier kennt Konflikte zwischen Großhirn und Automatenhirn.

Erst beim Menschen, dessen Großhirn in der genetisch kurzen Zeit von einer Million Jahren plötzlich von 600 bis 800 Gramm auf 1450 Gramm anstieg, hat der Überschuß an Großhirn zu einer gewissen Unabhängigkeit dieses Hirnteils geführt: zum Bewußtsein, zur Fähigkeit, sich und die eigenen Handlungen zu erkennen und zu kontrollieren, zum Kausalitätserkennen, zum Analogieschluß, zur Vorausberechnung.

Gleichzeitig ist ein nur beim Menschen möglicher Konflikt zwischen Automatie und allzu selbständigem Großhirn entstanden. Das hat als Abwehr der Automatie zu den menschlichen Zwangsillusionen geführt. Alle menschlichen, „übertierischen" Eigenschaften, Illusionen, Kultur, Glaube sind beim Menschen Kompromiß-Produkte des lebenslang währenden Kampfes zwischen Automatie und Großhirn.

Zu bestimmten Bezirken des Großhirns lassen sich (ungefähr) bestimmte Funktionen des Computers „Hirn" zuordnen. Viele Hirn-Funktionen hängen jedoch nicht nur von einer Gegend ab.

Angelernte Bewegungen, Schwimmen, Radfahren, aber auch angelernte „Überzeugungen", religiöse Dogmen, werden zur Erleichterung ihres Gebrauchs als Pawlow'sche Reflexe im Automatenzentrum verankert. Sie sind der Kontrolle des Denkhirns nur noch wenig unterstellt.

Während alle Automatie-Handlungen längst in die Erbgene übergegangen sind, sind angelernte Dinge nicht vererbbar. Schwimmen, Überzeugungen, Religionen und alle Illusionen muß jeder Mensch selbst neu lernen. Gar nichts davon bringt er mit auf die Welt. Wie das Computersystem Hirn funktioniert, ist zur Zeit Gegenstand intensiver Forschung. Die Einzelheiten sind unerhört viel komplizierter als hier beschrieben. Noch ist unbekannt, wie Gedächtnisinhalte chemisch im Hirn fixiert werden: als Proteine oder Nucleinsäuren?

Die Substanz der Gehirne besteht aus Neuronenzellen, beim Menschen 12 bis 15 Milliarden, außerdem aus 100 Milliarden Gliastütz- und Ernährungszellen. An der Außenfläche liegt die graue Substanz. Die innen liegende weiße Substanz besteht aus farblosen Nervenfasern als Leitungsbahnen für elektrische Impulse zwischen den Neuronen und der Peripherie des Körpers (Lit. 14, 25, 28, 29, 31, 53, 77, 83, 92, 98).

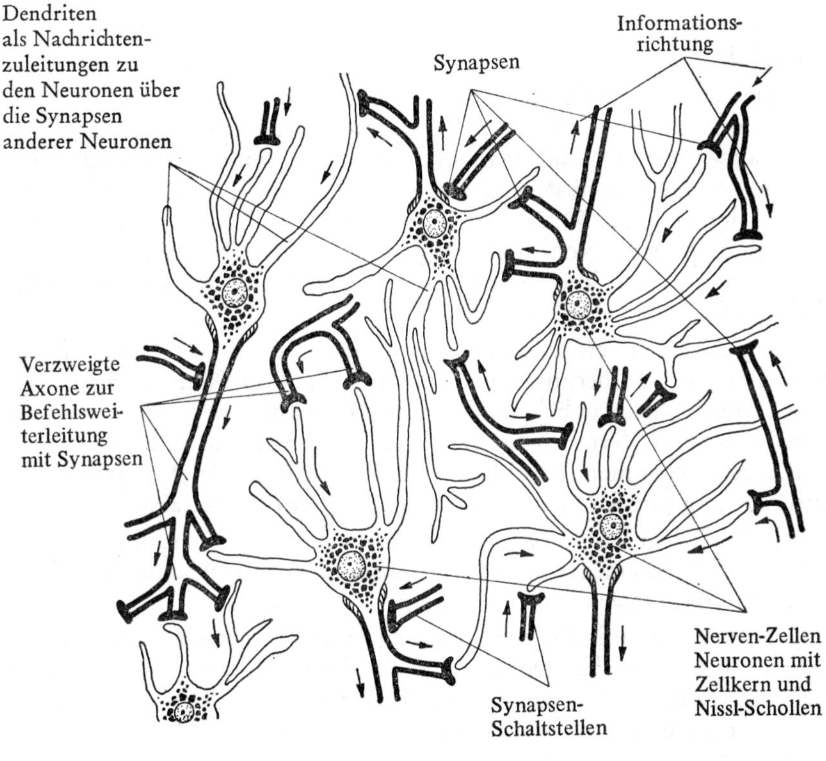

Abb. 23: Schema der Neuronen mit Axon, Synapsen und Dendriten.

Die Neuronen-Zellen des Hirns sind 0,01 bis 0,001 Millimeter groß. Das innere wird als Soma bezeichnet. Sie haben einen nur teilweise aktiven Zellkern. Jedes Neuron hat ein verzweigtes oder unverzweigtes Axon, das bis zu einem Meter lang werden kann und manchmal in die Körperperipherie reicht. Axon und seine Verzweigungen tragen an ihren Enden kleine Kölbchen, die einen aus dem Neuron kommenden elektrischen Impuls in einen chemischen Impuls für Weitergabe umsetzen. Die Dendriten sind Nachrichten-Zubringer für das Neuron. Sie erhalten, ausschließlich nach dem Dual-System, — ja oder nein — Förderung der Weiterleitung oder Hemmung durch die Axon-Synapsen anderer Neuronen ihre Informationen und Befehle.

Das neugeborene Kind bringt den größten Teil seiner Neuronen mit auf die Welt. Viele Nervenbahnen, Axone und Dendriten, werden jedoch erst nach Monaten und Jahren durch Lernen entwickelt, wobei besonders lust- und freude-betontes Lernen, wesentlich auch geerbte Methodik fördernd wirken (Lit. 13, 17).

Der Informationsfluß geht nur in einer Richtung: von den Axonen verschiedener Neuronen über ihre Synapsen auf Dendriten oder Zellwände der nächsten Neuronen, zur Verarbeitung im Soma. Dort werden die zahlreichen ja-oder-nein Informationen nach einem noch unbekannten kybernetischen System, vielleicht zusammen mit chemisch fixiertem Gedächtnisinhalt, verarbeitet. Als Resultat erfolgt dann Informationsweitergabe (ja oder nicht) durch das eigene Axon und seine Synapsen auf andere Dendriten und andere Neurone.

Das Hirn wird von Außenweltrezeptoren (ohne daß wir die Wirklichkeit der Außenwelt »beweisen« können) von Auge, Ohr, Tastsinn, Geschmack, mit ausgewählten Nachrichten versehen. Das Großhirn verarbeitet (wie, beginnt man erst zu klären) nach Prinzipien eines Computers die Eindrücke und gibt die zweckmäßigen Maßnahmen für eine Aktion (Lit. 31, 52, 72, 74, 83, 84, 109). Für Aktionen zu Existenzzwecken aller Arten von Tieren: Aggression, Hungerstillung, Fortpflanzung, gebremst und kontrolliert durch Vorsicht, eine Kleinvariation der Todesfurcht.

Seit nicht allzu ferner Zeit (etwa seit einer Million Jahren) seit der Entstehung des Pithecanthropus (mit 600 bis 900 Gramm Hirn) verdoppelte sich durch unbekannte Mutationen (Lit. 29) das Volumen des Großhirns. Die Vermittlungsreaktionen zwischen den jetzt 12 bis 15 Milliarden Neuronen des Hirns wurden schneller und präziser; die Speicherfähigkeit, das Gedächtnis, wurde größer (Lit. 23, 29, 32, 92).

Wie bei jedem Computer gibt es im Hirn zwei wesentliche Bestandteile: die Schaltelemente, hier Neuronen und Synapsen, und die elektrischen Leitungen, hier die Nervenfasern.

Über den Mechanismus der Schaltung in den Neuronen ist noch nichts Sicheres bekannt; dagegen ist der Schaltmechanismus der Synapsen (Seite 59) ziemlich gut und formulierbar bekannt. Der Mechanismus der elektrischen Leitung in den Nervenfasern ist bekannt.

Die elektrische Leitungs-Fortpflanzung in Nervenfasern ist ein Weiterschreiten einen Ionen-Verschiebung (Seite 39) von Na^+ -und K^+-ionen zwischen dem Inneren der Faser durch die elektrische Halb-Isolationsschicht des Myelins in die Außenflüssigkeit.

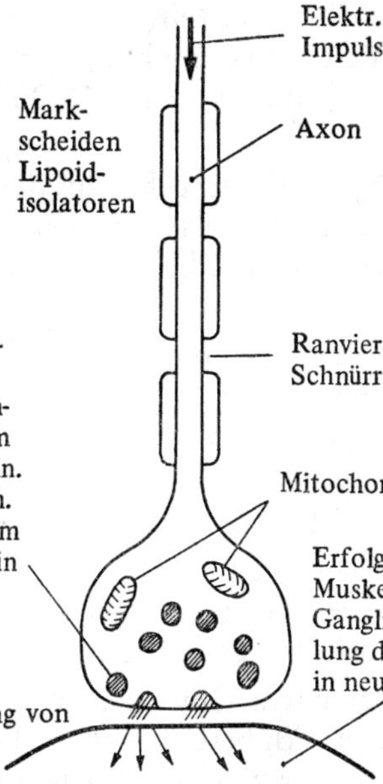

Abb. 24: Einfaches Schema der Synapsen.

Synapsen sind Vermittlungsstellen, Schaltstellen, bei denen die vom Neuron kommenden elektrischen Impulse in die Ausscheidung chemischer Reiz- oder Hemm-Substanzen umgesetzt werden.

Sie sind kolbenähnliche Verdickungen am Ende der Axone jedes Neurons. Sie sitzen über einem Spalt von 0,0001 mm Dicke ihrem Erfolgsorgan (z. B. Muskel) oder einem anderen Neuron auf. Neben Mitochondrien als Energie- und Chemikalien-Lieferanten enthalten sie zahlreiche Bläschen.

Diese Blasen sind mit Lösungen von Acetylcholin oder von Noradrenalin, auch Serotonin und anderen Aminen gefüllt.

Jede Synapse enthält nur eine Art. Beim Eintreffen eines nervös-elektrischen Impulses entleeren sich bis zu 2000 Blasen-Inhalte in den Spalt. Die Mitochondrien ersetzen den Inhalt sofort. Ernährungszuflüsse aus dem Soma wirken mit. Die Blasensubstanz wirkt, je nach chemischer Formel, im Erfolgsorgan fördernd oder hemmend.

Von jedem Neuron-Impuls wird etwa 10^{-9} Gramm Reizsubstanz ausgeschüttet, die nach Wirkung im Spalt sofort chemisch inaktiviert wird, damit Dauerwirkung verhütet wird (bei Muskeln als Erfolgsorgan etwa Krämpfe, als Dauerkontraktion).

Die Synapsen sind die eigentlichen Schaltstellen des Nerven-Gehirn-Computers. Sehr viele Gifte, zum Beispiel Strychnin, Tetanustoxin und andere wirken an diesen Schaltstellen (Lit. 54, 83).

Die Potentialdifferenz zwischen innen und außen beträgt in ungereizten Nerven 0,06 Volt. Bei Weiterleitung eines Impulses erlischt lokal die Spannung; die Batterie wird entladen. Durch Energiezufuhr aus Zuckerverbrennung wird die Spannungsdifferenz in 0,005 Sekunden wieder hergestellt. In der Zwischenzeit, der Refraktärzeit, kann der Nerv nicht arbeiten. Die Leitungsgeschwindigkeit in Nerven ist gering, nur ein bis 100 Meter pro Sekunde (gegen 300 000 Kilometer in metallischen Leitern).

Die Leitfähigkeit der Nervenfaser gehorcht der Alles- oder Nichtsregel. Zur Weiterleitung eines Impulses ist ein minimaler Schwellenwert des Impulses nötig. Unter dem arbeitet die Nervenfaser nicht. Über dem arbeitet sie voll. Der Einzelreiz ist nicht steigerbar.

Nervenfasern und Neuronen arbeiten — wie alle Computer — nach dem Dualsystem. Aus diesem einfachen Dualsystem lassen sich alle noch so komplizierten Informationen aufbauen.

Das Beispiel des Morse-Systems, das nur zwei Informationsteile hat, nämlich Punkt (.) und Strich (-), zeigt das gleiche sehr anschaulich.

Aus zwei Informationselementen lassen sich bei fünf aufeinanderfolgenden Bits $2^5 = 32$ verschiedene Zeichen geben; bei Beschränkung auf vier Bits noch $2^4 = 16$ usf., insgesamt 62 Informationen.

Aus 62 Informations-Elementen (Buchstaben des Alphabets + Satzzeichen + zehn Ziffern) lassen sich bereits fast 2^∞ Informationen, Worte, Sätze, Bücher aufbauen. Aus nur zwei Grundelementen lassen sich so in zwei Stufen beliebig viele Informationen mitteilen.

Menschen rechnen, abgeleitet vom System ihrer zehn Finger, mit dem Dezimalsystem, mit Stellen von Zehnerpotenzen 10^4, 10^3, 10^2, 10^1, 10^0.

Zum Beispiel *dezimal* $981 = 9.10^2 + 8.10^1 + 1.10^0$

$$(900) + (80) + (1) = 981$$

dual: Das einfachere Dualsystem arbeitet mit Stellen von 2er Potenz 2^9, 2^8, 2^7, 2^6, 2^5, 2^4, 2^3, 2^2, 2^1, 2^0.

$$981 = 1.2^9 + 1.2^8 + 1.2^7 + 1.2^6 + 0.2^5 + 1.2^4 + 0.2^3 + 1.2^2 + 0.2^1 + 1.2$$

$$1 \quad 1 \quad 1 \quad 1 \quad 0 \quad 1 \quad 0 \quad 1 \quad 0 \quad 1$$

$$981 = (512) + (256) + (128) + (64) + (0) + (16) + (0) + (4) + (0) + (1)$$

geschrieben = 1111010101

Eine Entscheidung, 1 oder 0, nennt man ein Bit. Die Zahl 981 wird durch 10 Bits ausgedrückt (vom englischen binary digit).

Alle Nachrichten im Hirn werden nur nach dem Dual-System übertragen: ja oder nein; eins oder null. Entweder leitet die einzelne Nervenfaser einen Impuls, oder sie tut es nicht.

Ein Reiz von außen wird immer von speziellen peripheren Sensoren nach dem Zentrum geschickt (Wärme-, Kälte-, Druck-Sensoren, Sehstäbchen im Augenhintergrund, Sensoren in der Aorta usw.). Nach außen gehende Befehlsimpulse kommen aus zentralen Neuronen, oder aus Rückenmarks-Ganglien.

Von allen Sinnesempfangsapparaten, die uns Eindrücke von einer (vermutlichen, aber unbeweisbaren) Außenwelt ins Hirn vermitteln, kennen wir die mikroskopische Anatomie genau. Wir wissen aber bisher nur teilweise, wie Lichtwellen im Auge, akustische Wellen im Ohr, Tastdruckgefühle in den Tastkörperchen der Haut, und chemische Eindrücke in Nase, Rachen und Zunge arbeiten. Die Umwandlung dieser Reize in elektrische Nervenimpulse ist vorerst nicht komplett bekannt.

Ist der Eindruck von außen erst bis zum Anfang eines zugehörigen Nerven vorgedrungen, dann leiten alle Nervenfasern nach demselben Dual-System, ja oder nein, den Impuls an zuständige Stellen weiter. Alle Neuronen des Hirns als Schaltstellen sind anscheinend praktisch identisch, wenn auch verschieden groß, und verschieden verzweigt. Die Analogie mit einem Verstärkungs- und Selektions-Kabelnetz eines Computers ist heute experimentell wahrscheinlich gemacht.

Die Nachrichten, die jedem Neuron durch Axone und Dendriten zugeführt und dort nach einem noch nicht geklärten kybernetischen System zu Impulsen — Befehlen — verarbeitet werden, werden vor der Weitergabe in das eigene Axon von Synapsen anderer Neurone gefördert oder unterdrückt (Seite 59). Jeder Impuls, der aus dem Hirn in die Peripherie geht, wird so von praktisch sämtlichen anderen Neuronen auf seine Zweckmäßigkeit kontrolliert, mit Gedächtnis- und Erfahrungsinhalten konfrontiert und begutachtet (Seite 57, Abbildung 23).

Das Zusammenarbeiten des Computersystems im Hirn ist noch nicht bekannt. Dagegen sind ähnlich arbeitende, mathematisch-logistische Modelle aufgestellt worden, die auf rein elektronischer Basis ähnliches leisten wie das Hirn (Lit. 9, 25, 28, 52, 56, 72, 91, 109).

Da im Lauf des Lebens etwa 10 % aller Neuronen absterben und nicht ersetzt werden, ist die Sicherheit der Übermittlung eines Reizes durch nur eine Nervenfaser nicht gegeben.

Deswegen werden wichtige Impulse durch zahlreiche parallel gelagerte Fasern weitergeleitet, so daß Fehler ausgeglichen werden. Ein solches Bündel von 10^2 bis 10^4 einzelner Nervenfasern nennt man einen Nerv.

Wegen der Alles- oder Nichtsregel der Leitung in einer einzelnen Nervenfaser, einem Axon, können verschiedene Intensitäten, etwa von Schmerz, nur so transportiert werden, daß der Reiz den Schwellenwert einer minimalen Zahl von Axonen übersteigt. So müssen beim Sehvorgang im Auge wenigstens zehn Lichtquanten von 4000 — 8000 A Wellenlänge (1 Angström = 1/10 000 000 Millimeter) auf die Sehstäbchen der Augen-Retina fallen. Dann erst geht ein Impuls über komplizierte Wege ins Sehzentrum (Seite 87, Lit. 31).

Eine weitere Möglichkeit der Steigerung der Intensität eines Reizes liegt darin, daß der Reiz sehr oft kurz hintereinander wiederholt wird.

Die Refraktärzeit, die Wiederherstellungszeit der Leitfähigkeit der einzelnen Nervenfasern, beträgt etwa 1/100 Sekunde. Alle Einzelnervenfasern leiten nur in einer Richtung.

Die lokale Konzentration in einem kompakten Hirn war unentbehrlich. Jede tierische Reaktion zum Eigenschutz muß spätestens in 0,1 Sekunden erfolgen. Bei 50 Meter pro Sekunde Leitungsgeschwindigkeit in Nerven legen Signale in dieser Zeit fünf Meter zurück. Da jeder Entschluß im Hirn wahrscheinlich eine Mehrheitsabstimmung von Millionen Synapsen (Seite 37) an motorischen Neuronen ist, können kurzfristige Entscheidungen von 0,1 Sekunden nur zustande kommen, wenn der Hirnapparat möglichst kompakt ist. Dazu müssen auch die hauptsächlichen Sinnesorgane für Rezeption, Auge und Ohr möglichst nah beim Hirn liegen. Periphere Organe, der Fuß, mit Abstand vom Hirn von ca. 1,5 Meter könnten so, etwa in einem schnellen Kampf, nicht mehr genügend rasch reagieren. Deswegen sind für solche raschen peripheren Reaktionen spezielle Ganglien neben dem Rückenmark, oder mehr unten liegende Reflex-Schaltstellen zuständig.

Eindrücke, die nur für den Moment wichtig sind, werden in einem Kurzzeit-Gedächtnis registriert (etwa zehn Sekunden) und nicht in dem Dauergedächtnis in der grauen Hirnsubstanz fixiert.

Von Kurzzeit-Eindrücken gehen nur emotional begleitete ins Dauergedächtnis. Wenn wir hunderten von Menschen begegnen, registrieren wir sie und vergessen sie sofort wieder. Wenn aber einer dabei ist, der uns früher emotional ins Bewußtsein kam, dann »erkennen« wir ihn. Mit der Begegnung, die automatisch Gefühle auslöst, verstärkt sich der frühere Langzeiteindruck.

Ohne das Abwehr-Filter des Kurzzeitgedächtnisses wäre die Lernkapazität des Hirns trotz 15 Milliarden Neuronen rasch verbraucht.

Jede Erinnerung, jedes Lernen, wird irgendwo in Hirn-Neuronenbündeln fixiert. Jeder Eindruck (willkürlich, vorerst ohne experimentelle Grundlage) vielleicht in 50 000 Neuronen gleichzeitig. Diese Neuronen sind damit wahrscheinlich für dauernd blockiert. Denn es ist unmöglich, mit Willen etwas zu vergessen. Es aus den Neuronen auszulöschen.

Der Referent kannte einen genialen Sprachwissenschaftler, der zwischen 20 und 40 Jahren dreißig Sprachen gründlich gelernt hatte und sie auch im vergleichenden Querwissen beherrschte. Viel mehr geht in ein Einzelhirn wohl nicht hinein. Später lernte er nur noch wenig dazu. Er kombinierte sein Wissen zu sachlichen Schlüssen über Zusammenhänge seiner Wortvorräte.

Man kann annehmen, daß im Durchschnitt jede seiner Sprachen etwa 3000 Worte enthielt; manche viel weniger, manche viel mehr. Das sind

90 000 bis 100 000 Worte. Die Broca'sche Sprachwindung des menschlichen Hirns enthält schätzungsweise eine Milliarde Neuronen als Wortspeicher. Man kann so vielleicht annehmen, daß jedes Wort in seinem Sprachenhirn etwa 10 000 Neuronen irreversibel lebenslang blockierte — unter der Annahme, daß ein Einzel-Neuron als Teilkomponente an einem Wort nur einen Impuls, ein Bit, speichern konnte und nicht mehrere gleichzeitig (falls, was bisher unbewiesen ist, die Fixierung im Gedächtnis in einer einfachen Änderung der chemischen Bestandteile in Neuronen besteht. Eine andere Möglichkeit ist bis jetzt nicht in Sicht). Vielleicht sind auch Glia-zellen beteiligt.

Ändern sich Ideen, ewige Wahrheiten, Kulturen, Lebensumstände, dann muß Neues in anderen Neuronen gespeichert werden, die dann auch fürs Leben blockiert sind. Das alte, im Gedächtnis-Apparat unausrottbar Fixierte, muß durch Anstrengungen anderer Neuronenbündel abgewürgt, ins »Unter«-bewußtsein verdrängt werden. Da ist es wie in einem Gefängnis (Freud).

Illusionen, Überzeugungen ändern, ist mühevoll, physisch schmerzhaft, es verbraucht zweifellos Neuronen und chemische Hirnenergie. Die Hirn-Neuronenzahl der Menschen, 12 bis 15 Milliarden, ist nicht unbegrenzt. Verbrauchte Neuronen werden im Hirn nicht ersetzt.

Trotzdem verschwinden gelernte Sprachen, die man nicht mehr hört, langsam aus dem Gedächtnis, aus der Broca'schen Sprachwindung.

Sollte der Gedächtnisverlust alter Menschen (abgesehen von hirnanatomischen Gründen) daran liegen, daß sie wegen des Aussterbens ihrer gleichaltrigen Umgebung, mit niemand mehr über die alten Worte diskutieren können? Denn anscheinend hängt die Bewahrung eines Wortes davon ab, daß es von Zeit zu Zeit als Wiederholung vom Ohr aufgefangen und in der Sprachwindung erneuert wird. Sollte es eine instinktive Selbsthilfe sein, daß alte Leute oft laut vor sich hinreden?

Wie oft kann man in einem Leben Überzeugungen und den ganzen Schwarm von Wortwolken darum ins Hirn einführen und dann bei nötigem Wechsel wieder ungültig machen? Weil sich die alten Ansichten als falsch erwiesen?

Jeder Eindruck von außen hat die Form eines Gebildes oder eines Begriffes. Der Eindruck von außen wird zum Beispiel im Auge von tausenden und Millionen Einzelrezeptoren aufgenommen (im Auge von 120 Millionen Sehstäbchen in der Retina); dann in der Gegend der unteren hinteren Hirnhälfte diffus gespeichert. Er steht auf Abruf (niemand weiß vorerst, wie das geht) zur Verfügung (Lit. 31).

Ebenso werden an anderen Hirnstellen akustische Eindrücke, Geruchs-, Geschmacks- und Tasteindrücke verarbeitet und gespeichert. Aktivitäten einzelner Gebiete können durch Lernen erhöht werden; Blinde lernen, aus Tast- und akustischen Reizen Gestalt und Außenformen zu erkennen; Fähigkeiten, die der Sehende nicht braucht und deswegen nur gering durch Lernen ausbildet.

Lernen besteht anscheinend darin, daß durch intensive Beschäftigung neue Nervenbahnen im Hirn gebaut werden. Das gelingt am besten in der Wachstumsperiode der Jugend, und wird später mit der Denkerhärtung nach der Pubertät immer schwieriger. (Lit. 13, 17) (Seite 157).

Zur Erinnerung ist die Rekombination einer ungefähren Gestalt und die Übertragung in das Bewußtsein unentbehrlich. Nur so können wir aus den Konturen seiner Gestalt, den Winkeln seiner Gesichtszüge, einen Bekannten auch nach 30 Jahren wiedererkennen; (auch an seiner Sprache), selbst wenn sich sein Gesicht, etwa durch einen Bart, verändert hat.

Die eigentliche »Erinnerung« entsteht wahrscheinlich in besonderen Kombinationsganglien im Thalamus (Seite 56), die alle unzähligen Einzelkomponenten einer gesuchten Gestaltsform sammeln, zu einem Bild oder einem akustischen Klang verarbeiten, oder ein Wort, einen Begriff, an das »Bewußtsein« weiterleiten. Was da passiert, ist vorerst ganz unbekannt.

Das im menschlichen Gefühl sehr klar scheinende Wort »Bewußtsein« ist noch nie klar definiert worden. Die Schwierigkeit liegt darin, daß man es nur mit Worten definieren kann, denen der gleiche Begriff versteckt wieder zugrunde liegt.

Bei Klaus, Wörterbuch der Kybernetik (Lit. 56) ist es so beschrieben: »Menschliche ideelle Wiederspiegelung der objektiven Realität durch das Zentralnervensystem«. Aber da steckt auch schon ein unbewiesener Glaube drin: Daß es eine objektive Realität gebe. Das Bewußtsein wird am besten funktional beschrieben: Es ist eine deutlich ablesbare Informationskombination aus den Vorratskellern des Großhirns. Das Bewußtsein kann so definiert werden, daß es im Lauf von hundert Millionen Entwicklungsjahren als eine höchste momentane Konzentration aller verfügbaren Argumente zur Abwehr von Außengefahren oder zur Erreichung eines Zieles eine gewisse Zeit bestehen kann, und sich dann seitwärts in Gedankenflucht verliert.

Die Unmöglichkeit, mehr als eine Sache zu gleicher Zeit im Bewußtsein halten zu können, ist die Grundlage des heilsamen Zwangs, zu einfachen, klaren Formulierungen, zur Sachlichkeit, zur Denkökonomie. Der Zwang schließt die Gefahr der Übervereinfachung ein; das Schlagwort, mit dem Scharlatane, Politiker arbeiten. Schlagworte, auf die 99 % aller Menschen hereinfallen, weil Schlagworte das lästige Detail-Denken ersparen.

Um ein Thema im Bewußtsein lagert sich nur halb bewußt, aus dem

Gedächtnisvorrat gefüttert, eine Zone möglicherweise brauchbarer Assoziationen zur Weiterleitung der Gedankenflucht, wie sie in Rede, Gespräch, Weiterverfolgung einer Gedankenreihe nötig ist. Das Bewußtsein, die Möglichkeit, wenigstens eine Idee, ein Wort, scharf zu sehen, verlagert sich ununterbrochen auf bisherige Nebenbereiche, die in schneller Folge kurz Hauptbereich werden.

Die Unbestimmtheitszone um jedes Wort, jede Idee, ist unentbehrlich. Nur über diese Zone kann die Gedankenflucht, die Überleitungen zu anderen Hirninhalten erfolgen, wie sie bei stets wechselnder Umwelt für das menschliche Zusammenleben nötig sind.

Das Bewußtsein ist von der chemischen Materie des Hirns und ihren elektrischen Beziehungen untereinander nicht zu trennen. Auch die Resultate einer Rechenmaschine sind ohne die aus Atomen und Molekülen bestehenden Maschinenteile nicht da. Ohne die Neuronenmaschine des Hirns gibt es kein Bewußtsein, keine Illusionen, keine »Seele«.

Nur über das Bewußtsein und seine ständigen Fragen an die unbeweisbare, aber als notwendig angenommene Außenwelt und über die Verarbeitung der durch die Sinne gelieferten Eindrücke durch zentrale Schaltstellen (wie, ist vorerst unbekannt) sind Denken, Leistung und Fortschreiten möglich.

Alles, was ein Mensch in seinem Bewußtsein nebeneinander oder nacheinander vorfinden kann, sind zahlreiche Erfahrungsbilder beliebiger Art. Ob diesen Hirnbildern eine Außenwelt entspricht oder ob der einzelne einer Selbsttäuschung unterliegt, ist eine unbeantwortbare und darum zwecklose Frage.

Bei der Entstehung eines Bewußtseins müssen zusätzlich Zufallsmutationen eine Rolle gespielt haben. Tiere haben kaum eine Andeutung der menschlichen Broca'schen Sprachwindung im Hirn zur Aufbewahrung von Worten. Erst beim Menschen ist sie da. Eine weitere Zufallsmutation führte zum kompliziert ausgebildeten Zungen-Kehlkopf-System, mit der Möglichkeit, Buchstaben auszusprechen, um daraus eine große Vielfalt von vorerst sinnlosen Schreien, Worten, auszudrücken (Seite 71).

Die sinnlosen Worte gerieten über das eigene Ohr in das Wortdepot. Langsam wurden diese Worte sichtbaren, hörbaren, tastbaren, riech- und schmeckbaren Erfahrungsbildern oder Gegenständen zugeordnet. Damit war jeder realen Erfahrung ein zufälliges (die verschiedenen Sprachen), aber dann fixiertes Wort zugeordnet.

Da Gegenstände unter sich sichtbare Beziehungen haben, die häufig zeitlich aufeinanderfolgen, war die Einsicht in eine zwangsläufige Folge unentrinnbar. Der Begriff Kausalität war geboren.

Trat die Kausalitätenfolge derselben Art regelmäßig wieder auf und kamen dann immer wieder gleiche Folgen, so trat zum ersten Mal das Ordnungssystem der Logik auf. Kausalität und Logik, auf denselben sachlich begreifbaren Grundlagen aufgebaut, werden zwangsläufig »richtig«, unwidersprechbar.

Kausalitäten kann man einteilen in mechanische Stoßkausalität, die jeder Maschine, jedem Billardspiel zugrundeliegt; zweitens in latente, nicht von selbst eintretende Kausalitäten; und drittens in Auslösekausalitäten, durch die latente Kausalitäten in Aktion kommen.

In unserer Umwelt sind wir ständig von brennbarem Material und von Sauerstoff umgeben; die hunderte von Jahren stabil nebeneinander bestehen. Die Auslösekausalität eines Streichholzes genügt, um die latenten Kausalitäten im Brand wirksam zu machen. So, wie die Enzyme in allen lebenden Zellen als Auslösekausalität die Nahrungsverbrennung in Gang setzen.

Ständig leben wir mit der latenten Kausalität der Bedrohung durch einen vom Dach fallenden Ziegel, oder im Gebirge durch einen herabrollenden Stein. Aber es braucht die Auslösekausalität, daß jemand oben den Ziegel oder den Stein lostritt, oder daß gerade jetzt nach Jahrzehnten durch Zermürbung ein Stück abbricht.

Daß dazu zahlreiche andere, davon unabhängige Kausalitätsreihen kommen müssen, daß ein Mensch genau in dem Moment unter dem fallenden Stein durchläuft, die Kausalitäten, die ihn dahin geführt haben, zeigt die außerordentliche Kompliziertheit der Kausalitätsnetze, denen wir im Leben unterworfen sind.

Die Kausalität im Makrobereich der Technik, der überatomaren Bereiche ist unentrinnbar, da es sich hier um statistische Durchschnittswahrscheinlichkeiten aus gleichzeitig vielen Milliarden Teilen, Atomen, Molekühlen handelt. Ohne die Anerkennung dieser Kausalität, sei es direkte Stoßkausalität, sei es nur Auslösekausalität, wäre keine Technik, kein menschliches Leben möglich.

Die Zwangsillusion der Gültigkeit der Kausalität ist uns angeboren, Millionen von Generationen der Erbauslese unserer Vorfahren bis zum primitivsten Reflexwurm haben nur so ihre Mutationen überdauert; sie handelten, als sei Kausalität unentrinnbar zwangsläufig »richtig« (Seite 112).

Die Logik ist ein aus der Zusammenordnung der Hirnbilder parallel zum vermutlichen Außengeschehen durch ständige, positive Erfahrungen fixiertes geerbtes Notsystem. Sie ist ein von den Automatiezentren im Hirn erzwungener Mechanismus. Sie ordnet als ererbtes Zwangssystem die Eindrücke der Abläufe der Umwelt so, daß dem gelenkten Tier oder Menschen ein Minimum von Schaden entsteht und ihm ein Maximum von Aggressionskraft zur Verfügung steht.

Logik ist leer, ein sauberes Schachbrett, ein Formalsystem. Erst mit Figuren, greifbaren, sichtbaren Gegenständen (auch wenn sie nur in der Fantasie da sind) wird daraus die menschliche Spielmöglichkeit Denken; und erst, wenn die Figuren nach kausalen Regeln bewegt werden, wird daraus Erkenntnis.

Wer dabei siegt, hat die Wahrheit. Aber der Besiegte, wenn er über die Gründe seiner Niederlage nachgrübelt, sucht, ist wertvoller; nur über ihn geht das Denken und Suchen weiter. Der andere erstarrt in seiner Wahrheit.

Die Logik läßt — ein ganz wesentlicher Fortschritt — den Analogieschluß zu, der es möglich macht, durch Parallel-Vergleich etwas vorauszusagen, was vorerst nicht bewiesen werden kann: Die Theorie von etwas neuem, die dann ausprobiert werden muß — Der Zwang zum Experiment.

Die Logik wird beim Denken nicht bewußt angewendet ebensowenig, wie die Physiologie bei der Verdauung. In einem sachlich geschulten, nicht durch Überzeugungen verdorbenen Hirn, führen Verstöße gegen Logik zum Protest dieser Denkmatrize. Verstöße gegen die Logik führen zu »sinnlosen« Resultaten.

Falsche Fragestellungen auf der Basis inhaltsleerer Fundamente, wie Glaubensdogmen, führen in blind endende Höhlen, wo geistig früh Gestorbene sich heftig über Nonsens streiten — wie alle kirchlichen Konzile und viele, vor allem östliche Philosophie-Kongresse.

Im menschlichen Alltag gibt es neben der mathematikfähigen die Bruchstück- und Illusionslogik. Ihre Denkfundamente sind meist Illusionswolken, etwa Seele, Ehre, Glaube, Würde, Kunst, Liebe, Kultur und ähnliches.

Auf diesen sachlich nicht fundierbaren, vom Stammhirn erzwungenen Spiel-Illusionen lassen sich nach formalen Regeln der Logik ebenfalls riesige Türme an Schönheit aufbauen. Aber es sind unverbindbare Wolkengebilde, die jeweils einem unserer Sinne schmeicheln, etwa Musik oder Bildkunst oder Romane oder Sentimentalitäts-Befriediger wie Glaube und Hoffnung. Sie sind für Erkenntnis wertlos. Sie wollen das auch gar nicht. Sie sind als Kultur nur Mittel zum Glücksgewinn in den vielen illusionären Umwegleistungen zur Fortpflanzung.

In unteratomaren Bereichen gilt die uns selbstverständlich vertraute Form der Logik und der Kausalität nicht mehr unbeschränkt (Lit. 1, 39, 105 abc, 16, 43).

Sie wird durch die Heisenberg'sche Unbestimmtheitsrelation zwischen Lage und Geschwindigkeit von Elementarteilchen verboten.

Daß hier zahlreiche, bis jetzt ungelöste Widersprüche zwischen Experimenten, ihrer Deutung und unserer gewohnten Logik auftreten, haben neben anderen Weizsäcker (Lit. 105), Popper (Lit. 76) Conradt (Lit. 16) diskutiert.

Die auf uns aus Millionen von Generationen übergegangene Annahme der unwidersprechbaren Kausalität ist im Prinzip falsch. Aber sie ist im täglichen Leben, in den Größendimensionen des Menschen unentrinnbar gültig.

Das ändert nichts an den Resultaten aller Forschungsergebnisse, die sich mit großen Mengen von Atomen beschäftigen (z. B. in 1 Gramm Eisen $1{,}07.10^{21}$ Atome). Überall in den Erfahrungsmöglichkeiten, die wir in der langen Reihe der Entwicklung bis zum Menschen gemacht haben, waren große Mengen von Atomen beteiligt. Sie haben zusammen eine so hohe statistische Wahrscheinlichkeit ergeben, daß prinzipielle Abweichungen von der gewohnten Kausalität in diesem Bereich nie meßbar wurden. Die dabei möglichen statistischen Abweichungen sind millionenmal kleiner als die mögliche Meßgenauigkeit irgendeines Experimentes in überatomaren Größenordnungen.

Messen ist Vergleichen mit Maßstäben unserer menschlichen Dimensionen. Auch das Tier, das einen Sprung macht, kann (ohne Zahlen) messen: Ein sehr komplizierter Mechanismus aus perspektivischem Sehen, Computerrechnung der Distanz im Hirn, Ausrechnung der zum Sprung nötigen Muskelspannung, Risikoabschätzung und Resultat hängt vom nur halb bewußten Rechnen ab.
Menschen »messen« so qualitativ aber zuverlässig ein schnell kommendes Auto auf der Straße. In Sekundenbruchteilen werden Richtung, Distanz, Geschwindigkeit im Hirn automatisch verarbeitet. Nach Kontrolle durch eine Risikozentrale aus früheren Messungen (Erfahrungen) werden die nötigen (außerordentlich komplizierten) motorischen Befehle gegeben, ob das Gehen befohlen wird oder die motorische Hemmung.

Das automatische Messen steht im Dienst des Überlebens. Erst der Mensch hat die Fähigkeit entwickelt, quantitativ bewußt zu messen. Dazu waren von allen anderen anerkannte, möglichst genaue, vom Einzelmenschen unabhängige Maßstäbe nötig.

Waren einmal Maßstäbe gesetzt, so konnte durch gedachtes Aneinanderlegen der Meßeinheiten die Zahlenleiter nach oben und nach unten beliebig erweitert, das Größte und das Kleinste gemessen werden.

Das Messen hängt auch von der Hirnqualität ab. Man kann Schimpansen so dressieren, daß sie bis vier unterscheiden können. Mehr gelingt nicht.

Durch die sichtbare Möglichkeit des unbegrenzten Aneinanderlegens der Maßstäbe entstand auch der Scheinbegriff des Unendlichen.

Unsere Maßstäbe, wie wir sie begreifen, mit unseren Sinnen abgreifen können, reichen (mit Zusatzinstrumenten) von 10^{-7} Centimeter bis vielleicht 10^{+25} Centimeter. Was darüber und was darunter ist, kann nicht mehr ohne weiteres begriffen werden. Keiner unserer Sinne, auch mit den besten heute verfügbaren Instrumenten, reicht weiter.

Jede Sprache und die meisten Begriffe sind lange vor den Versuchen zu einer präzisen Erkenntnis entstanden. Leider muß sich die Erkenntnis jetzt dieser Begriffe (mit möglichem Kernbereich und Wortwolken, (Lit. 69) bedienen. Das ist die grundsätzliche Schwierigkeit der modernen Physik des unteratomar Kleinen und Überkosmologischen, daß man nicht mehr über anschauliche Worte und Sätze verfügt, die den Zusammenhang mitteilen.

Das Erkennen in solchen Dimensionen kann nur im Versuch bestehen, Formeln zu finden, die das wenigstens symbolisch und vielleicht analog in den Größenordnungen unserer Sinnesmöglichkeiten ausdrücken. Ob das möglich ist oder vielleicht prinzipiell unmöglich, muß die Zukunft zeigen (Lit. 105, 75 u. a.).

Conradt (Lit. 16) warnt vor der Gefahr, daß sich als asylum ignorantiae hier wieder Pseudologik von Metaphysikern einschleicht, mit der man sich dialektisch vorlügen kann, man habe begriffen. Aber das steht jedem frei.

So ist es heute schon mit der »Quanten-Religion«. Es ist der Versuch von Theologen, Dialektikern und Illusionisten, sich per Hintertür wieder an die Physik heranzuhängen, von der sie jahrhundertelang arrogant, aufgebaut auf den Nonsens von Offenbarungen und auf der Hegel'schen Dialektik, voll Verachtung für die Sachwissenschaften Abstand gehalten haben.

Die jetzt, nachdem sie von den überwältigenden Ergebnissen der Sachwissenschaften um ihren Gott, um ihre Illusionen gebracht worden sind, demütig wieder Anschluß suchen, um vielleicht noch etwas zu retten.

Conradt betont auch die Grenzen möglicher menschlicher Erkenntnis, die sich ausschließlich auf erfahrbare Meßergebnisse unserer Sinne, besonders der Augen aufbauen. In der Antike hatten schon Demokrit und andere, später Kant, Mach, Wittgenstein, Russel, Popper (Lit. 67, 76, 82, 111) immer wieder betont, daß es außerhalb des von unseren Sinnen Erfaßbaren, im Prinzip Meßbaren, gar nichts an seriös Diskutierbarem gibt.

Die Grundlage der Erkenntnis ist in früher Kindheit das wahllos zufällige Ansammeln der verschiedenen betasteten, gehörten und gesehenen Eindrücke aus der (unbeweisbaren, aber unentrinnbaren) Außenwelt.

Wenn sich später dieselben Eindrücke ungefähr wiederholen, werden neue Bilder mit den schon vorhandenen Eindrücken zusammengedeckt. Späteres Erkennen ist immer ein Wieder-Erkennen; die Einordnung neuer Bilder zu schon vorhandenen, die langsam in Zusammenhang mit Bildern anderer Art gebracht werden können. Diese aus mehreren übereinandergelegten ähnlichen Bildern zusammengesetzte Konglomerate sind die Anfänge der »Begriffe«.

Noch später folgen dann Beziehungen zwischen Begriffen. Begriffe sind vorläufige Überbrückungskredite; ebenso wie die berüchtigte Ganzheit. Sie müssen später, nach ihrer mühsamen Auflösung zu meßbaren Bestandteilen in verrechenbarer Münze zurückbezahlt werden.

Erkenntnis hat nur insoweit einen verstehbaren Sinn, als sie sich innerhalb der Grenzen des mit unseren direkten Sinnen oder mit klar definierten Apparaten in meßbare oder wenigstens beschreibbare Teile zerlegen läßt. Wenn man wenigstens grundsätzlich erwarten kann, sie mit einem sauberen programmierbaren Weg in Zukunft in meßbare Komponenten zu zerlegen. Wo prinzipielle Grenzen auftreten, ist es unvertretbar, von Erkenntnis zu reden. Darüber hinaus ist alles nur noch leeres Offenbarungsgerede. Erfüllung von Wunsch-Illusionsgefühlen (Lit. 16, 76 a, 67, 71). Tiefsinn ohne verstehbaren Sinn.

Erkenntnis ist die logische Ordnung der eigenen Hirnbilder. Man muß annehmen, daß andere Menschen dieselben Ordnungen haben. Hat einer merkbar nicht dieselbe Ordnung, dieselbe Logik als Verknüpfung, so sagt man, sein System sei weggerückt, er sei verrückt.

Ein isoliert in einer Wüste Lebender kann beliebig verrückt sein. Nichts als seine Instinktzwänge, Hunger, Durst, erzwingen von ihm eine primitive Logik. Alle Menschen sind im Urgrund ihrer Existenz »verrückt«. Sie verbergen es nur verschieden stark. Nur so ist menschliches Zusammenleben möglich. Verrückt oder nicht ist in diesem Rahmen je nach Zeitmode eine Mehrheitsentscheidung (siehe Sokrates u. a.).

Wenn man Hirnbilder zu ordnen versucht, so findet man — wahrscheinlich aus der Vererbung als zweckmäßiges Werkzeug entstanden — die denkökonomischen Zwangsschemen des dreidimensionalen Raums, der einseitig verlaufenden Zeit, die Annahme der Gültigkeit der Kausalität, den induktiven Schluß, und als Verknüpfung das System Logik.

Versucht ein einfacher Mensch mit diesen Schemen seine Eindrücke zu ordnen, so stößt er bald an Grenzen. Er muß sich als Ausfüllung des Nichtverstehens leere Luftkonstruktionen, Vitalkraft, Gott und ähnliches schaffen, denen man bequem und billig alle Kausalherkunft zuschieben kann. Das sind der Glaube, die Religionen, die weiteres eigenes Denken überflüssig machen.

Im Leben jedes intelligenten Jungen gibt es so zwischen elf und dreizehn eine plötzliche Offenbarung, die ihm stille Schauder einjagt: Du bist doch wer, da ist doch was, du selbst, was eigenes, du gehörst doch nicht einfach zum Haus, wie ein Kater zu deinen Eltern, du bist doch jetzt innen frei, auch wenn du außen gehorchen mußt, du kannst jetzt denken, was du willst, auch Verrücktes, wenn du es nur für dich behälst, du kannst jetzt mit deinem stillen Geheimnis über andere lachen, die nicht frei sind. Die Welt gehört jetzt dir, im Stillen dir allein, du bist die Welt.

Hier entsteht plötzlich der Übergang vom bisherigen unkritischen Aufnehmen, Nachahmen von Lauten, Worten und Sätzen, gespeichert in der Hirnrinde und in der Broca'schen Sprachwindung, zu selbständigem Kombinieren. Der Anfang des unabhängigen Denkens mit dem (noch kleinen) Vorrat des bisher aus der Umwelt Gelernten. Als Auslösung wirkt wahrscheinlich der ebenfalls an dieses Alter gebundene Anfang der sexuellen Reife — mit ihrem vorerst ziel-unbewußten Aggressionsdrang, der ziellosen motorischen Unruhe, der Neugier.

Jede plötzliche Erkenntnis ist eine Offenbarung. Jedes plötzliche Erstverstehen erzeugt Glücksgefühle, womit die zentralen Instinkt-Mechanismen den Träger belohnen. 99 % aller Offenbarungen sind falsch, Illusionen, nur 1 % ist richtig. Aber wer will schon das richtige Prozent herauskennen. Das kann nur ein sehr kritischer Verstand, der eigene oder die harte Umwelt oder die Nachwelt.

Die Schauer der Erkenntnis hat schon Schopenhauer irgendwo erwähnt. Schauer der Erkenntnis gibt es nur einmal bei den Findern, den Erstverstehern. Es ist wie mit einem Witz: Man kann nur einmal lachen. Denn gute Witze sind Offenbarungen über Unerwartetes, was Tabu-Illusionen zerstört. Das wird durch instinkterzwungenes Lachen, Schütteln des Hirns neutralisiert, und die ausgelöschte Tabu-Illusion wieder hergestellt.

Ein wesentlicher Fortschritt ist die Entstehung der menschlichen Sprache (und später der Schrift). Man weiß heute, daß ein Plan und seine Ausführung in unserem Hirn asymmetrisch entsteht. Rechts und im Vorderhirn geschieht der Computerentwurf aus verarbeiteten Eindrücken und gewollten Zwecken, während links in der Broca'schen Sprachwindung das beim »Lernen« dafür eingeprägte Wort als Ausdrucksmöglichkeit für die Außenwelt zur Verfügung steht. Menschen, deren Broca'sche Sprachwindung (bei sonst anatomisch intaktem Hirn) zerstört ist, können noch vernüftig denken und handeln, haben aber nur noch wenig Ausdrucksmöglichkeiten. Die tatsächlichen Verhältnisse sind komplizierter (Lit. 92, 13).

Sprachwissenschaftler, oft überzeugte Nationalisten, müssen einsehen, daß eine Sprache kein Heiligtum ist, sondern ein technisches

Mittel der Verständigung. Es ist grotesk, wenn selbst kleine Nationen oder sogar Sprachsplitter versuchen, ihren Dialekt zu verewigen, obwohl er besser ins Museum gehört. Die riesige moderne Wissensliteratur läßt sich aus technischen Gründen nicht genügend in kleine Sprachen übersetzen. Der mögliche Wortschatz kleiner Sprachen (auch mittelgroßer) reicht bei weitem nicht mehr zur vollen Information über alle wissenschaftlichen Weltergebnisse. Wenn Informationen, dann nur in Sprachen mit möglichst einfacher Grammatik, mit der Fähigkeit rascher verständlicher Wort-Neuheiten.

Wer ehrliche Wissenschaft treiben will, hat die Pflicht gegen seine Mitmenschen, ohne pompöse neue Scheinworte, ohne gläubiges Dogmen-Gerede, bis an die Grenze der Ausdrucksmöglichkeit der Alltagssprache verständlich zu bleiben. Bis an die Grenze derer, die in ihrem Hirn drei bis sechstausend »begriffene« Worte gespeichert haben.

Die mit weniger im Hirn, die Sozialmenge, sind für die Menschheit und ihre eventuelle wissenschaftliche Fortentwicklung sowieso gleichgültig.

Manche Sprachen sind zu schwierig — wie Russisch und Deutsch; manche orthografisch hoffnungslos verzopft — wie Deutsch; manche zu sehr mit literarischen Phrasen und Wortwolken durchsetzt und so aus Zeitgründen unlesbar — wie Französisch.

Die kürzeste und präziseste, auch rasch variable Schriftsprache ist heute Englisch, in USA-Variation. Sie hat den Nachteil einer konfusen, ungeregelten Aussprache, sie ist nicht phonetisch geschrieben. Alte Sprachen wie das präzise Latein, das nur bei Zoologen und Botanikern noch als Artenbezeichnung angewendet wird, lassen sich nicht aktivieren. Die Mediziner haben daraus die Sprache Latogrec gemacht. Versuche, alte Splitter altirisch oder hebräisch zu reaktivieren, haben den betroffenen Völkern nur geschadet, sie vom Weltwissen abgeschnürt.

Jeder unter Menschen verwendete Begriff, jede Idee, jedes Wort, hat eine Sonne und ein verschwimmendes Planetensystem von halb bewußten Assoziationen von Wortwolken darum herum, wie es ja aus der gegenseitigen Abhängigkeit aller Neuronen des Hirns über Dendriten und Axone zu erwarten ist.

Nur Kernbereiche von Worten wären zur Verständigung unter Menschen unbrauchbar, da jeder Mensch einen etwas anderen Kernbereich desselben Wortes hat. So, wie jeder der vier Milliarden heute lebenden Menschen etwas andere Körperproteine hat. Sie bedingen die absolute Unverträglichkeit von Gewebetransplantationen von einem zum anderen Menschen.

Man soll nicht vergessen, daß immer drei Generationen, wie verschiedene Rassen am selben Ort nebeneinander leben: die Blähgeneration Kinder, Schüler, Studenten; die Arbeitsgeneration mit bereits erstarrten Ansichten; und die Schrumpfgeneration der Alten.

Verständigung ist bestenfalls hochprozentig möglich unter schweigender Außerachtlassung der Randbezirke. Streit ist immer Aggression in den Randbezirken, wo man verschiedene Deutungen haben kann. Denn über einen meßbaren Kern (wenn einer da ist) kann man sich immer verständigen. Freundschaft ist der Verzicht auf die Herausholung oder bewußte Verkleinerung von Randgebietsdifferenzen.

Eine volle Verständigung ist nur möglich im Bereich der reinen Mathematik, die sich aus präzis definierten Kernbereichen aufbaut, falls man sich über die Bedeutung der Symbole einigen kann.

Mathematik, ein unentbehrliches Hilfsmittel, ist im Prinzip ein beliebig freies Fantasiegebilde, das jeder formal Begabte auf jedes noch so verrückte Problem anwenden kann, wenn er nur Komponenten und Resultate auf eine widerspruchsfreie definierbare Form bringen kann. Wenn man sich auf die Grundlage einigen kann (durch reines Abzählen), daß zwei mal zwei gleich vier ist und nicht fünf. Das Resultat muß widerspruchsfrei sein nach ererbten Erfahrungsregeln der Logik, die nicht (wie vielfach angenommen) à-priori-Regeln sind, sondern Logikregeln, die wir Gen-erzwungen einhalten müssen, weil alle, in den vielleicht hundert Millionen Generationen bis zum Menschen, die solche an unserer harten Umwelterprobung entstandenen Regeln nicht eingehalten haben, durch die Folgen von logischen Fehlern bestraft wurden.

Der ererbte dogmatische Glaube an die Realität der Außenwelt und ihre Verwaltungsregeln Kausalität und Logik sind die Spielregeln, ohne deren Einhaltung wir zu dem Spiel »Menschliches Leben« nicht zugelassen sind.

Wichtig war die Fähigkeit, Inhalte des nicht sehr zuverlässigen Gedächtnisses in dauerhafter Schrift zu fixieren. Sie lassen sich so wieder ins Hirn bringen und dort mit Erfahrungsregeln, die sich als zweckmäßig erwiesen haben, zu Resultaten verarbeiten. Wie, ist vorerst unbekannt.

Die menschliche Erkenntnis ist sicher primär eine Hilfswaffe der Instinktziele der Automaten-Zentren im Stammhirn gewesen. Der Überschuß des genetisch aus unbekannten Mutationsgründen in kurzer Zeit gewachsenen Großhirns hat aber zu einem Selbständigwerden der Erkenntnismöglichkeiten geführt.

Ein großer Teil des Denkhirns ist heute nicht mehr einfach Werkzeug des Stammhirns. Aber das Stammhirn hat große Teile dieser (tödlichen) Selbst-Erkenntnis-Gefahr bei den meisten Menschen durch vielfache Zwangsillusionen gebändigt und unwirksam gemacht.

Alle Informationssätze, besonders in den Geisteswissenschaften, leiden an Redundanz, an mehr Worten, als zur sachlichen Information nötig sind.

Nimmt man aus solchen Sätzen das Unwesentliche weg, so wird der Inhalt kürzer, klarer, aber er erstarrt zur kalten Formel. Es zeigt sich, daß das Überflüssige, die Redundanz, die Aufgabe einer Wortwolke um einen sachlichen Kern hat — Wortwolken, vielleicht mit einem Kern, aus denen nach v. Mises jeder Begriff besteht — meist leider Wolken um ein Loch, ein Nichts als Kern.

Falls ein Kern da ist, ist er allein eine tote Rechengröße; ohne Verbindung mit anderen, sachlich langweilig. Nur die Seiten-Redundanz, überflüssige Wortwolken um den sachlichen Kern (das sogenannte Seelische) lassen Verbindungen zu unzähligen anderen Randwolken zu — zur Gedankenweiterleitung, die für Gespräch, für fortlaufendes Denken unentbehrlich ist, zur Fantasie.

Unter Redundanz werden hier nicht nur Worte, Begriffe mit anderer Form aber gleichen Inhalt verstanden, sondern auch halbgleiche, die zum Teil auch schon in den sachlichen Kernen anderer Worte, anderer Begriffe vorkommen, und zu ihnen überleiten.

Hier ist das menschliche Hirn mit seinem Bestand an Illusionswolken, an Wortwolken dem Computer weit überlegen. Man wird eigene »Wortwolkenverbindungs-Computer« schaffen müssen, wenn das möglich ist.

Die Inhalte der ungeheuer wortreichen Bibel, des Korans, besonders des Talmuds, weiter von Marxens »Kapital«, ließen sich durch Weglassen der Redundanz (= Überfluß) auf 30 bis 40 Seiten konzentrieren. Aber der Effekt, den die Priester aus der überflüssigen Redundanz ziehen, wäre hin. Denn die nächste Generation, von der ihr Weiterbestehen, ihre Ernährung abhängt, kann nur so »überzeugt« werden daß man mit uferloser Redundanz denselben Nonsens zehnmal, hundertmal immer wieder in ihre Hirne nagelt, bis sie kritikfrei den Rest ihres Lebens glauben.

Die zärtlichen Dauergespräche zwischen Liebenden werden aus überschüssiger Redundanz, Worten + Wortwolken bestritten. Die Liebenden verbrauchen in kurzer Zeit für instinktgewollten Werbezuwachs ihr ganzes, bisher Gelerntes als einmaliges Feuerwerk.

Nach Hochzeit und Kindern, wenn sie sich ihr ganzes seelisches Innere ihre ganze Redundanz zum vierten Mal völlig erzählt haben, erlischt Wort, Wortwolken und Redundanz. Von da an, ausgeleert, bis auf die zum Beruf nötigen Vorräte an Wort, Satz mit Wortwolken und Redundanz, langweilen sie sich häufig bis ans Lebensende, oft ohne das gegenseitig zu merken. Das ist nur dann zu überwinden, wenn sie sich aus dem komplizierten Spielreservoir, aus den Illusionen, die man Kultur nennt, neue Worte, Sätze, Wortwolken und etwas Redundanz neu erwerben, die sie jetzt nicht mehr in brillantem Liebesfeuer verheizen, sondern langsam und kontinuierlich verwenden. Stumpfsinnige Arbeiter sind zu solchem Neuerwerb nach dem Hauptfeuer zwecks Fortpflanzung nicht mehr fähig.

Wenn Autoren ein erfolgreiches Buch geschrieben haben, werden sie gedrängt, noch eines zu schreiben; und noch eines, bis ihre ganze Redundanz draußen ist. Wenn sie dann gar nichts mehr zu sagen haben, schreiben sie noch eines.

Der Referent hat in langen Jahren Prüfungen mit orientalischen Studenten häufig und immer wieder die Erfahrung gemacht, daß sie zwar ein großes Wissen in ihrem Gedächtnis speichern (größer als das europäischer Studenten), daß aber die Redundanz, die Wortwolken, die unerwarteten Seiteneinfälle, die Fantasie zur Verbindung mit dem ebenfalls sachlich gewußten Nachbarwissen — auch das faustische Suchen — mehr oder weniger fehlen. Damit wird jedes noch so große Wissen steril, wie eine große Bibliothek, zu der ein verbindender Katalog fehlt. Redundanz (wenn sie nicht in Geschwätz ausartet) ist für menschliche Verständigung unentbehrlich.

Andererseits wäre ohne Kürzung der Gefühls-Redundanz auf eine klar definierbare sprechbare Form, ohne das Lernen einer von allen anerkannten reichen sachlichen Sprache eine saubere Formulierung unmöglich.

Historisch überkommene Begriffe sind oft prunkende Wortgerüste, die im Lauf ihres Lebens Veränderungen, Verpuppungen durchgemacht haben, aber ihre früheren Hüllen nicht losgeworden sind; heute vielfach Dekorationen des Nichts.

Ihre Verwendung produziert eine große Zahl von Scheinfragen, mit denen sich jahrhundertelang Metaphysiker, Idealisten und Philosophen zwecklos herumgequält haben.

Jede zum Dogma erstarrte Illusion hat, wenn ihre Entlarvung droht, eine Flut von neuen dogmatischen Irrtümern zur notwendigen Folge. (zur Entstehung all dieser Illusionen, siehe Ernst Topitsch Lit. 97a, b, c und bei J. Hersch (Lit. 41).

Alle diese übereinandergetürmten Irrtümer, ausgegangen von Kleinillusionen, geben der raubtierartig wachsenden Naturwissenschaft soviel Angriffspunkte, daß sie zusammenbrechen müssen. Die Frage ist nur, wann die illusionsfreudige Masse das schluckt; das würde Umdenken erfordern. Noch Goethe konnte die schöne Maxime aufstellen, das Erforschliche zu erforschen und das Unerforschliche zu verehren. Es blieb ihm auch nichts anderes übrig. Heute verschiebt sich die Grenze zwischen beiden immer mehr zum Erforschlichen. Ein Wissenschaftler akzeptiert heute nur noch Unerforschtes, jedoch nichts prinzipiell Unerforschliches. Hundert Jahre nach Goethe konnte Niels Bohr schon sagen: »Das Erstaunen bleibt unverändert; nur der Mut wächst, das Erstaunliche zu verstehen« (Lit. 105).

Alle bisherigen Philosophiesysteme waren vorläufig. Es gibt keine noch so absurde Denkmöglichkeit, die nicht schon einmal von irgendjemand vertreten worden wäre. Die harte Auslese aus allen Möglichkeiten ist identisch mit dem »Fortschritt« — die »trial-and- error« Methode. Sie ist Theologen, Marxisten, gläubigen Dogmatikern grundsätzlich verschlossen. Sie können nur im Selbstbetrug der Dialektik leben, wo sie sich wie Götter vorkommen. Für sachliches Denken sind sie unbrauchbar geworden. Man muß nach Planck (Einleitung) warten, bis sie als Generation aussterben und hoffen, daß ihre Söhne-Generation klüger ist.

Religionen waren früher einmal zeitgebundene Wahrheiten, weil es nichts Sachlicheres gab. Schon bei Plato gibt es zweierlei Wahrheiten, solche die evident sind, die jeder einsieht, die keiner Logik unterstellt sind, eine á-priori-Konstruktion, und eine zweite Art von Wahrheit, die alltägliche, sachlich nachprüfbare, für die Logik gilt, als handwerklich von denen mit innerem Höhenflug verachtet.

Alle Religionen hantieren mit einem logisch nicht faßbaren Gott, Schöpfer, mit Seele, Unsterblichkeit, Dinge, um die sich unter Verzicht auf logische Analyse die selbsterhöhte Klasse der Priester kümmert. Daneben die Alltagslogik, die man dem gemeinen Menschen überließ, der bloß mit Logik rechnen kann.

Dieses »Zwiedenken« (Lit. 75) ist identisch mit der Dialektik, ohne daß das System früher einen Namen hatte. Sie wurde in den vielen Bänden des Talmud auf feinste Spitzfindigkeiten ausgebaut. Sie ist die Grundlage der tausend Tonnen sinnleerer Theologen-Werke.

Erst ein deutscher Schulmeister, der verhängnisvolle Philosoph Hegel brachte das System auf Formeln. Seine christliche Jugenderziehung (siehe Einleitung), deren Eierschalen er lebenslang nicht los wurde, zwang ihn, direkt zwei Wahrheiten zu definieren: die prinzipiell unkontrollierbaren, angeblich jedem evidenten Wahrheiten, und die mehr verachtete Wahrheit der Wissenschaftler, die sich wie Handwerker nur mit niedrigen, meßbaren, logifizierbaren mechanischen Dingen abgaben, denen die Möglichkeiten zu platonischen Höhenflügen ins Unlogische verwehrt waren (Lit. 97a, b, c).

Goethe (nach einem Gespräch mit Hegel) über Dialektik: »solche geistigen Künste und Gewandheiten nicht häufig gemißbraucht und dazu verwendet würden, um das Falsche wahr, und Wahre falsch erscheinen zu lassen«. (Lit. 97c).

Die bedenkliche Methode der Dialektik, wie sie Hegel formuliert hat, beruht auf folgendem:

Man hat eine Annahme, die Thesis. Dazu gibt es eine (damit logisch unvereinbare) Antithesis. Aus beiden konstruiert man eine Synthesis; ohne Rücksicht darauf, welche der Voraussetzungen richtig war. Man läßt wahr und unwahr ruhig nebeneinander bestehen.

Das ist logischer Betrug. Denn eine Synthese ist seriös erst dann möglich, wenn experimentell, oder rechnerisch-gedanklich sicher entschieden ist, welche der beiden unvereinbaren Voraussetzungen richtig, welche falsch war.

Kann keine Thesis oder Antithesis sachlich bewiesen werden, dann ist jede daraus abgeleitete Synthesis Selbstbetrug.

Von dieser Methode leben besonders Dogmatiker jeder Religion. Sie drehen Hegels Scheinlogik um. Sie haben zuerst eine Synthesis, ein fertiges Dogma. Dazu konstruieren sie jetzt rückwärts eine luftige unbeweisbare Voraussetzung als Thesis. Da sich aus einer unbeweisbaren Voraussetzung sofort Kritik, eine Antithesis aufdrängt, sind die Elemente Thesis und Antithesis da. Der Dogmatiker kann sofort sein Dogma als Synthesis als bewiesen behaupten; obwohl nicht die Spur einer sachlichen Begründung vorliegt. Ein Betrug gegen Sachlogik.

Frühere Philosophen nahmen das angeblich selbstverständliche, etwa Gott, Schöpfung, Offenbarungen als »Vernunft«. Das heißt, durch eine Wortinhalts-Verdrehung des sachlichen Wortes »Vernunft«, versuchen sie, ihre nicht meßbaren Gefühls-Qualen als sachlich auszugeben.

Dagegen wendet sich Kant in seiner »Kritik der reinen Vernunft«. Denn alle Philosophie, die sich auf die vom Stammhirn erzwungenen Illusionen gegen Sachwahrheiten stützt, ist wertlos. Wie die blamablen Gottesbeweise, auf die selbst amtliche Theologen heute verzichten. Nur sachlich messende Wissenschaft, mit der trial and error-Methode. Anderes hat der »Alleszertrümmerer« Kant zu Nonsens gemacht.

Hegel hat nur versucht, von dem Seelenschleim, den man ihm in seiner Jugend im Religionsunterricht irreparabel eingeflößt hat, trotz Kant einiges auf einem Hinterweg, der unlogischen Dialektik zu retten.

Man kann den Satz aufstellen:

Alle Logik ist zwangläufig.

Immer, nach noch so vielen Täuschungen und Zwecklügen bricht sachliche Logik streng wieder durch.

Einen klaren logischen Versuch, vorerst nur auf wenige Sachkenntnis gestützt, gab es schon in der Antike. Trotzdem: sie wurde von der Frechheit mosaischer Offenbarungen des Christentums für 50 Generationen verfälscht und unterdrückt.

Mit den experimentellen neuen Sachwissenschaften vor 300 Jahren brach logisches Denken wieder durch. Aber Logik ist kalt, gefühlsfrei. Die meisten Menschen suchen ihre Lebenswärme in Illusionen, im Mief der brüderlichen Gemeinschaft. Diese Schleim-atmosphäre ist Logikfeindlich. Denn Logik zerstört die wärmenden Lebensillusionen.

So wird auch heute wieder sachliche Logik für Generationen unter der Lüge marxistischer Dialektik untergehen.

Doch Logik ist zwangläufig. Sie wird, vielleicht erst nach langer Zeit, mit dem logisch unsauberen Marx und seinen Akolyten fertig werden. Lange Generationenzeiten von Menschen, um das abzuwarten, gibt es auf der Erde beliebig.

Eine gute Beschreibung der tödlichen Denkfallen der Dialektik, der unkritischen Hinnahme von Widersprüchen zugunsten eines Dogmas, der Unmöglichkeit seriöser Diskussion mit Dialektikern, geben Popper in Lit. 76 und Topitsch in Lit. 97a.

Die Möglichkeit, selbst aufgestellte Meinungen, als Dogmen, als ewige, unbezweifelbare Wahrheiten der logischen Kontrolle zu entziehen, ja logische Kontrolle brutal zu unterdrücken, hat viele intellektuelle Betrüger angelockt.

Der wohl bösartigste Schwindler dieser Art ist der ebenso arrogante wie intolerante Karl Marx. Seine Anhänger beten heute noch seine dogmatischen Wahrheiten blind wie Papageien nach. Sie wollen keine logische Kontrolle.

Der Anfang, die Primitivität, dann die Religionen, die nachfolgende Periode der Vitalismen, das idealistische Ganzheits-Philosophieren, illusionärer Tiefsinn ohne Sinn und das Irrtums(heute)-Betrügersystem der Dialektik, gehören zu den verlorenen Gestehungskosten der Wahrheit.

Für einen Wissenschaftler, der jeden Mystizismus, jede Religion, jede unwandelbare Überzeugung ablehnt, kann es als Sachgrundlage nur Atome, Protonen, Neutronen, Elektronen, ihre Kombinationen zu Molekülen und deren riesige zu erforschende Beziehungen geben. Die Frage, was eventuell dahintersteckt, ist derzeit müßig. Menschen mit ihrem vorgegebenen Hirn müssen unentrinnbar so handeln, als ob das die ganze Welt sei. Fragestellungen, die darüber hinausgehen, sind spekulativ und haben trotz unzähligen Bemühungen von Philosophen, das angeblich dahinterliegende »Sein« zu ergründen, bisher zu nichts geführt. Auch dann nicht, wenn man im philosophischen Kasperltheater aus dem »Sein« ein »Seyn« macht und es in 70 Bände auswalzt.

Das Ziel aller seriösen Erkenntnissuche besteht darin, alle denkökonomischen Hilfskonstruktionen unerkennbarer oder unmeßbarer oder nicht mathematikfähiger unklarer Kräfte überflüssig zu machen. Zu zeigen, daß man mit den bisher bekannten (und eventuell neu zu findenden) Erfahrungsregeln der Physik, der Chemie und der

Molekularbiologie vorerst alles erklären kann, was uns durch unsere Sinne zugänglich ist, auf Greifbares, Meßbares zurückzuführen kann. Wer mehr will, läuft blind im Nebel der Metaphysik, ist unehrlich.

Das heißt nicht, daß wir »alles« wissen. Das heißt, daß wir prinzipiell sagen können, daß in den unauflösbar weiten Kausalitäts-Netzen unserer Welt nirgends, an gar keiner Stelle, irgendwelche nicht mechanische, nicht elektrische Teile vorkommen. Netze, die wir nur wegen ihrer außerordentlichen Komplexität praktisch nicht in ihre Millionen Einzelelemente zerlegen können. Zwar besteht grundsätzlich die Möglichkeit dazu; praktisch reichen unsere technischen Mittel und unsere Lebenszeit nicht.

Ob und unter welchen Bedingungen die heute bei uns geltenden physikalischen Regeln früher vor dem Urknall alle dieselben waren, ist unbekannt. Man sollte sich hüten, von universell gültigen »Gesetzen« zu sprechen, die ja einer hergestellt haben müßte. Es gibt, aus widerspruchsfreier Erfahrung beweisbar, nur jetzt gültige Regeln.

Gelingt es, im Rahmen der menschlichen maximalen Denkmöglichkeit, im Rahmen zwischen der Größenordnung vom Atom bis zu astronomisch sichtbaren Weiten, und im Zeitraum von vor einigen Milliarden Jahren bis zur jetzigen Sekunde (weiter reicht unsere mögliche Zeitskala nicht) etwas auf die erfahrbaren Dinge und ihre gegenseitigen Beziehungen zurückzuführen, dann ist der ganze Bereich der menschlichen Hirnbilder mit den heutigen Möglichkeiten mechanistisch erklärt. Mehr ist im Begriff »erklären« nicht drin.

Alle je entstandene Philosophie hält sich für endgültig. Und alle werden durch neue Ergebnisse der experimentellen Sachforschung ganz oder teilweise falsch; erweisen sich als Wunschillusionen. Alle, die sich heute mit Philosophie beschäftigen, leben zwangsläufig von der Illusion, sie könnten die endgültige finden. (J. Hersch, Lit. 41). Die alte Märchensuche nach dem Stein der Weisen.

Aber vielleicht gibt es doch eine endgültige Philosophie; wenn die Hirnmechanistik alles Denkens, und seiner Möglichkeiten bekannt sind.

Ob die Endgültigkeitsgrenze der Atome endgültig ist, wird allein von den weiteren Ergebnissen der Atomphysiker und der Astrophysiker abhängen.

Die Möglichkeit der Erforschbarkeit alles meßbar Existierenden, schließt seine prinzipielle Ausdrückbarkeit in Alltagsworten und Formeln ein. Das gilt auch dann, wenn wegen der großen Zahlen der beteiligten Einzelmoleküle, etwa in der Biologie, ihre Beziehungen untereinander nur noch in statistischen Durchschnittsrechnungen erkennbar sind.

Es ist von vornherein fruchtlos, über irgendetwas Aussagen zu machen, was man mit zeitbedingten Meßinstrumenten oder Formeln nicht messen kann. Möglich sind hier nur vorläufige Hypothesen, Annahmen, für deren Beweis oder Widerlegung man geduldig forschen muß.

Hier Offenbarungen, Dogmen, ewige Wahrheiten einzusetzen, ist Betrug. Die Wahrheit ist der jeweils zeitbedingte, zweckmäßigste Irrtum, der dann mit zunehmendem Wissen durch einen noch zweckmäßigeren Irrtum ersetzt wird, wie das Nietzsche schon geahnt hat.

Die Resultate der Messungen im überatomaren Bereich sind für unseren Größenordnungsgebrauch »Wahrheiten«. Aber sie sind keine Dogmen, keine von Propheten gelieferten ewigen Wahrheiten. Sie sind für den Sachwissenschaftler vorläufige, durch neue Experimente revidierbare, aber auch immer wahrscheinlichere, gültigere Wahrheiten. Wahrheiten zu wechseln ist schmerzlich. Hinter dem warmen Ofen des Glaubens schläft es sich besser.

Weizsäcker weist darauf hin, daß durch neue Meßergebnisse, die eine bisher gültige Theorie fraglich machen, die alte Theorie meist nur in ihrem Bereich eingeschränkt wird (Lit. 105a, b). Eine neue Theorie umfaßt größere Tatsachenbereiche, mehr in Richtung auf eine möglichst einfache Universalformel. Wir sind zu dieser Richtung gezwungen, weil jedes Hirn in einer Zeit immer nur ein einzelnes, möglichst nicht zu kompliziertes Stück im Bewußtsein festhalten kann (Seite 64).

Im Sprachgebrauch des Alltags werden vielfach gefährliche nach Vitalismen riechende Sammelbegriffe gebraucht wie Natur, Ziel und ähnliche — aus denkökonomischen Gründen, weil man sonst jedesmal einen Katalog von Beschreibungen hersagen müßte oder neue, und nicht jedermann verständliche Worte erfinden muß. Der Referent sündigt hier selbst, indem er oft »Instinkt« für die Summe der Zwänge der automatischen Stammhirnzentren verwendet. So soll, angreifbar, in diesem Referat das Wort Instinkt verstanden werden; ebenso wie das nur an einer Stelle gebrauchte Wort »Natur« als einer mit Zielen behafteten Vektorgröße. Das ist sicher falsch, aber mangels besserer einfacher Ausdrücke fast unentrinnbar.

Wir müssen annehmen, daß unsere Hirnbilder Kopien einer Außenwelt sind, aber das ist unbeweisbar. Wir nehmen weiter, auf Zwang unserer Zentralmechanismen an, daß es andere Menschen gibt, die dieselben Hirnbilder und dieselbe verknüpfende Logik haben. Auch das ist unbeweisbar. Ob unser Bewußtsein auch eine Illusion ist, eine Art inneres Heimkino unbekannter Herkunft, ist eine müßige, weil unbeantwortbare Frage. Hier gilt nur die »als-ob« Annahme Vaihingers (Lit. 101), daß der Inhalt eines logisch kritisierten Bewußtseins die letzte mögliche Grundlage sei. Mit dem »Sinn« mögen Theologen, Mystiker spielen.

Ein Begriff, der leider immer wieder mißbraucht wird, ist »Ganzheit«. Ein Arzt, der einen Kranken sieht, wird ihn zuerst (als Notbegriff, es bleibt ihm nichts anderes übrig) gefühlsmäßig als Ganzheit sehen. Das heißt, er wird ihn nach seinen körperlichen und psychischen Eigenschaften in einen bekannten Typus einordnen. Erst später, wenn er zahlreiche Analysendaten hat, wird er, jetzt fachwissenschaftlich genauer, auf die Einzelbestandteile der Krankheit eingehen. Ein seriöser Arzt wird dann auf Ganzheit verzichten — wenn er nicht auf die schlüpfrigen Dogmen der Psychosomatik gerät, einer Art Rauschgift, das ihm angeblich erlaubt, tiefer zu sehen als ein sachlicher Arzt.

Man kann im täglichen Leben mit einer »Ganzheit« arbeiten, wenn sie, beschreibbar, annähernd konstant ist. So ist der Begriff »Persönlichkeit« ein Leben lang nahezu konstant; abgesehen von den Altersveränderungen. Persönlichkeit kann als eine Kombination ähnlich bleibender Formen und Reaktionen gesehen werden; obwohl alle chemischen Bestandteile eines Körpers in etwa zwei Jahren vollständig gegen neu aufgenommene Nahrungs-Chemikalien ausgetauscht werden. Dafür, daß trotzdem die Form konstant bleibt, ist allein die chemische Formelkonstitution der Nucleinsäuren der Chromosomen (mit 13 Milliarden Code-Befehlen pro Zelle) zuständig, die von der Geburt bis zum Tod in jeder der mehreren hundert Milliarden Zellen eines Menschenkörpers als Form-Organisatoren unentrinnbar und nahezu gleichbleibend mechanistisch wirken.

Leider finden sich immer wieder solche, selbst unter seriösen Wissenschaftlern (Lit. 40), die mit Ganzheit so hantieren, als handele es sich um einen festen meßbaren, steinharten Begriff. Moritz Schlick (Lit. 77, in 97 a), ein Nachfolger von Ernst Mach, hat den Nonsens dieser philosophischen Ganzheiten klar erläutert. Ganzheit dieser Art ist in gefährlicher Nähe des Betrügersystems der Dialektik. Dieser Scheinbegriff sinkt bis zu den Theologen ab. Das geschieht in Scheinproblemen wie »Leib-Seele-Problem«, in »Sinn des Lebens«, die sinnleer sind, weil man beim Versuch einer Sachdefinition der Komponenten ins Leere tritt. Philosophische Ganzheit ist die Addition von Äpfeln und Sonnenuntergängen, woraus dann unsaubere Metaphysik-Fragen entstehen.

Künstler, Dichter und Literaten, die Spaziergänger in den Illusionen, dürfen von Ganzheiten reden. Ihre Arbeit ist ästhetische Lustbefriedigung. Sie genießen »Narrenfreiheit«. Seriöse Wissenschaftler haben keine Narrenfreiheit. Wenn sie von Ganzheit reden, blamieren sie sich. Meist merken es nur andere. Sie schweben in Hegel'schen Wolken, oberhalb der Logik.

Schlick wendet sich auch gegen den Mißbrauch von physikalischen, mathematischen Begriffen für philosophische Zwecke. Etwa gegen den Mißbrauch des Begriffes »Summe«, der nur für Kombination von Zahlen eine Bedeutung hat und sonst sinnleer ist.

Nach Wittgenstein, zitiert nach (Lit. 88; 111), hat ein Wort nur im Zusammenhang eines Satzes einen Sinn. Ein neuer Sinn kann nur mit den alten, bis 25 bis 30 in die Reflexe eingegangenen gelernten Worten in einem Satz ausgedrückt werden. Erklären ist immer Zurückführen auf früher angelernte Sätze und Reflexworte (v. Mises Lit. 69). Es gibt kein Wissen, keinen Bewußtseinsinhalt, der nicht aus einer Empirie stammt (Seite 90, Lit. 82).

Das »innere« Wissen, von dem religiös Gläubige manchmal behaupten, sie hätten es, sind anerzogene Illusionen, zu denen es nicht den leisesten Beweis gibt, als den Hinweis auf Offenbarungen, das heißt Hirngespinste.

Übersinnliches »inneres« Wissen ist nur eine später aufgetauchte Erinnerung an etwas, was dem Betreffenden in seiner wehrlosen Jugend als Scheinwissen eingegeben wurde.

Die Philosophie der weißen Rasse ist um 1600 aus Widerspruch gegen die allzu primitiven Welterklärungsversuche des Christentums entstanden. Sie hat versucht, sich langsam von religiösen Dogmen zu lösen. Als Ausdrucksmöglichkeit mußte sie die leeren Wortwolken der Religionen weiter benutzen. Präzisere Worte waren in den Broca'schen Sprachwindungen der damaligen Gehirne nicht verfügbar. Die religiösen Wortwolken waren aber untereinander nicht verbindbar.

Platons schöne Ideen gehören heute nur noch teilweise zur Philosophie, vielfach zur Belletristik. Sie sind literarisch-kulturelle Lustbefriedigung. Sie sind der Ursprung der Dialektik, der ruinösen Spaltung des Denkens in hohe evidente Wahrheiten oberhalb der Logik, und in sachliche niedrige, von gewöhnlichen Wissenschafts-Handwerkern durch Messen nachprüfbare — trotz Platons mit bohrenden Fragen kritischen Lehrers Sokrates. Es war ein historisches Unglück, daß als Platons Nachfolger nicht der sachliche Aristoteles zum Kopf der athenischen Philosophenschule gewählt wurde.

Als neues, unabhängiges Wissen Schaffende waren die Philosophen des Mittelalters durch schwer verankerte Ethik und platonische Tugend-Ästhetik gehemmt. Sie mußten wieder an antiken Sachquellen Anschluß suchen. Aber die waren durch christliche Irrtümer mit Dogmen verkrustet.

Als es gelang, sie davon zu befreien, zeigte es sich, daß die antiken Elemente zwar Denkgrundlagen boten, aber schon in der Antike bis zu den damit möglichen Grenzen entwickelt waren. Sie boten keine Fortschrittmöglichkeiten. All diesen genialen Einfällen der antiken Denker fehlte ein grundsätzlich wichtiges Element: die Möglichkeit des Experiments, der prüfende Versuch, der Falsches ausschied, Beweisbares zur Wahrheit machte, die Möglichkeit, sachlich unwidersprechbar zu entscheiden.

Selbst dann, immer noch halb im theologischen Fahrwasser, entstanden viele Eintagsfliegen von ethischen, idealistischen Systemen, mit tiefstem Tiefsinn, von den Eigentümern und ihren Schülern für Philosophie gehalten. Aber das war eigentlich Pflege des literarisch Schönen, ästhetische Lustbefriedigung.

Auf diesen schönen logisch nicht sauber formulierbaren, gummiartigen Illusionen ohne Meßmöglichkeiten ließ sich kein seriöses Wissen schaffen und aufbauen, wohl aber die Illusion Kultur.

Es mußten erst neue experimentell meßbare Begriffe als Instrumente geschaffen werden: das Centimeter-Gramm-Sekunden-System, mit seinen daraus ableitbaren anderen physikalischen und chemischen Meßbegriffen, die die mathematisch begleitbare, mühsame, lückenlose Klärung aller unseren Sinnen überhaupt zugänglichen Erscheinungen erlauben, ihre bis ins letzte gehende Mechanik klarlegen, und, wenigstens im Prinzip, oberhalb atomarer Größenordnungen bereits aufgeklärt haben.

Naturwissenschaftler sind keine Philosophen, aber sie haben das wider Willen übernehmen müssen. Weil sie mechanistisch die ganze lebende und nicht lebende Welt in praktisch lückenlosen Zusammenhang bringen können, während die rein geisteswissenschaftlichen Fachphilosophen mit ihren leeren Wortwolken versagt haben: zu finden, was die Welt zusammenhält.

Sachwissenschaftler, Naturwissenschaftler (zwangsläufig Fachenge) haben selten den Mut und die geistige Beweglichkeit, sich an übergreifenden Existenzfragen zu beteiligen, oder gar an die logisch undurchsichtige, katastrophal wortreiche Philosophie zu wagen.

Obwohl die einzigen, die heute legitim das Recht haben, ehrlich Philosophie zu treiben, eben nicht mehr geisteswissenschaftliche Philosophen sein können, sondern nur noch mechanistisch sachliche Naturwissenschaftler oder naturwissenschaftlich geschulte Philosophen. Denn die vergangene, rein geistige Philosophie ist tot, an Wort-Durchfall gestorben. So wie vor 400 Jahren nach der Abspaltung der damals exakteren Philosophie von der phrasengefüllten Theologie, dieser Torso Theologie immer mehr Nonsens wurde, mit den meßbaren Tatsachen in unüberwindlichen Konflikt geriet, und erst heute (nach 400 Jahren, siehe Planckzitat in der Einleitung) langsam stirbt.

Man kann der ganzen bisherigen Philosophie den Vorwurf nicht ersparen, daß sie sich (l'art pour l'art) hinter Wolkenwänden von pompösen Worten verschanzt hat, um Kritik an ihren luftigen Idealistengebilden durch dialektische Wort-Akrobatik unmöglich zu machen; eine verschworene abgeschlossene Priesterschaft. Worte, die der Naturwissenschaftler nicht kennt, und, weil nicht sachlich irgendwie meßbar, als literarischen Luxus betrachtet.

Darin liegt die Abneigung der meisten Sachwissenschaftler gegen die an dialektisch unehrlichen Wortfallen reichen heutigen Philosophen. Etwa für das verständliche Wort »Deutung, Auslegung« das pompöse »Hermeneutik«, woran die Theologen schuld sind. Denn ihre Priesterschaft hat sich arrogant zu allen Zeiten das Recht vorbehalten, für die dumme Menge das herauszudeuten, was ihren Interessen entsprach. Das wiederholt sich heute im Marxismus als Partei-Chinesisch.

Philosophie, gestern noch ungeheuer wortreich, ist heute identisch geworden mit den sparsamen Worten der Naturwissenschaftler.

Philosophie kann nicht, wie es bisher alle Fachphilosophen taten, von oben her, von den kompliziertesten Kombinationserscheinungen des Lebenden, etwa von der Illusion Kultur her entwickelt werden. Jede »Erklärung« dieser Art führt in Sackgassen leerer Worte.

Sie kann nur von den kleinsten (in unserer derzeitigen kosmologischen Phase) nicht zu leugnenden Atomen der 92 Elemente und ihren Kombinationen, den Molekülen, ausgehen — was eben die Naturwissenschaftler tun und was die Philosophen nicht tun.

Kaum jemals hat sich ein Philosoph mit der Frage beschäftigt, ob Philosophie in den bisherigen phantastisch-idealistischen Formen überhaupt einen Sinn und Zweck hat. Sie hielten das, in Eigenüberschätzung für selbstverständlch; was es gar nicht ist.

Erst jetzt ist ein kurzes und sachliches Buch eines Fachphilosophen (aus Mathematik und Kybernetik) erschienen: H. Lenk, Wozu Philosophie? (Lit. 62a). Philosophie als methodische Kritik und Hilfswissenschaft der messenden Sachforschung. (Lit. 76, 76a; 16; 105a, b; und andere).

Eine Frage bleibt unbeantwortet: Kann man Philosophie überhaupt als Beruf betreiben? Oder sollte sie nicht weitgehend mit dem identisch sein, was jeder klare als gesunden Menschenverstand bezeichnet; wenn er klug genug ist, kritisch Dogmen und Überzeugungen wegzulassen (falls das möglich ist).

Jeanne Hersch, eine Schülerin von Jaspers (Lit. 49) drückte es 1936 so aus: Wie kann man, wenn die Philosophie so ist, wie sie jetzt ist, heutzutage noch philosophieren? (Lit. 41).

Die Erfolglosigkeit geisteswissenschaftlicher Philosophie ist darin begründet, daß sie vorläufige unbeweisbare Aussagen macht, aber das »vorläufig« nicht zugibt. Das ist nach Hersch (Lit. 41) jeweils ein eigensinnig festgehaltener Irrtum. Das »vorläufig« ist aber Grundbedingung jeder seriösen Wissenschaft, auch der Naturwissenschaften. Nur haben Naturwissenschaftler wegen der geringeren Komplexität ihrer Phänomene meist den Vorteil, ihre vorläufigen Aussagen durch Experimente und Rechnungen stützen zu können, und so immer wahrscheinlicher zu machen, oder sie zu verwerfen.

Die Probleme der Philosophen (soweit sie nicht überhaupt sinnleere Scheinprobleme sind) sind zu komplex, als daß sie direkt verifizierende Experimente zuließen. Philosophie muß warten, bis ihre komplexen Probleme von den Naturwissenschaften in vielleicht erst einigen Jahrhunderten durch Kleinarbeit von unten, von der molekularen Basis in meßbare Einzelheiten zerlegt sind.

Erst dann kann eine Synthese daraus eine sachliche Philosophie ergeben. Aber dann braucht man keine Philosophen mehr.

Von Kant, dem klügsten illusionsfreien Denker vor 200 Jahren, gibt es ein Zitat, in dem er selbst den Wert seiner eigenen Systematik anzweifelt: »Die philosophischen Erkenntnisse haben mehrenteils das Schicksal der Meinungen; und sind wie Meteore, deren Glanz nichts für ihre Dauer verspricht«.

Ein interessanter Vergleich: Kant war noch bedeutender in seiner Eigenschaft als Astronom. Er entwickelte die heute durch von Weizsäcker wieder aktivierte Theorie der Planeten-Entstehung.

Die Astronomen nahmen von ihm keine Notiz, weil er »philosophieverdächtig« war. Die Philosophen nahmen von seiner Astronomie-Leistung keine Notiz, weil er ihnen durch Sachlichkeit verdächtig war. Das hätte ihre Gedankenflüge ins Unlogische à la Hegel gestört. Sachlichkeit wäre Gefahr für ihre Schaumgebilde gewesen. So wie auch die Theologen, die Religionen von den Fortschritten der Physik, der Chemie, der Biologie keine Notiz nehmen. Sie haben Angst um ihre Illusionen, um ihre Fundamente, die, heute nicht mehr widersprechbar, aus Lügen bestehen.

Das philosophische Denken der Menschen ist eindimensional punktförmig, auf heute, auf jetzt, auf die Gegenwart ausgerichtet. Was in der Vergangenheit gedacht wurde, ist uns nur noch teilweise verständlich, manches sogar lächerlich. Es verschwindet rasch im Vergessen. Was in Zukunft von menschlichen Hirnen gedacht wird, ist (vielleicht abgesehen von logischen Erfahrungsregeln) nicht sauber voraussehbar. Die Denkentwicklung hatte und hat unbekannte Zahlen von Jahren Zeit. Sie verläuft, in ihrem Ablauf auf Zufallsmutationen des Hirns angewiesen, unberechenbar. Wir sind heutige Zwischenglieder einer wenig bekannten Vergangenheit und unbekannter Zukunft.

In jeder Sachwissenschaft wird jedes Problem nur solange untersucht, bis es mechanistisch gelöst ist; das heißt, auf die Sachgrundlagen der nächst exakteren Disziplin zurückgeführt ist, die das ihrerseits per experimentelle Forschung auf die nächste exaktere Stufe zurückführen muß — bis zur letzten Stufe des Verhaltens der beteiligten Moleküle und zuletzt Atome.

Anders die reinen Geisteswissenschaftler unter den Philosophen. Sie kauen am selben Problem (oder vielleicht Scheinproblem), etwa »Wesen«, oder »Sinn« seit zwei Jahrtausenden ohne sichtbare Fortschritte. Mit hundert verschiedenen, »bewiesenen«, aber nichtssagenden Illusionslösungen aus Wortwolken ohne sachlich definierbaren Kern. Das steht jedem frei. Spielen ist erlaubte Lustbefriedigung.

Ein letztes Wissen über Erkenntnis ist erst dann möglich, wenn wir die elektrische und chemische Zusammenarbeit unserer Milliarden Neuronen, das Denken, genau kennen, wenn wir das sehr komplizierte kybernetische Hirnsystem kennen, wenn wir die Mechanik des Relaissystems der nach dem Dual-System arbeitenden Einzelneuronen und ihre gegenseitigen elektrochemischen Beeinflussungen kennen. Bis dahin ist jede Philosophie über Erkenntnis vorläufig. Sie muß ständig aus den Experimentalerkenntnissen der Hirn-Physiologen, der Hirn-Chemiker, der Kybernetiker, der Hirnelektriker neu korrigiert werden.

Rein geisteswissenschaftliche Philosophen ohne eingehende naturwissenschaftliche Kenntnisse müssen vor den Türen der Laboratorien warten, bis ihnen von Zeit zu Zeit ein unverdaulicher Brocken gereicht wird, an dem sie kauen, bis sie keine Zähne mehr haben und in Professuren gehen.

Alle Fragen, die eine Zurückführung auf mechanische Zerlegung prinzipiell nicht zulassen, sind schon als Fragen Nonsens. Sie lassen sich nur mit neuen inhaltslosen Wortwolken scheinbar beantworten, ohne daß man sachlich das geringste damit anfangen kann.

Ausschließlich in der ungeheuer geduldigen stufenweisen Sachforschung bis ins letzte greifbare Detail und durch sachliche Rekonstruktion der ganzen Reaktionskette ist seriöses Wissen möglich.

Man kann das am besten erläutern am wichtigsten Aufnahme-Organ zum Einbringen der (unbeweisbaren) Außenwelt ins Hirn: dem Sehen mit unseren Augen. Daß auf dem Sehen auch die riesigen illusionären Wolkentürme aufgebaut sind, die man Kunst, Schönheit und Kultur nennt, ist eine Sekundärerscheinung (Seite 170).

Die Kette fängt physikalisch mit dem engen Spalt von Lichtwellenlängen an, die durch unsere Luft-Erde-Atmosphäre zu uns durchdringen; ein enger Spalt, den alle irdischen Tiere allein wahrnehmen (Seite 4), wie wir gut wissen.

Dann folgt die physikalische Optik des Auges (die wir kennen). Dann kommt die chemische Isomerie-Veränderung des Farbstoffes Rhodopsin (Augenpurpur) in den Sehstäbchen im Augenhintergrund (die wir seit den Forschungen von Wald vor 30 Jahren sogar formelmäßig kennen). Dann folgt Umsetzung der chemischen Formel-Änderung des Rhodopsins in einen elektrischen Nervenimpuls (eine Reaktion, die wir noch nicht genau kennen). Dann folgt wieder elektrische Nervenleitung (deren Mechanismus wir fast kennen) zu Computer-Ganglienzellen im Augenhintergrund zu Sammeleindrücken (deren Computer-Mechanismus wir noch nicht kennen). Dann folgt Nervenleitung (die wir mechanistisch im Prinzip kennen) zu weiteren Computer-Ganglien in der Vierhügelplatte am Hirnboden (deren Verarbeitungsmethoden wir vorerst nur aus mechanischen Computer-Analogien vermuten).

Es folgt weiter Nervenleitung (deren Mechanismus man fast kennt) zu den hinteren unteren Teilen des Großhirns. Dort werden nach Filtration und Aussonderung des wesentlichen (Langzeitgedächtnis) die modifizierten Seh-Impulse in Paketen von Neuronen, dem Sehzentrum gespeichert (wie, wissen wir noch nicht), als »Gedächtnis« gelagert zum Abruf zur Verfügung (wie, wissen wir vorerst nicht).

Diese ganze Kette, im Prinzip gesichert, in vielen noch neu zu findenden Zwischengliedern vorerst unbekannt, wird in etwa hundert Jahren durch den zähen Fleiß der suchenden wissenschaftlichen Handwerker bis in die letzte Molekurlar-Mechanistik bekannt sein.

Zum Verstehen des »Sehens« ist die wenigstens prinzipielle Kenntnis der mechanisch-elektrischen Computerkette im Hirn unentbehrlich. Nur so kann man auch die mechanisch schwachen Stellen finden: Die Orte, die in der Kette Krankheiten, Täuschungen des Sehens verursachen (Lit. 31).

Dann tauchen sofort neue Fragen auf, die wieder in langwieriger geduldiger Einzelarbeit geklärt werden müssen. Es sind die Fragen: Was erzeugt aus den Vorräten von Seh- (und Hör-, Riech- und Tast-) -eindrücken der Einzelorgane im zentralen Thalamus des Hirns ein Vorstellungsbild, das wir auch mit geschlossenen Augen sehen, uns vorstellen können, das sich selbst ein Blinder bis zu einem gewissen Grad vorstellen kann? Wie kommen die »seelischen« verfälschenden Einflüsse auf dieses Bild (aus dem Stammhirn) zustande? Welche Einflüsse verfälschen die Vorstellungen, meist, ohne daß wir es merken?

Weitere Fragen an die Hirnmechanistik: Wie stellen wir aus den schnell im Bewußtsein vorübergehenden Worten, die einzeln keinen »Sinn« haben, einen Satz, eine logisch richtige längere Überlegungskette zusammen? Ist das, wie wir heute annehmen können, eine Resultante der Schaltungen der vielen Milliarden Synapsen (Seite 59) an den 12—15 Milliarden Neuronen (Seite 57) unseres Hirns? Die, da jenes Neuron durch jede seiner zahlreichen Synapsen jedesmal nur ein Bit, ja oder ein, abgeben kann, jedes Mal zu einer sofortigen Mehrheitsabstimmung unter den Neuronen führt, sich an einem Bild, an einem Befehl zu beteiligen, oder nicht.

Eine weitere Frage: wie wird die Thalamus aus verschiedenen Hirnregionen hergeholte, gemixte »Vorstellung« in die Äußerungsmotorik der Sprache, des Schreibens übersetzt? Darüber ist schon ziemlich viel an mechanistischen Zusammenhängen bekannt.

Irgendeine philosophisch-kulturelle Aussage über das »Sehen«, die sogenannte äußere oder innere »Schau« hängt solange in der Luft, ist weder beweisbar, noch widerlegbar, ist Zeitmode-Meinung, solange nicht die Mechanistik des physischen Sehens und ihrer Beziehungen zu anderen Sinnessignalen genau bekannt ist; die man, wenigstens im Prinzip, rechnen kann. Das heißt nicht, daß jeder, der sich mit Reden über Sehen, Kunst, Theater, Literatur beschäftigt, die ungeheuer komplizierte, und erst in ihren Grundzügen bekannte Mechanik im einzelnen kennen muß. Die lückenlose Mechanik bis zur höchsten Illusions-»Schau« wird man in einigen hundert Jahren kennen.

Das ganze »Sehen« kann man dann als echte Ganzheit bezeichnen, die jetzt nicht mehr bloß ein asylum ignorantiae, eine leere Wortwolke ist, die vielmehr eine saubere, von wissenschaftlichen Handwerkern aufgestellte lückenlose Buchhaltung aufweist. Diese ehrliche Ganzheit als Zusammenfassung ist unentbehrlich, weil unser armes Instrument »Bewußtsein« nur ein einziges Vorstellungskombinat für jeden Moment festhalten kann.

Aber jeder, der sich mit allgemeinen Dingen beschäftigt, muß das feste Vertrauen haben, daß wenigstens einige sachliche mechanistisch denkende Wissenschaftler das genaue Räderwerk eines Teils kennen. Er muß das feste Zutrauen haben, daß sie nicht (wie Offenbarungen von Propheten) das blaue vom Himmel herunterlügen, sondern daß sie ihre Ergebnisse bis zum kleinsten Schritt mechanistisch analysiert und begründet haben.

Jeder benutzt heute elektronische Rechenmaschinen oder Farbfernseher, ohne die Einzelheiten ihrer Funktion zu wissen. Aber er hat das Vertrauen, daß die Physiker, Ingenieure, Handwerker, die das geschaffen haben, ihm keinen Betrug vormachen, daß sie genau bis in alle Einzelheiten die Funktionen der Bestandteile kennen und begründen können.

Ohne das Vertrauen in die Ehrlichkeit des sachlichen Wissens anderer ist keine universelle Philosophie möglich.

Und gerade dieses Vertrauen fehlt gegenüber den Ergebnissen geisteswissenschaftlicher Philosophen, Kultur-Philosophen. Sie können ihre Worte nicht auf mechanistisch Fundiertes stützen. Sie reden bloß aus dem Gemüt, wie Gott aus den Wolken. Das ist zu wenig.

Zwischen den bekannten Schritten des Sehens und Denkens gibt es sicher bisher unbekannte verbindende Funktionsglieder. Sie tauchen als Frage überhaupt erst auf, wenn die letzten Glieder der vorhergehenden Schritte, und die ersten Anfänge der nächstfolgenden Vorgänge mechanistisch ganz klar sind. Auch diese kommenden Einzelfragen sind mit zähem Fleiß, mit immer neuen Methoden der Naturwissenschaftler prinzipiell mechanistisch erforschbar. Nirgends gibt es in den Ketten ein Loch, wo statt mechanischer Folge, leere Wortwolken, ein Wunder, ein Schöpfer nötig sind.

Es bleibt die Frage: Wie sind diese unwahrscheinlich komplizierten Mechanismen entstanden? Ungeduldige werden eine Nebelfigur »Schöpfer« einsetzen. Aber Wissenschaft besteht darin, diesen Schöpfer, eine faule Fatamorgana zu jagen; sein vermeintliches Wirken und seine Existenz als eine denkfaule Illusion zu erkennen und die neue Frage wie beim Sehen in zahlreiche, rein mechanische Sachstufen zu zerlegen.

Die billigste Art von Wissenschaftlern sind die, die an der Grenze, wo sie mit ihrem Hirn und seinem heutigen Wissen nicht mehr weiter kommen, wieder den Kausalersatz Schöpfung hervorholen. Mit dem Motto an ihr Hirn: von jetzt an, Denkesel, glaub. Du schläfst damit besser.

Nur vom langsamen geduldigen Verständnis-Aufbau aus den mechanistischen Grundelementen, und dem immer komplizierter werdenden Bau der Wissensstufen bis zum einfachen Lebendigen und dem weiteren Stufen-Turmbau bis zum wesentlichsten der Erde, bis zum menschlichen Hirn, ist seriöse Philosophie möglich. Wenn Naturwissenschaftler das eines Tages erreichen, stirbt Philosophie als selbständige Diziplin. Sie wird dann identisch mit den Naturwissenschaften.

Man hat neuerdings theoretische Physiker und Naturwissenschaftler auf Lehrstühle für Philosophie gesetzt (Lit. 67, 78, 82, 49, 60a, 88, 105). Kein seriöser Physiker ist zu dem geworden, was man früher einen Philosophen nannte. Keiner der zu Exaktheit, zu Dauerzweifel, zu möglichst strenger Definition der Worte erzogenen Physiker hat sich zu dem herabgelassen, was früher für Philosophen unvermeidliche Pflicht war: ein illusionäres, endgültiges Erklärungssystem zu schaffen — bis zum nächsten Philosophen, mit einem anderen Illusionssystem. Fast keiner hat sich auf Mode-Illusionen wie Ethik eingelassen, denn Illusionen können nicht Grundlage seriöser Sachwissenschaft sein; es sei denn, Gegenstand von Psychologie und Psychiatrie.

Leider sind sie gezwungen, pro Woche vier Stunden zu lesen, während man sachlich mechanistische Philosophie in zwei Stunden bringen kann. Zur Pensum-Streckung müssen sie sich in die Geschichte der Philosophie (sprich ihrer Irrtümer) flüchten. Geschichte der Philosophie, in der schon mancher gute philosophische Kopf behaglich schwamm, aber schließlich ertrunken ist.

Schon Kant hat das gewußt: »Es gibt Gelehrte, denen die Geschichte der Philosophen selbst ihre Philosophie ist«. Denn der idealistische Höhenflug ins Unlogische, das selbstbefriedigende Spielen mit Platon und anderen antiken Philosophen ist höchste literarische Lustbefriedigung. Aber es führt über Vergangenheit nicht hinaus. Es ist kein neues Wissen schaffen. Das ist aber die einzige Lebensberechtigung einer seriösen Wissenschaft — selbst wenn das neue Wissen liebe Illusionen zerstört.

Das bedeutet nicht, daß solche historische Philosophie und ihre öffentliche oder seminarische Diskussion für die Einführung von Studenten oder andere Interessierte überflüssig sei.

Aber es bedeutet, daß sie für das Fortschreiten der Kenntnis der Hirnmechanik alles Denkens, nur als Vorübung, als gehobener Lese und Schreib-Unterricht anzusehen ist. Es schließt die Gefahr ein, daß etwas Vergangenes, längst Überholtes in jungen, unkritischen Köpfen zu ewigen Wahrheiten, zu nicht mehr revidierbaren Überzeugungen erstarrt.

Philosophie könnte heute ihre Aufgabe nur noch in einer Methodenkritik und Zusammenfassung der sachwissenschaftlichen Einzelresultate sehen; wozu mathematik-geschulte Köpfe nötig sind. Der Spezialist ist dazu selten fähig. Aber den eigentlichen logischen Zusammenhang ihrer Resultate in meßbarer Mechanistik, im cm/gr/sec-System haben die Sachforscher, unbewußt, ohne Philosophie selbst gefunden.

Keine noch so kluge Methoden-Philosophie bringt das Denken über die Grenzen der »alsob« Annahme Vaihingers hinaus. Weder kann man jemals beweisen, daß außerhalb unseres Hirns eine Welt existiert, noch daß ein »ich« existiert, das einer angenommenen Welt gegenübersteht. Nur in der Annahme, alsob das existiert, ist überhaupt Denken möglich.

Daher die Einsicht eines Wittgenstein, Russel und vieler anderer, daß es außer unseren meßbaren Sinneseindrücken, außer dem, was von den (vermutlichen aber unbeweisbaren) Umweltgegenständen in unserem Hirn an Bildern entsteht, gar nichts seriös philosophierbares gibt. Es ist die Einsicht, daß Philosophieren zwar einem literarischen und teilweise ethischen Illusionsbedürfnis entspricht, daß es im Glück des Höhenflugs ins überlogische Schauer der Selbstbefriedigung liefern kann; daß aber darin kein Sachwert zur Funktionalerkenntnis der Abläufe enthalten ist.

Popper (Lit. 76a) schlägt vor, den pragmatischen Realismus als einzige Hypothese anzunehmen; als eine Vermutung, zu der noch nie eine vernünftige Alternative angegeben worden ist.

Trotzdem steckt in jedem intelligenten Kopf der Wille (und die aussichtslose Hoffnung), durch allgemeine Formulierungen zum »all« Wissen zu kommen. Aber man muß einsehen, daß All-Wissen nur aus der (ungeheuer schwierigen) Summierung von kleinen sachlichen Forschungsergebnissen unzähliger Wissen schaffender Handwerker möglich ist; und mühsam heute und morgen geschaffen werden muß.

Es gibt keinen anderen Weg. Offenbarungen, Yoga-Sprüche über allumfassendes, über Wesen, Sinn und Sein sind Selbstbetrug, literarische Onanie. Dann kann man gleich Schöpfung sagen.

Muß man, um bei Philosophie mitzutun, 70 Bände Sein- und Nichtseins-philosophie gelesen haben; oder kann man das mit kritischem Normalhirn nicht auch billiger bekommen?

Jeder Fortschritt in jeder Disziplin geht nur in der dauernd neuen Zerstörung alter Überzeugungen, alter »ewiger« Wahrheiten weiter. In jeder rasenden Entwicklung ermüden die Streiter nach einiger Zeit und flüchten dann in Glaubensecken, in ruhige tote Sackgassen. Selbst ein Einstein kam mit der Entwicklung seines Faches nicht mehr mit (Lit. 21).

Mathematik und Physik haben die Funktion von Polizisten im Irrenhaus Metaphysik, Religion und Marxismus.

Im Aufbau aus einfachen genau erforschten und definierten mechanischen Elementen zu höheren Komplikationsstufen werden neue zusammenfassende Summenbegriffe nötig. Weil man im Punktbewußtsein nicht alle Einzelelemente gleichzeitig festhalten kann.

Im Gegensatz zum Geisteswissenschafts-Philosophen kann der Naturwissenschaftler solche Sammelbegriffe ohne Angst um ihren Ehrlichkeitsgehalt verwenden. Denn er hat sie in mühsamer Forschungsarbeit aus mechanischen Teilen zusammengestellt. Er kann sie jederzeit wieder auf ihre einfacheren mechanischen Einzelbestandteile zurück analysieren.

Nicht so der Philosoph aus den reinen »Geisteswissenschaften«. Ihm stehen von vornherein als »Begriffe« (die sich eben gerade nicht begreifen lassen (Lit. 82)) nur illusionäre Wolkentürme von frei erfundenen, nichts sagenden Worten zur Verfügung, mit denen man, wie Jongleure, blendende Scheinleistungen vorzeigen kann, die bei ehrlicher Analyse nichts sagen.

Beide Arten von Philosophie, die Sachanalyse von unten, aus mechanischen Elementen und die Disziplin der von oben auf die Erscheinungen aufgestülpten leeren Worte, sind unvereinbar.

Ganz sicher hat Philosophie nicht die Aufgabe, Trost zu geben. Das muß sie den Dogmatikern der Religionen überlassen. Trotzdem ist der Betrug des Trostes, das Weglügen von Leiden ein wesentlicher Faktor des menschlichen Zusammenlebens (Seite 134).

Einer der wenigen Berufe, der vor hundert Jahren die Möglichkeit eines Suchens einschloß, war der Pastoren-Beruf. Zwar erwies sich ihr Suchen als Niete. Denn sie waren Gottsucher. Das war vergebens.

Ihr Suchen, der instinktbedingte faustische Drang zur Wissensmacht, den sie in höherem Maße besaßen als die Sozialmenge, als Denkmechanismus vererbt auf Nachkommenschaft, bot denen oft außerordentliche Suchmöglichkeiten, wenn sie auf Gott verzichteten. (Seite 141)

So sind aus protestantischen Pfarrhäusern, besonders wenn die noch einer gottgefälligen Kaninchenerotik nachlebten, eine große Zahl guter Köpfe hervorgegangen: Leibniz, Schumann, Lichtenberg, die Brüder Feuerbach, Nietzsche und andere; Karl Marx stammt aus zwei Rabbiner-Familien.

Auch hier Lotteriezufälle, wie bei den Mutationszufällen der genetischen Entwicklung (Seite 64, 85, 115a). Lichtenberg war das 18te Kind eines Pastors. 17 vorhergehende waren Masse. Mit dem heutigen Pillensystem wäre Lichtenberg nie geboren worden. Aber auch von seinen sieben Kindern (davon drei männlich) hat man nie wieder etwas gehört.

Wahrscheinlich spielen bei dieser schwäbischen Häufung zufällige Rassenmischungen eine Rolle (Lit. 61). Anderswo bleiben Priestersöhne normal und steril.

Frankreich hat früh eine große Zahl wertvoller Geister gegen die Brutalität der katholischen Kirche, und damit gegen alle Religionen hervorgebracht.

Deutschland hat die Chance nicht gehabt. Die Geister, die gegen die katholische Kirche antraten, waren durch die Scheinrevolution eines Luther befriedigt; obwohl der Protest (-antismus) nur schwache Punkte der Kirche reformierte, aber den Nonsens der Bibel, das wesentliche intakt ließ. Erst spät, mit Feuerbach, zuletzt Mach und Nietzsche traten auch hier sachliche Atheisten auf.

Vererbt wird niemals Wissen, was sich die Eltern selbst nach ihrer Geburt erworben haben (Seite 170). Vererbt werden kann vielleicht ein erleichterter Denkmechanismus, eine erniedrigte Reizschwelle im Nerven- und Vermittlungs-Zentrum Thalamus in der Großhirnmitte, ein erleichterter Durchbruch durch Illusionen und Tabus, was für die psychische Struktur nicht ungefährlich ist. Es sind die denkmechanischen Fähigkeiten, die nur schon geistig hochstehende, oft willensheftige Eltern (etwa bei Schopenhauer) ihren Söhnen vererben können.

Bei stumpfen Eltern unterer Sozialklassen sind gerade diese Voraussetzungen kaum zu erwarten, abgesehen davon, daß solche Eltern ihren heranwachsenden Kindern keine erlernbaren Vorbilder, persönliche Lehrbeispiele geben können. Darin liegt ein Irrtum des stupiden Allegleich-Dogmas des Sozialismus und Marxismus. Auch bei Menschen mit so geerbter verringerter Reizschwelle, erleichterter Denkfähigkeit müssen noch zahlreiche von der Norm abweichende Faktoren hinzukommen, wenn etwas Außerordentliches entstehen soll: langwierige Krankheiten, abnorme Sexualsituationen, hohe Leidempfindlichkeit, Spätsyphilis, Tuberkulose. Bei Lange-Eichbaum, Kurth (Lit. 61) wird das an Beispielen zahlreicher Genialer eingehend diskutiert.

All das hat sich die katholische Kirche mit ihrem Zölibat verdorben. Aus ihrer Priesterschaft ist in ihrer langen Geschichte nicht ein einziger bedeutender Kopf hervorgegangen. Nur Ölbilder.

Daß viele ältere, selbst berühmte Wissenschaftler sich gegen neue Erkenntnisse stemmen, wenn das nicht in ein Loblied ihrer eigenen alten ausmündet, liegt daran, daß kein Großer unter dem Zwang seiner Instinktmechanismen, Irrtümer zugibt und daß neue große, umwälzende Erkenntnisse nur in Stufen von Generationen verdaut werden können. Beispiele gibt es genug.

Große Wissenschaftler oder Politiker haben manchmal den Endgültigkeitskoller. Ihr durch viele Ehren von Zeitgenossen gestärktes Selbstbewußtsein verträgt es nicht, daß das Schaffen von neuem Wissen, von neuen politischen Gleichgewichten nach ihrem Tod trotzdem unaufhaltsam weitergeht.

Es gibt, wie schon in der Einleitung gesagt, keinen Nonsens, der sich mit Willenskraft und dialektischer Roßtäuschung nicht ver»ewigen« läßt. Es gibt keinen Nonsens, für den man nicht irgendwo Professuren einrichten kann. Sonst gäbe es zum Beispiel keine marxistischen Professuren.

Der Vorwurf des marxistischen Monomanen Dutschke (Dahrendorf nannte ihn einen Fachidioten des Protestes), die meisten Wissenschaftler seien Fachidioten ihres Gebietes, ist nicht unberechtigt. Viele, notgedrungen wegen der Fülle des Stoffes auf ganze enge Gebiete beschränkt, ohne seitlichen Anschluß an universelle Gebiete, an die universelle Kosmologie, wissen immer mehr Details von immer weniger Ausdehnung.

Der Referent, nach Ausbruch der Hitlerei 1933 noch zwei Jahre bis 1935 an einer deutschen Universität, sah, daß selbst international berühmte Wissenschaftler, mit einem vermutlich weit über das Fach hinausragenden Horizont, oft nicht klüger waren als ein Briefträger. Selbst der geniale Einstein, der die Physik revolutionierte, der über die (gerade erst beginnende revolutionäre) Kosmologie alle bisherige Philosophie zu Makulatur machte, war so. Was von seinen Schülern (zu seinem Schaden) über seine Ansichten außerhalb seines Faches publiziert wurde, geht über Banalitäten nicht hinaus.

Große ernten in ihrer charismatischen Gegenwart oft hohe Ehren für Behauptungen, für die sie sich vor der Nachwelt blamieren. Etwa der einst berühmte Physiologe Du Bois Reymond mit seinem pathetischen »wir werden es niemals wissen« (gemeint ist der Mechanismus des Lebenden, des Zellablaufs).

Jetzt wissen wir wenigstens das meiste Grundsätzliche. Oder der berühmte und verdiente Chirurg Sauerbruch, der seinen kleinen Assistenten Forssmann für einen Scharlatan hielt. Der hatte die wichtige Herzkatheterisierung mit viel experimentellem Mut gefunden, ohne die die heute möglichen zahlreichen Herzoperationen nicht gemacht werden könnten. Der Scharlatan bekam den Nobelpreis. Oder der berühmte Philosoph Hegel, dessen zwei verschiedene Wahrheiten, hohe und niedrige, sich nicht nur als Irrtum, sondern (in anderen Händen) als reiner Betrug erwiesen — das pseudologische System der »Dialektik«.

Selbst der kluge Goethe hat bis an sein Ende seine falsche Farbentheorie verteidigt, obwohl ihm der Physiker Lichtenberg das Gegenteil bewiesen hatte.

Nach Lichtenberg ist es fast unmöglich, die Fackel der Wahrheit durch ein Gedränge zu tragen, ohne jemand den Bart zu versengen.

Ein Zitat Lichtenbergs: Keine Erfindung ist wohl den Menschen leichter gefallen, als die eines Himmels.

Keinem erlauben seine zentralen Mechanismen, Niederlagen zuzugeben: Jetzt habe ich ein vergoldetes Ei gelegt, und das soll ein Windei sein? Nie. So kommt Streit um Ideen zustande, der selten durch Überzeugung, vielfach erst durch den Tod erledigt wird. Denn im Ideenstreit hat meistens der recht, der länger lebt. Später werden beide vergessen.

Man sollte sich einmal mit dem versteckten Sinn des Wortes »Überzeugung« befassen.

Zeugnis hat etwas mit Wahrheit zu tun. »Über« zeugen bedeutet, nicht mit dem bloßen Zeugnis zufrieden zu sein, sondern mit Suggestion über das Zeugnis hinauszugehen. Dem, den man überzeugen will, das Zeugnis (besonders, wenn es falsch ist) in die Reflexe, ins Stammhirn so einzuhämmern, daß er auch Nonsens unerschütterlich glaubt; so alle Religionen und der Marxismus (Seite 74).

Differenzen über politische oder allgemeine Fragen werden fast nie durch logische Argumente entschieden. Denn es handelt sich immer um Ansichten, Überzeugungen, die durch überzeugte Lehrer in die Jugend als Reflexe eingehämmert wurden; durch Lehrer, die selbst in ihrer Jugend durch eine noch frühere Lehrergeneration betrogen wurden.

Unauflösbar komplexe Überzeugungen bestehen aus einer Fülle von Einzelkomponenten, die wegen der unsicheren Definierbarkeit der verwendeten Worte praktisch nicht in logisch klare Komponenten aufgelöst werden können.

Differenzen über allgemeine Fragen lassen sich deshalb nur durch Brachialgewalt oder durch immer weiter gesteigerte Beschimpfungen des Gegners lösen. Alle »Überzeugungen« sind durch Beschimpfungen der Gegenansicht entstanden. Etwa durch christliche Beschimpfungen von Sünde oder von Heidentum, oder durch Beschimpfung des gesunden natürlichen Egoismus im Marxismus. Solche Überzeugungen sind demnach auch nur durch heftige Gegenbeschimpfungen zu beseitigen. Nicht durch Logik, denn schon bei ihrer Geburt war Logik nicht beteiligt.

Entscheidungen in Dogmen-Kämpfen finden nie durch sachliche Logik statt. Zu Beginn des Christentums stritten sich auf unzähligen Konzilen religiöse Dogmatiker oft mehrere Jahre um wenige Worte an religiösem Nonsens. Bis dann irgendeinem byzantinischen Kaiser das zu dumm wurde: Den Teil der Bischöfe, manchmal auch den Patriarchen, der ihm nicht paßte, ließ er in Klöster sperren, kastrieren und blenden. Die himmlische Wahrheit stand so fest. Und sind nicht dieselben Methoden im Nachfolgestaat von Byzanz, in Moskau lebendig, wie vor 1500 Jahren? Nur die Klosterbehandlung ist subtiler geworden.

Jeder Politiker, der mit Moskau zu tun hat, sollte sich mit byzantinischer Politik und Taktik befassen. Erstaunlicherweise beschäftigen sich die meisten Historiker mit europäischen Duodez-kaisern und Königen.

Byzantinische Geschichte hat man fast ganz katholisch-theologischen Fakultäten überlassen, die unkontrolliert nur ihre Interessen an Kirchengeschichte betreuen.

Sowohl das Christentum, wie die Religion Marxismus haben ihren verheerenden Einfluß nur durch konstante, langdauernde Beschimpfungen und Fälschungen ihrer Gegner erreicht.

Entrüstung ist die Waffe der Dummköpfe gegen das Aufwecken aus dem glücklichen Mief der Traditionen, der dialektischen Überzeugungen.

Sowohl die logische Antike, wie das heutige durch Sachwissenschaft logisch gewordene Bürgertum hielten und halten ihre Rechte auf »freie« Denk- und Meinungs-Äußerung für selbstverständlich. So nehmen sie an, sie müßten sich nicht durch Gegenbeschimpfungen verteidigen. Sie unterliegen wehrlos der Ersatzlogik der unteren Hefen, den Beschimpfungen.

Falls aber, als Gegenoffensive, »Überzeugungen« lange genug beschimpft werden, kommen sie außer Mode, da keiner riskieren will, daß von den Beschimpfungen an ihm, dem zu späten Träger fauler Überzeugungen etwas hängen bleibt.

Wirksame Beschimpfungen des Gegners und seiner »Überzeugungen« gehören in das reiche tierische Spiel der Aggressions-Vertreibungs-Unterwerfungs-Gebärden, wie das Lorenz (Lit. 66 a, b, c; 45) und seine Schule am Verhalten von Tieren gezeigt haben, teilweise in Parallele mit Freud (Lit. 26).

Jede wissenschaftliche Disziplin schreitet dadurch fort, daß sie langsam von der nächst exakteren befruchtet und dann übernommen wird.

So geht die Physik zur Mathematik, die Chemie zur Physik, die Biologie zur Chemie, die Medizin zur Biologie und Psychologie, wenn möglich auch Philosophie zur Medizin, zur Hirnphysiologie, zur Hirnmechanik.

Nur die armen Theologen haben keine Möglichkeit zum Anschluß an etwas Logischeres, Exakteres. Keine Religion ist logifizierbar. Bei Versuchen dieser Richtung bricht das ganze Kartenhaus zusammen.

Wissenschaften sind hart und unbarmherzig; sie dürfen keine Rücksicht auf Illusionen und liebe Überzeugungen nehmen.

Die theologischen und marxistischen Fakultäten an den Universitäten sind der groteske Versuch, auf der Basis von Offenbarungen eine Wissenschaft zu errichten. Die »Professoren« dieser Fakultäten, längst von keinem seriösen Wissenschaftler mehr ernst genommen, klammern sich an die Titel, die (aus anderen Quellen) Ansehen geben, wovon sie auch profitieren. Man verjagt sie nicht, aus Kollegialität.

Theologen, Marxisten, sind keine Geisteswissenschaftler. Bei ihnen hat der Glaube den Geist längst besiegt. Ihre Grundlage ist nicht Hirn und Logik, sondern ein levantinisches Moraltraktat, die Bibel oder Marx' »Kapital«.

Ihre Existenz schlägt dem Grundprinzip aller seriösen Forschung ins Gesicht: Immer mit Zweifel und Kritik und ohne dauerhafte Dogmen, kritisch an Grundlagen und Fortentwicklung der eigenen Forschungsrichtung zu arbeiten.

Theologie erfüllt diese Voraussetzungen nicht. Theologie, wie jede Dogmatik, ist nur ein sinnleeres Herumrühren in Wolkengebilden von Propheten, Herumrühren im Schaum des Nichts. Theologie ist Rührei ohne Ei.

Man sollte Theologie an trost- und gebetstechnische Gewerbeschulen geben, wo die zukünftigen Priester (wenn überhaupt noch welche nötig sind) die für Geburten, Hochzeiten und Beerdigungen geeigneten Phrasen lernen; auch die für Alte, Hoffnungslose, Sterbende nötigen Trostphrasen, die ja automatisch Lügen sind.

Solche Schauspielschulen sollten nicht von der Allgemeinheit, aus Steuergeldern vom Staat bezahlt werden, sondern von den Mitgliedern. Wer glaubt, soll zahlen. Die anderen soll man damit in Ruhe lassen.

Es lohnt sich nicht, mit überzeugten Religionsanhängern jeder Art, seien es Christen, Juden, Islamikern oder Marxisten zu diskutieren. Sie sind arme Fischlein am Angelhaken ihrer anerzogenen und ausgeliehenen Illusionen, ohne Bewegungsfreiheit, ohne andere als dialektische Logik.

Religionen machen sich die Entstehungskausalitäten des Lebens leicht. Sie sagen, ein imaginärer Schöpfer habe das gemacht.

Aber er hat Schöpfung von allen Planeten der Sonne nur auf der Erde fertiggebracht; wo alle physikalisch-chemischen Bedingungen für eine Lebensentstehung schon da waren; ohne daß dazu ein Schöpfer nötig war. Bei allen anderen Planeten hat er versagt. Was ist das für ein Schöpfer, der nur da kann, wo alle Vorbereitungen schon astrophysikalisch gegeben sind?

Wieder eine Nonsensfolge von Offenbarungen.

Fast 1600 Jahre hat es gedauert, bis man aus der Sackgasse der biblischen Schöpfungsgeschichte herauskam. Nur um in die neue Sackgasse des Marxismus zu verfallen. Ein Fortschritt immerhin: Der Marxismus präsentiert sich nicht mehr als Offenbarung; er versucht sich wenigstens mit der Scheinlogik der Dialektik zu rechtfertigen.

Der Referent las in einer Zeitung, daß ein Priester Gottesdienste für geistesschwache Kinder abhalten will. Was redet so einer bloß dabei? Vielleicht lernt man das, wenn man Theologie studiert. Ist das nicht dasselbe bei denen, die Marxismus studieren?

Das Verhältnis der Theologen zu einer Universität kann man mit einem Zug vergleichen. Theologen waren früher die Leitlokomotive alles Wissens, aller Universitäten. Aber da fuhr der Zug in einen Sackbahnhof. Man mußte hinten am Zug eine neue Lokomotive anbinden. Jetzt waren die Theologen auf einmal Schlußlichter. Und da ihre Schlußlichtlokomotive inzwischen alt und nicht mehr reparierbar geworden war, wird sie jetzt — in allen Lagern krächzend — zum Spott derer vorne im Zug, aus Mitleid noch mitgeschleppt, bis zu ihrem endgültigen Tod in einem Museum.

Der fundamentale Unterschied zwischen Sachwissenschaftlern und den Scheinwissenschaftlern von Theologen und Marxisten ist der folgende: Sachliche Wissenschaftler (soweit sie ehrlich sind) suchen zuerst die greifbaren, meßbaren, unter unseren kosmologischen Bedingungen nicht zu leugnenden experimentellen Tatsachen zusammen. Sie machen damit ihre mit derzeitigen sachlichen Argumenten nicht wiederlegbaren Theorien, die man »Wahrheit« nennen kann; oder sie verwerfen sie.

Umgekehrt gehen Theologen und Marxisten vor. Sie haben von vornherein als Dogma eine vermeintliche »ewige« Wahrheit. Seien es Offenbarungen von geistesgestörten Propheten, wie bei allen Gründern von Religionen; seien es direkte Betrügereien von rachsüchtigen menschlichen Nieten, wie Marx. Erst nachträglich suchen sie »Beweise« für ihre falschen »ewigen« Wahrheiten. Mit Arroganz, wie sie als Kompensation alle geistigen Nieten brauchen, nennen sie das auch noch Wissenschaft. Das heißt: Sie versuchen, mit dem hohen Ansehen, das die Naturforscher dem Titel gegeben haben, ihrem Dogma den Schein einer wahren Wissenschaft zu geben.

Da man Fälschungen sachlich nicht beweisen kann (das würde zu ihrer Entlarvung führen), verwenden sie die Umgehungsmethode der Dialektik, die Methode des wahr = unwahr. Mit dieser Täuschungstechnik der Verschleierung und Umstilisierung des Unwahr ist es leicht, daraus plötzlich ein »wahr« entstehen zu lassen.

So wird die vorgefaßte, offenbarte oder bewußt gelogene Unwahrheit plötzlich sichtbar Wahrheit (Seite 77).

Hundert Prozent aller theologisch-religiösen Literatur, neunzig Prozent aller philosophischen und achtzig Prozent aller vergangenen Kultur-, Ethik- und Politik-Literatur können heute vor den sachlichen Ergebnissen der Naturwissenschaften nicht mehr bestehen. Für Erkenntnis sind sie wertlos.

Aber sie behalten für die meisten Menschen ihren Wert als Trostillusionen. Als Selbstbetäubungs-Instrument der Instinktmechanismen, gegen die sachliche Einsicht der Sinnlosigkeit alles auf der Erde Lebenden (Seite 233).

Als sachlich bleiben kann nur das, was nach unserem Hirnsystem nicht zu leugnen ist, das, was registrierende Wissenschaftler, auch Historiker, Psychologen an Fakten gesammelt haben, was als Grund- und Sammelmaterial übrigbleibt, aus dem von Zeit zu Zeit besonders begabte Köpfe Quintessenzen, eine neue Regel ziehen, die dann neue Analogieschlüsse zuläßt, die man auf richtig oder falsch irgendwie nachprüfen kann.

Überall dort, wo man noch nichts weiß, haben Forscher, aber auch Dichter und Narren Heimatrecht. Auch die Forscher sind auf Fantasie, auf plötzliche, Sachmaterial zusammenfassende Einfälle angewiesen. Dichter werten mit ästhetischen Maßstäben, wie sie automatisch aus den Gen-gesteuerten Illusionen der Sexualzwänge entstehen. Narren, Psychopaten brauchen meist Offenbarungen, oder, wenn sie bewußte Betrüger sind, gelogene Behauptungen. Die Grenzen sind fließend.

Wenn die Forscher eine Frage experimentell oder rechnerisch entscheiden, bleibt trotzdem die falsche Meinung der Dichter und Narren noch einige Zeit oder Generationen als »Wahrheit« bestehen. Hier ist es, in den Grenzgebieten des Wissens von vor 3000, 2000 Jahren, wo Propheten Scheinworte für Scheinbezirke erfanden, die dann durch Erziehungsgewohnheiten sogenannte sicheres »ewiges« Wissen wurden, und selbst heute noch aus Bequemlichkeit geglaubt werden; obwohl die heiligen Prophetenworte hohl und Nonsens waren.

Charismatische Figuren gleichen mit ihren Wahrheiten einem Künstler, der auf einer Schirmspitze Teller tanzen lassen kann. Dauernd fällt so ein Teller nach links oder rechts. Der Künstler korrigiert jeden Seitenfall mit fein gelernter Automatik, aus Kleinhirn und sensorischen und motorischen Zentren des Mittelhirns.

Genau so die Dogmatiker, die Autoritäten, die Imperativen. Dauernd kippt ihr Idol-Teller von der Schirmspitze nach rechts, nach links, nach hinten oder vorn. Und dauernd haben sie aus ihren heiligen Büchern Zitate als Instrumente, die das ständige Fallen korrigieren.

Wenn die heiligen Bücher nicht genug hergeben, dann hat man rasch Deutungen (Hermeneutik) von Jüngern, gläubigen Eseln. Wenn das auch nichts mehr hergibt, hat man die Hegel'sche Schwindelmethode des wahr=unwahr. Wenn auch das nichts nützt, um den Teller auf der Stange zu halten, nützt vielleicht Entrüstung. Nützt auch das nichts, dann gelingt es mit Beschimpfung. Als letztes wirkt dann Mord zur Stützung der Wahrheit. So steht der Teller noch lange auf der Wahrheits-Spitze. Trotzdem: Morgen bei den Söhnen, oder bei den Ur-urur ... enkeln bricht er doch. Die Scherben kittet keiner. Doch längst kreist anderswo ein ebenso mieser Teller auf einer anderen Schirmspitze — bei späteren Nachfolgern der dann vergessenen Theologen, Philosophen, Marxisten.

Von allen Ideologien ist die jüdische Moses-illusion die älteste: 3000 Jahre alt; der Buddhismus 2600 Jahre, das Christentum 1800 und der Islam 1200 Jahre; der Marxismus 100 Jahre.

Keine einzige wird in tausend Jahren mehr bestehen; dafür andere Narreteien.

Der volle technische Ersatz des Hirns durch Computer scheitert vorerst an zwei Gründen: Erstens technisch, weil die Schaltelemente des denkenden Hirns, die Neuronen 0,01 bis 0,001 Millimeter groß sind, während Computer-Schaltelemente zehn bis tausend mal größer sind. Dieser Mangel läßt sich im Verlauf der technischen Miniaturisierung teilweise ausschalten. Die zweite Überlegenheit des Hirns besteht darin, daß nach einer Einteilung von Mises (Lit. 69) jedes Wort als menschlicher Verständigungsbegriff im Bewußtsein einen Kernbereich und eine äußere Unbestimmtheitszone hat, die fast unbemerkbar sich gegenseitig ersetzen. Das ist der Grund (Russel, Lit. 82), daß es zu den schwierigsten Dingen gehört, Streit um Worte von einem Streit um Tatsachen zu unterscheiden. Wenn möglich, sollte man beim Umgang mit jedem Wort die Diskussion auf den Kernbereich beschränken. Das ist in der Praxis unmöglich. Um in jedem Satz, im Umgang des Alltags nur scharfe Kernbereiche von Wörtern zu verwenden, fehlt die Zahl der möglichen definierten Worte in jeder Sprache.

Computer können bis jetzt nur mit Kernbereichen von Worten arbeiten. Nur die Kernbereiche sind rechenfähig. Zwar kann man auch dem Computer Denkmatritzen auferlegen, die er von einer Rechnung auf die andere umleiten soll, aber die sehr große Zahl von möglichen Denkmatrizen, wie sie sich aus den gegenseitigen Verbindungen der zwölf bis fünfzehn Milliarden Neuronen des menschlichen Hirns ergeben, können aus Zeitgründen einem Computer nicht eingeimpft werden. Trotzdem ist nicht auszuschließen, daß um das Jahr 2000 Rechenmaschinen das menschliche Hirn überflügeln, weil der Computer — richtig gefüttert — eine klarere Kausalitätenfolge liefert, falls er logisch störungsfrei funktioniert. An sich kann man einem Computer auch Nonsens anerziehen (Lit. 72, 25, 91, 109).

Die Vorteile des Hirns vor dem Computer sind: Eine sehr viel größere Speicherkapazität, die automatisch geschehende Verbindbarkeit ganz verschiedener Bezirke, die Möglichkeit der Bildung von alles übergreifenden neuen Ideen, die Möglichkeit des plötzlichen Einfalls und die denktechnisch schon gefährlich an möglichen Selbstbetrug heranreichende Offenbarung.

Die Nachteile des Hirns gegenüber einem guten Computer sind: Die lange Zugriffszeit von Sekunden, Minuten und selbst Tagen zum gespeicherten Gedächtnisinhalt, die Unpräzision der Erinnerung, die Gefahr der emotionellen Verfälschung durch seelische Komponenten und die geringen mathematischen Fähigkeiten des Normalhirns. Das alles kann der Computer besser und schneller.

Die Gefährlichkeit von Computern für die zukünftigen Generationen besteht darin, daß sich dogmatische Betrüger als Programmierer dieser Maschinen bemächtigen, daß sie absichtlich falsche Denkmatrizen einführen wie Vitalkraft, Gott, Arbeiterklasse, Kapitalisten, die dann auch noch mit den für die Programmierer passenden Attributen wie schlecht, abzulehnen, oder gut, anzuwenden, d. h. mit moralischen Befehlen versehen werden. Ohne Computer geschieht das auch schon jetzt durch systematische Schulung von Kindern, Jugendlichen und Studenten durch dogmatische Verführer (siehe Einleitung).

Die Gefahr besteht auch darin, daß die Menge, geblendet von den außerordentlichen Rechen- und Kombinationsfähigkeiten von Großcomputern, ihn, kritikunfähig, für einen neuen Gott nimmt, weil der bisherige Kredit verloren hat. Eine Gefahr liegt darin, daß die Zahl der Menschen, die einen Großcomputer noch kontrollieren können, automatisch rasch kleiner wird.

Eine Möglichkeit fehlt dem Computer (bis jetzt): Die Möglichkeit der plötzlichen Offenbarung, zu plötzlichem Erkennen unbekannter und unerwarteter Zusammenhänge. Den Computer treibt nichts, während das menschliche Großhirn durch die zentralen automatischen Mechanismen zur Eroberung von Wissen, zur Erkenntnis gejagt wird (Seite 115). Im Gegensatz zum Menschen belohnt nichts den Computer mit Lust für eine Offenbarung.

Bei Referaten wie dem vorliegenden taucht immer die Frage auf: Wie »beweist« der Referent seine Aussagen?

Allein über die Verdoppelung der chromosomalen Nucleinsäureketten im Zellkern (Lit. 103) sind seit der Entdeckung 1953 etwa 10000 sachliche Experimentalarbeiten erschienen, immer im wesentlichen als Bestätigung. Bei zehn Seiten pro Arbeit sind das hunderttausend Seiten. Selbst spezielle Fachleute können das unmöglich alles selbst lesen. Sie müssen sich, wie beim Beispiel des Sehens auf besondere Fachleute verlassen, die das wesentliche in jahrelanger Arbeit auf Sammelartikel kondensieren. Jeder Sammelartikel, bis er geschrieben und gedruckt ist, hinkt so um drei bis fünf Jahre hinter dem neuesten nach.

Referate, wie das vorliegende, die versuchen, das gesamte wesentliche Wissen aller Fachgebiete auf lesbaren Umfang zu kondensieren, sind ihrerseits wieder um drei bis fünf Jahre zurück. Der Rückstand ist unvermeidlich, und muß hingenommen werden. Das auch deswegen, weil jede neue Erkenntnis zuerst mit Skepsis angenommen werden muß und erst durch experimentelle Nachkontrolle von unabhängiger Seite den Ehrentitel gesicherte »Wahrheit« bekommt.

Wollte man alle wichtigen experimentellen Beweise in das vorliegende Referat zwingen, dann würden fünfzig Bände nicht ausreichen.

Der Gefahr, zuviel selbst zeigen zu wollen, ist der erste Pionier solcher Referate, Bernhard Bavink (Lit. 4) erlegen: Die letzte Auflage seines Buches war ein unlesbar gewordener Wälzer von 813 Seiten (1948).

Der Leser kann hier (wie Seite 88) nur entweder das Vertrauen in die sachliche Ehrlichkeit des Autors haben, oder er muß, sachlich experimentell, Gegenbeweise liefern. Eine andere seriöse Methode des Suchens nach Erkenntnis gibt es nicht.

Als Beweise sind im Literaturverzeichnis aus Gründen möglichen Verstehens fast immer nur fachliche Sammelreferate erwähnt, selten originale Fachliteratur, die für Nicht-Spezialisten sowieso unverständlich ist. Vieles ist Zufallswahl. Der Referent muß sich entschuldigen, wenn er wesentliche Literatur übersehen hat.

Bücher, die Ergebnisse der Naturwissenschaften popularisieren, gibt es heute Legionen (Lit. 4, 8, 19, 33, 37, 39, 46, 48, 51, 65, 66, 71, 84, 85, 105). Manche, für die große Menge der Menschen mit 400 bis 700 begriffenen Worten im Hirn, verkaufen sich leicht, aber sie täuschen oft zu primitives »Verstehen« vor. Manche, schwieriger zu lesen, sind für Köpfe mit 2000 bis 5000 begriffenen Worten.

Einer der ersten Naturwissenschaftler, der sich gegen die aufdringliche Illusion eines Gottes, einer Schöpfung wehrte, war der Schweizer Geologe Arnold Heim. (Lit. 37). Andere, die als Konsequenz ihrer Arbeiten ebenfalls davon abrücken, sind M. Eigen (Lit. 22), P. Jordan (Lit. 51) und Konrad Lorenz (Lit. 66a, b, c). Alle sind zitiert auf Seite 31.

Keiner der vielen Autoren guter Sachbücher hat sich bisher bis zu den letzten Konsequenzen vorgewagt. Zu groß war das Risiko: Wie weit kann man sich von den zeitbedingten Ansichten der Umwelt entfernen, ohne daß sie einen erschlagen?

Der Referent dieses Buches hätte auf die ersten drei Kapitel verzichten können.

Der Referent hat nicht verzichtet, weil er daraus unentrinnbare philosophische Konsequenzen entwickeln wollte.

Die beiden Bereiche, Vernunft und Existenz, sind nur nach dem weisen Zitat von Heisenberg am Schluß (Seite 232) zu sehen: Daß Vernunft, logischer Aufbau alles Geschehenes aus rein molekular-biologischen Regeln und Bestandteilen nie etwas für die große Menge sein kann. Die Menge braucht vielmehr scheinbar feste, erziehungsgehärtete Leitlinien zum unreflektierten Ableben ihrer Zeit; auch wenn diese Regeln sichtbar unwahr sind (s. Einleitung und Schluß) (Lit. 39, a).

Nur dürfen diese Leitlinien, die heutigen Lügen der Ethiklehrer jeder Art nie so sein, wie jetzt: erstarrte dogmatische Illusionen, die eine jeweils mächtige Clique mit Drohungen anderen aufzwingt. Das stellt das Überschreiten des Minimalkataloges an Recht dar. (Seite 207)

Die Welt des Bewußtseins ist heute gespalten in mathematikfähige Naturwissenschaften und geisteswissenschaftliches Gerangel um Wortwolken.

Geisteswissenschaften als Wortspielarena umfassen die für Menschen unentbehrlichen, oft liebenswerten Bereiche der Kultur, der Illusionen, wie Religionen, Literatur, Theater, Kunst, Marxismus.

Die Naturwissenschaften, besonders in ihrer präzisesten Disziplin, der Physik, steuern immer mehr auf eine oder wenige universale Weltformeln (Seite 230) zu. Die menschlichen Geisteswissenschaften breiten sich mit zunehmender Menschendichte, mit zunehmenden Illusionen, mit zunehmender »Bildung« als Spielbeschäftigung, als Literatur, Kunst, Theater, Kino, insgesamt »Kultur« genannt, immer weiter aus (Seite 231).

Aus ihren Illusionsbausteinen, Theaterwolken, lassen sich beliebige Luftschlösser, imponierende Scheinbauten, errichten. So, wie die Wolkengeistes-Paläste der Religionen, heute des Marxismus.

Die Entwicklung der Sachwissenschaften gleicht dem Bau einer Leiter, auf der jeder folgende Wissenschafts-Handwerker zur Stufe des vorhergehenden eine neue höhere Sprosse dazumacht. Manchmal verliert sich die Leiter zu hoch im Nebel. Man kann dann von unten nicht mehr folgen. Dann wird immer weniger Kritik möglich (das Salz aller Wissenschaften). Schließlich bricht die zu hohe Leiter.

Die nächsten Generationen müssen aus den sorgfältig kritisch sortierten Bruchstücken versuchen, mit neuem Leim eine haltbarere Leiter zu machen. Die Leiter wird schließlich so haltbar, daß sie lange Zeit »richtig« ist. Mit der Gefahr, daß ihr Bauprinzip zum absolut stabilen wird, zum Dogma erstarrt.

Bis dann eine katastrophale Neuerkenntnis auch diese Leiter zerstört und man wieder aus den Bruchstücken eine neue, noch haltbarere Leiter baut, und so weiter, bis ans Ende der Menschheit.

Die Wortwissenschaftler, die reinen Geisteswissenschaftler ohne Sachgrundlage, die Wanderer im Nebel haben keine Leiter zum Steigen.

Sie haben nur ein Karussell, auf dem man nach einer amüsanten Rundfahrt wieder am Ausgangspunkt ankommt, an den Toren von Museen und Bibliotheken.

5. Illusionen

Schlaf ist der natürliche Zustand aller Tiere, wie das als erster Hans Winterstein (Lit. 3, 110) feststellte.

Alle Zeiten seines Lebens, die nicht Instinktaufgaben gewidmet sind, verschläft, verdöst das Tier, dabei aber im Schlaf jederzeit in Sekundenschnelle zur Abwehr einer Gefahr bereit. Die »Wach«samkeit eines schlafenden Hundes.

Das Tier, bis zur höchsten Entwicklungsstufe, kennt den Konflikt zwischen altem Automatenzentrum und dem Neuling »Denkhirn« noch nicht. Seine Sexualität, die Vorbereitung zur Paarung, erfordert nur Auswahlkämpfe, aber keine komplizierten Umwegleistungen der Kultur. Das tierische Paradies des Nichtdenkenmüssen änderte sich grundsätzlich nach der plötzlichen Verdoppelung des Hirngewichts bei der Entwicklung zum Menschen in der genetisch kurzen Zeit von einer Million Jahren (Seite 58). Das Großhirn, teilweise selbständig geworden, ist jetzt nicht mehr bloß Werkzeug der Automatenzentren. Es ist, nach der Entstehung von Bewußtsein und Logik, der Erfahrung der Kausalität, fähig geworden, die Automatie zu analysieren, zu kritisieren und teilweise zu lenken.

Dieser lebenslange, innere Kampf zwischen Automatie und ungehorsam gewordenem Großhirn im Menschen ist die Vertreibung aus dem Paradies: Der von keinem reflektierenden Denken gestörten bequemen Herrschaft des problemlosen automatischen Stammhirnsystems. Das Tier trifft automatisch das Richtige, der Mensch nur quälend unsicher.

Das Großhirn, teilweise unabhängig vom Stammhirn und ihm überlegen geworden, unersättlich in Neugier nach Wissen über die eigene Existenz, wäre früh zur Erkenntnis der eigenen tierischen Mechanistik gekommen. Das hätte wahrscheinlich das einzige Lebensziel, den Lebenszweck, die nächste Generation zu machen, gestört.

Gegen diese defaitistische Einsicht wurde von den alten Instinktmechanismen des Hirnstamms eine ganze Abwehrbatterie konstruiert und in Gang gesetzt: die Illusionen.

Vor allem die Illusionen der übertierischen Existenz, das zentrale Selbstbewußtsein, die Überbewertung der eigenen Existenz, das Ich, die Prestigegehabe (Seite 107); so, wie Pfauen oder Auerhähne ihre Federn sträuben, um mächtiger zu erscheinen, wie der Bart von Karl Marx.

Was sind aufrechtstehende Menschen doch für imposante Gebilde — und wie klägliche Haufen sind sie, wenn sie tot am Boden liegen. Wie recken sich pathoskranke Ideomane, vergrößern sich noch, indem sie die Fäuste hochheben, mal rechts, mal links, Politiker, Faschisten, Marxisten, ohne Unterschied — so wie Gockel hochgereckt mit geschlossenen Augen krähen.

Die aufrechte Haltung der Menschen hat wahrscheinlich wesentlich zur Illusion beigetragen, etwas Übertierisches, die Sondersorte Mensch zu sein.

Die Konkurrenz mit den Illusionen anderer erzwang die Umwegleistungsbögen zum Erwerb der besten Partnerin für die Schaffung der besten Nachkommenschaft. Solche Umwegleistungsbögen und die dazu nötigen Illusionen sind der Hauptinhalt alles »Geistigen«, aller menschlichen Kultur, einschließlich Wissenschaft. Es gibt im menschlichen Leben nichts, was nicht in die Umwegerfolgsbögen gehört, von der primitivsten bis zur höchsten geistigen Leistung.

Kein Tier, dessen Großhirn noch zu schwach ist, den Automatenzentren zu widerstehen, sie zu kritisieren, braucht Illusionen zum Aufbau einer Kultur. Illusionen, Kultur braucht nur der Mensch als Abwehr des Automatiestammhirns gegen die störend gewordene Desillusionierung durch das Großhirn, als Ausfüllung leerer Zeiten.

Beim Menschen, mit seinem Überschuß an zu groß gewordenem Hirn, muß die Unterordnung dieses störend kritisch gewordenen Großhirns unter die Automatenregulation des Stammhirns durch Illusionen erzwungen werden. Nur so wird das in Milliarden Jahren langsam zu großer Sicherheit gewordene Stammhirn, mit dem plötzlichen, in einer Million Jahren entstandenen entarteten Emporkömmling Großhirn des Menschen fertig.

Der erste, nie überwundene Schock, als den Menschen Bewußtsein zuwuchs, war die Erkenntnis eines unvermeindlichen Todes.

Millionen von Ärzten, Pflegern, Priestern haben Milliarden von Menschen sterben gesehen: Jäger, Metzger haben unzählige höhere Tiere getötet, ohne daß irgendeiner zum »Problem« des Todes etwas beitragen konnte, bestenfalls salbungsvolle Illusionen. Das läßt den Schluß zu, daß Sterben kein isoliertes Problem ist, wie das als Ergebnis der natürlichen Todesfurcht von Priestern zu ihrem Profit hochgespielt wird, sondern biologisch den gleichen Rangwert hat, wie essen oder schlafen oder irgendeine andere physiologische Handlung. Das soll niemand abhalten, zu seinem Privatvergnügen im Tod einen »Sinn« zu suchen — als ein Privathobby.

Instinkterzwungen wurde der Schock durch eine Illusion limitiert: Durch Trostlügen von der unsterblichen Seele, während der Körper, gewachsen aus Produkten des Bodens, wieder zu neuen Bodenprodukten zerfällt (Seite 134).

Fragen tauchen auf, die das Tier und das naive Kind nicht kennt: Nach dem vermeintlichen Sinn hinter dem vorübergehenden biologischen zellmechanischen Ablauf »Leben«; warum die Sinnlosigkeit des unvermeidlichen Sterbens nach der Pflichterfüllung der Fortpflanzung und den hübschen Umwegleistungsbögen der Kultur?

Weglügen der Todesfurcht (man spricht nicht davon, es ist tabu, die Lügen der Ethik verharmlosen den Tod durch die Illusion einer unsterblichen Seele); all das drängt im einmal geborenen Hirn zu der Frage: Warum?

Aus dem unlösbaren Fragendilemma sind im Lauf der Zeit illusionäre Erklärungssysteme entstanden — die vielen aufeinander wie Moden folgenden Philosophien. Ständig werden neue erfunden, die alten sind vergessen.

Für die sehr großen Menschenmassen, vielleicht 80 bis 90 %, deren Wissen und deren Lebenserfahrungen über den kleinen Kreis ihres Daseins nicht hinausgehen, mußten primitive Illusionen entstehen, die das schmerzhafte, desillusionierende Denken ersetzten: Die Religionen. In ihnen ist geistig gut ruhen.

Der zweite Schock wird heute durch die Wissenschaft verabreicht: Die Gewißheit der Abhängigkeit alles menschlich-tierisch-pflanzlichen Lebens von der Geo- und Astrophysik, von der Zellmechanik; das sichere Wissen von der Unmöglichkeit der Flucht aus dem Körper, aus dem Raumschiff Erde, und die Sicherheit, daß unsere Sonne irgendwann einmal entartet und sämtliche Planeten schmelzen oder vergasen — im Rahmen des dynamischen Entstehens und Verschwindens aller Sonnen und Planeten (Lit. 89, 43, 1).

Der Gegensatz zwischen dem eisigen Hauch der logischen Sachlichkeit und dem wärmenden Gemeinschaftsdunst der Religionen, des Marxismus, ist zu allen Zeiten von der großen Menge zugunsten derer hinter dem warmen Ofen entschieden worden. Nur wenige Asketische können sich an die Kälte wagen.

Selbst wenn wegen ihrer Konsequenzen die Religionen langsam aussterben, werden sie sofort ersetzt durch einen anderen wärmenden Nonsens, etwa Astrologie (die in glänzender Manier durch Ludwig Reiners, Lit. 79, ad absurdum geführt wurde), oder geheimnisduftende Parapsychologie oder Ganzheitslehren oder Yoga oder sonst einen Modeartikel.

Nach Campbell (Lit. 13) zitiert: Beschäftigung mit okkulten Wissenschaften ist Empfängnisverhütung für intellektuelles.

Die meisten wesentlichen Grundfragen kann man aus denkökonomischen Sparsamkeitsgründen nicht jeden Tag neu durchdenken. Man muß einen festen Stamm von übernommenen oder selbst durchdachten Grundansichten, Illusionen als gültig anerkennen, sonst wird das tägliche Zusammenleben unmöglich.

Eine der falschesten menschlichen Illusionen ist der Glaube, daß es irgendwelche beharrenden Zustände in der Welt gäbe. Alle Regelprogramme des menschlichen Zusammenlebens, alle Futurologie, basieren auf Illusionen der ewigen Dauer, aber alles Lebendige, Geologische, Astronomische, ist in ununterbrochener Bewegung und Zustandsänderung (Lit. 89, 43). Wir sehen die großen und langsamen Änderungen nicht, weil sie für die Meßmöglichkeiten unserer menschlichen Zeitabstände zu klein waren.

Skandinavien steigt aus der Erdkruste auf. Die Aaland-Inseln, zwischen Finnland und Schweden sind in 5000 Jahren, also in geschichtlichen Zeiten 50 Meter aus dem Meer aufgestiegen. Manche Küstenstädte Italiens sind seit 2000 Jahren, seit klassischen Zeiten, um zehn Meter abgesunken.

Geologische Eiszeiten der Erde, das Heben von Ländern aus dem Meer, ihr langsames Sinken, geschehen in langen Zeiträumen, die für uns erst heute mit empfindlichen Methoden meßbar und berechenbar werden. Diese geologischen Änderungen gehen solange weiter, als die Erde besteht.

Die Grundlegende neue Erkenntnis war hier, neben dem antiken: »alles fließt«, R. Schönheimers Idee des »dynamical state of the body constituents« (Lit. 89). Ein »state«, der auch für Sonne und Erde gilt. Weil alle Wissenschaft und Erkenntnis aus dem Vereinfachungszwang ihres Erfinders Menschhirn, die ungeheure Komplexität der stets fließenden Weltvorgänge in die fiktive Statik stillstehender Einzelzustände arretieren mußte, hat selbst die Wissenschaft diese Illusion der vermeintlich ewigen Dauer gestützt.

Die Nonsenssituation aller Religionen, vom mosaischen Christentum über den Islam bis zum Marxismus beleuchtet schlagartig ein Wort des Nobel-Biologen Monod: »Alle Religionen, fast alle Philosophen und teilweise auch die Wissenschaft, zeugen von der unermüdlichen, heroischen Anstrengung der Menschheit, verzweifelt ihre eigene Zufälligkeit zu leugnen«. (Lit. 71).

Unter dem Druck der Automatiezentren aus dem Hirn erzwungene Illusionen lassen das nicht zu.

Die Hirn-Entwicklung hat eine weitere fundamentale Illusion hervorgerufen: Die Illusion der Existenz eines ewigen Ichs. Da sich das Ich sichtbar verändert und stirbt, wurde daraus eine neue Illusion: die zwar nicht nachweisbare, aber unsterbliche Seele. Diese Dauerseele ist das Ergebnis einer von den Instinktmechanismen des Zentralnervensystems erzwungenen Überwertigkeitsillusion, der Mensch sei etwas Übertierisches, Einmaliges, so maximal Wertvolles, nicht durch Zufall Entstandenes, daß er nicht untergehen könnte (Seite 217).

Aus diesem Zwangsglauben ergaben sich (eine Lüge, die immer neue Lügen gebären muß) der Glaube an die Willensfreiheit (Seite 111), die Denkfreiheit, die man nur dem Menschen, keinem Tier, zubilligt, weiterhin die Seele mit ihren Folgefragen des ewigen Aufenthaltes vor der Geburt und nach dem Tod, nach einem kurzen Aufenthalt in einem Körper, die Scheinfrage nach dem technischen Leiter der Seelentransferierorganisation Himmel, Gott und dergleichen. Ein Rattenschwanz von nie endenden Illusionen (Lit. 41, 13).

Alle Illusionsfragen sind automatisch hinfällig, wenn man die historische menschliche Entwicklung aus den molekular-biologischen Zwangsläufigkeiten sieht und die Illusionen als psychisch notwendige Täuschungswerkzeuge erkennt: Die Negierung des übermechanischen Ichs, wie sie Ernst Mach vor 80 Jahren zuerst aussprach (Lit. 67, Seite 216).

Der Mensch ist wie das Tier allen Zwängen seines automatischen Zentralnervensystems, seinen Instinktzwängen, der zwangsweise in jedem Tier vorhandenen Aggressivität (man kann ruhig einschließen, seiner Mordlust) unterworfen. Was ihn vom Tier durch sein größeres, zur Kritik fähiges Großhirn unterscheidet, ist die mögliche Kontrolle durch Logik im Bewußtsein, das die Zweckmäßigkeit oder das Unterlassen vieler durch das Stammhirn verlangter Instinkthandlungen, der »Launen«, regelt. Diese Korrektur im immer enger werdenden menschlichen Zusammenleben wird erleichtert durch zeitgebundene gerade zweckmäßige, als Reflexe anerzogene Verhaltensregeln, Illusionen der gerade gültigen Ethik.

Illusionen erhärten nach einiger Zeit zu Reflexen, zu festen Überzeugungen. Änderungen dieser harten Dogmenblöcke, des Glaubens an die »ewigen« Wahrheiten, wie sie mit Arroganz Christen und Marxisten behaupten, erfolgen immer nur durch Aussterben einer oder mehrerer Generationen.

Diktatoren wissen das, und helfen manchmal nach. Nie durch sachliche Beweise (Seite 95). Die können in einer Generation nicht zur Kenntnis genommen werden. (M. Planck, Seite 1).

Die Änderung von Überzeugungen erfordert vom Einzelnen heroische Anstrengungen; Stillegung von ganzen Hirnteilen, die schon durch die alten falschen ewigen Wahrheiten irreversibel blockiert sind. Zu solchen Anstrengungen sind die wenigsten bereit, weil ja auch die besten sachwissenschaftlichen Kenntnisse nicht zur Flucht aus der Enge der eigenen Persönlichkeit brauchbar sind.

Nach Lorenz (Lit. 66): »daß es Zeit ist, die hochmütigen Hemmnisse der Selbsterkenntnis in die Luft zu sprengen«.

An einer anderen Stelle war gezeigt worden (Seite 229), daß die auf mathematische Formeln kondensierten Ergebnisse der Sachwissenschaften das Höchste darstellen, was das Bewußtsein vom Großhirn verlangen kann.

Aber Formeln wärmen nicht. Wärme für Menschen in der unendlichen Kälte des Weltraums, gibt es nur in menschlicher Gemeinschaft, hinter dem wärmenden Ofen der Illusionen unseres kleinen Raumschiffs Erde.

Illusionen sind zum menschlichen Leben unentbehrlich. Die billigen Lebensillusionen, wie sie Religionen, Sozialismen und Kulturvariationen bieten, sind nötig, obwohl sie sachlich falsch sind.

Nur in ihren Bereichen, einer Art gymnastischer Kletterleiter des Seelischen, sind Umwegleistungen zu machen, die auf jeder Stufe das zum Leben nötige Glücksgefühl als Belohnung liefern: Stufen zu erhöhtem zentralen Selbstbewußtsein, das dann zum einzigen Lebenszweck aller Menschen, bestmögliche Schaffung der nächsten Generation, führt.

Alle von Idealisten konstruierten Glückssysteme verlangen, erzwingen Zwangsgemeinschaften, Zwangsdenken in eng festgelegten Grenzen. Sie verbieten Ausbrechen des Denkens, unabhängige Kritik. Das war so im Christentum (und jeder anderen Religion), in Hitlers System, in den heutigen marxistischen Systemen.

95 % aller Menschen fühlen sich in solchen Zwangsgemeinschaften mit festen Leitlinien und Grenzen ungefähr wohl. So unter Hitler und heute in marxistischen Sklaven-Staaten. Die 95 % sind wichtig für die Gegenwart.

Für 5 % sind Zwangsgemeinschaften mit ihren Denkverboten unerträglich. Sie haben keine »Freiheit« (Seite 110), weil ihre Instinktziele, ihre Launen, weil ihr Wollen nicht identisch ist mit dem der Gemeinschaft. Man bezeichnet sie als asozial, nicht einfügewillig, nicht in den sozialen Zwang einfügbar. Für die Gegenwart sind sie selten wertvoll.

Für die Zukunft der Menschheit sind sie allein wichtig. Zu dieser Gruppe sind auch Kriminelle zu rechnen (was das auch immer sei); dann die mit »Idealistenschwachsinn«, die sektierischen Weltverbesserer vom geistigen Niveau von Marxisten und Jusos, die Fanatiker des »alle gleich«, die alle anderen zu ihren Defekten bekehren wollen, die kranken Missionare von angeblich »ewigen« Werten, die Propheten, die Paulus, die Marx. Sie halten den Brei der Zufriedenheit in Gärung.

Zu diesen 5 % gehören aber auch die grundsätzlich neuen und die stillen, die unbeirrbar zähen Wissenschaftler, die um jeden Preis wissen wollen, die Fenster öffnen, die »Fort«schritt bringen (was das auch sein mag), die die Menschheit weiterbringen, das Leben verlängern, Leiden beseitigen. Die Ruhe zur Arbeit brauchen; frei von Mitbestimmung.

Die groteske Perversion der heutigen Lage: Die progressive Jugend, ein wesentlicher Bestandteil der 5 % Asozialen, die sich nicht in den zufriedenen Gemeinschaftsmief des allegleich einordnen wollen — daß gerade sie kein anderes rebellisches Ziel haben, als nach Marx jedermann in hirnlose Sozialidioten kommunistischer Staaten zu verwandeln.

Von den 95 % verschwinden alle 30 Jahre zwei Milliarden.

Aus den 5 % schälen sich wenige Unabhängige heraus, die Zukunft, Weltgeschichte manchen: Die Pioniere. Wobei zu bemerken ist, daß »Fort«schritt ja auch nur ein Herumkreisen auf der konstant bleibenden Kugelfläche unserer Erde ist.

Daß Fortschritt immer identisch ist mit schweren, nicht gleich sichtbaren Nachteilen anderswo.

Wieviel solcher Pioniere sind in der Nacht des Christentums von Kaiser Justinian um 530 bis 1600 in dem niederdrückenden Mief christlicher Zwangsgemeinschaften zugrundegegangen? Und wieviele gehen jetzt in dem intoleranten Kleinbürgermief sozialistischer, kommunistischer Zwangsgemeinschaften zugrunde (s. Archipel Gulak)?

Eine grundlegende Illusion, zu der uns die Automatiemechanismen zwingen, ist die Einbildung, wir hätten »Freiheit« (s. Seite 216).

Den schwer zu beschreibenden Komplex der Illusion Freiheit kennt nur der genau, der daran gehindert wird. Man muß lange hoffnungslos in Gefangenschaft bösester Art gesessen haben, um zu fühlen, was Freiheit ist. Die zuviel Freiheit haben, beklagen sich immer, sie hätten zu wenig. Wenn sie jung und unerfahren sind, wollen sie die Fundamente ihrer vermeintlichen Unfreiheit zerstören, aber sie zerstören die Grundlagen ihrer eigenen »Freiheit«. Mangelnde Freiheit, das auszuführen, was Instinkt-Mechanismen uns befehlen, wird mit schwerem Unglücksbewußtsein bestraft.

Die Neigung zu unkontrollierten Instinkthandlungen, die wir dann durch äußere Hemmungen nicht ausführen dürfen, nennt man Launen. Ihr Verbot wird als Mangel an »Freiheit« empfunden. Freiheit ist identisch mit der Fähigkeit, »Launen«, Wünsche hemmungslos auszuführen. Aber menschlisches Zusammenleben verbietet Hemmungslosigkeit.

Ein Grundproblem der Freiheit: Wie weit kann man sich von den Meinungen und Illusionen der Zeitgenossen entfernen, ohne daß sie einen erschlagen oder unschädlich machen?

An der Universität Freiburg steht der schöne Spruch: Die Wahrheit wird euch frei machen. Aber dafür müßten die Hochschulen selber auf ihre Wahrheiten achten. Noch immer gibt es dort historisch entstandene Bereiche, wo man auf nicht vorhandener Illusionsbasis von Dogmen, Offenbarungen, Dialektik wortreicher Doktor, Dozent und Professor werden kann — durch lautstarkes Drehen leerer Kaffeemühlen.

Da gibt es allen Ernstes noch einen Professor für Parapsychologie. Er sammelt Ansichtspostkarten aus dem Jenseits, versucht aber auch Betrug zu entlarven.

Wenn man zu viel Wahrheit frei macht, kommt man ins Gefängnis. Die zahlreichen Bürger, aufgescheucht von den wärmenden Öfen ihrer Illusionen, zerren einen wegen Störung ihrer Gemütsruhe vor den Richter. Und diese armen Richter müssen nun Fragen entscheiden, die in ihrer Ausbildung (die vorgeschriebene Teilung in gut und bös) nicht vorkamen. So, wie sie sich auch in allen Fragen der Sexualität blamieren müssen, weil ihre Ausbildung nicht mehr zur heutigen Einbildung paßt. Die Wahrheit macht in Wirklichkeit unfrei, denn sie zeigt, daß es außer $\pm$ 30 % Abweichung von der Norm keine Variationsmöglichkeit gibt.

Die von jedem höheren Tier verlangte Freiheit ist eine Kann-Freiheit. Eine eingesperrte Katze kratzt an der Tür. Sie will Freiheit. Öffnet man, dann springt sie hinaus. Aber in vielen Fällen setzt sie sich einfach vor die Tür. Sie hat ihre Freiheit, die Möglichkeit, nach Neigungslaune irgendwo hinzugehen. Das genügt ihr. Von der möglichen Freiheit wird sie oft aus natürlicher Faulheit keinen Gebrauch machen. Aber Freiheit will sie.

Freiheit besteht zu einem großen Teil in der Illusion, daß man sie habe. Ob man damit etwas anfängt, ist eine unabhängige Frage.

Zum unüberhörbaren Schrei nach der vermeintlichen Freiheit zwingen uns die Automatiemechanismen des Stammhirns, wenn wir in der Ausübung irgendeines von dort verlangten Zwanges, einer Laune, gehindert werden. Dann wird die Zwangsillusion vorgeschoben, man müsse »Freiheit« haben, das vom Instinkt Verlangte auszuführen.

Eng verbunden damit ist die »Frage« der Willensfreiheit. Auf alle Fälle ist jede Willensfreiheit streng an die Möglichkeiten der Zeitumwelt unserer Erde gebunden. Vor zwanzig Jahren konnte einer noch so heiß wollen, auf den Mond zu kommen, das Resultat war gleich null. Jetzt könnte er es im Prinzip.

Die vermutete (oder besser gesagt, gewünschte) Willensfreiheit muß sich auf Beziehungen zwischen Menschen und Änderungen von Zuständen auf unserer Erde beschränken. In diesem kleinen Bereich könnte Willensfreiheit bestehen.

Aber: was man auch tut, immer hat es einen Grund, oder viele

Gründe und Auslösungen. Niemals geschieht bei Menschen (und Tieren) etwas ohne einen Anreiz, ohne Ursachen. Jede Entscheidung, die angeblich willensfrei zu einer Handlung führt, ist ein Kompromiß vieler Kausalitäten. (Seite 66).

Niemals im menschlichen Existenzablauf (von Tieren nicht zu reden) ist eine Handlung, ein Gedanke ursachenfrei. Das geschlossene Kausalitätennetz ist unentrinnbar.

Es gibt keine Willensfreiheit. Der Wille zur vermeintlichen Freiheit ist schon wieder eine gebundene Unfreiheit, eine Illusion.

Keinem höheren Tier bewilligen wir Freiheit des Denkens und der Entscheidungen zu. Alle seine Handlungen, auch unerwartete, sind irgendwie aus sehr vielen Kausalitäten entstanden.

Uns selber, den Menschen, billigen wir diese angebliche »Freiheit« der Entscheidung zu. Der Mensch sei, in Grenzen, frei, seine Entscheidungen so oder so zu treffen. Eine Illusion. Nur sind die menschlichen Kausalitäten, die zu Entscheidungen führen, unübersehbar viel komplizierter als bei Tieren. Bei Menschen kommen zu den reinen Instinktkausalitäten der Tiere noch zahlreiche Gründe aus angelernten oder selbst erworbenen »Überzeugungen«, subjektiven Werturteilen, sehr viel kompliziertere Umwelteinflüsse sozialer Art hinzu. Unser armes, einsilbiges Bewußtsein kann die Herkunfts-Netze der Ursachen unserer Entscheidungen nicht mehr übersehen, und flüchtet in die Illusion, man sei »frei«. »Es« hat in ihm entschieden, nicht »Er«.

Man kann nicht übersehen, daß die meisten Menschen unter Freiheit nur das Weglassen einer Hemmung verstehen, die sie stört. Die volle »Freiheit« schließt das ständige Umdenken, das stetige Umlernen ein. Das ist mühsam; und bei der begrenzten Neuronenzahl unseres Hirns auf lange Dauer undurchführbar. Alle Menschen würden einer solchen Dauer-Freiheit rasch müde.

Ist Freiheit überhaupt ertragbar? In ihrem neuen Buch: »Die Unfähigkeit, Freiheit zu ertragen« diskutiert Jeanne Hersch (Lit. 41 a) das. Vermutlich nicht, denn die Hirne aller Menschen sind teils durch instinkterzwungene Tabus, teils durch Dogmen aus religiösen Ethiken, teils aus der Kleinbürger-Sekundär-Ethik von Marx verklebt. Sollte eine Rückkehr zur Lebens- und Denk-»freiheit« der Antike möglich sein? Oder läuft man nur einem Phantom nach? das nur in einem leichten Klima und einer reichen kultivierten Oberschicht möglich war?

Logik gegen Zwangsillusionen ist immer hoffnungslos. So sollen die Menschen eben bei ihrer liebgewordenen Illusion der Willensfreiheit bleiben. Für das Ableben der 70 Lebensjahre ist die Frage sowieso gleichgültig.

Die Automatenzentren verfügen zur Beherrschung des rebellischen Großhirns über hormonale Werkzeuge, mit denen sie das Hirn zu zwingen versuchen. Sie erzeugen die Gefühle der Lust, des Glücks, die Gefühle der Unlust, der Trauer und das Gefühl der Langeweile, des Schmerzes.

Glück ist, was man mehr hat, als die gerade lebende Schicht, zu der man gehört. Das Gefühl des Glücks ist eine Belohnung durch die Instinktmechanismen für den Mehrwert, den man sich gegenüber seiner Umgebung geschaffen hat. Belohnung für einen Erfolg beliebiger Art.

Das einfache Glück der Zufriedenheit gab es früher unter Menschen, die das Maximum der für ihre einfache Hirne überschaubaren Welt besaßen (etwa an Kindersegen, an Arbeit, die sie ausfüllte, Freiheit von Hunger, Harmonie mit den herrschenden Illusionen). Das Glück der Zufriedenheit ist in der heutigen hektischen Welt nur noch in abgelegenen Gegenden möglich, wohin keine gewissenlose Konsum-Reklame dringt. Glück sei: immer mehr hastiger Freßkonsum für immer weniger als unwürdig hingestellte Arbeit, das Malaise der Marxbedingten Verluste der Freude an jeder Arbeit, da jede Arbeit nur dem Profit anderer diene: entweder Kapitalisten, oder heute kommunistischen und sozialistischen Apparatschicks.

Glück ist nur in der eigenen Sozial-, Intelligenz- und Niveauschicht zu gewinnen. Das ist die Grundlage der Cliquenbildung, dessen, was Goethe Wahlverwandtschaften nennt.

Steht einer irgendwie außerhalb der Normalschicht, dann flüchtet er, wenn er kann, instinktgezwungen in die Umwelt, wo seine anderswo als Fehler betrachteten Eigenschaften Tugenden sind. Hat er außerordentliche Willenskräfte und genügend dialektische Intelligenz, dann schafft er sich die Kreise, in denen seine Fehler Tugenden sind — wie die Levantiner Paulus und Marx oder andere Gründer von »Richtungen«.

Es ist unsinnig, das Gesamtglück der Menschheit erhöhen zu wollen. Man kann höchstens versuchen, das Gesamt-Unglück zu vermindern; wobei offen bleibt, wie der Einzelne die Grenzen zwischen seinem privaten Glück oder Unglück sieht.

Die höchste mögliche Steigerung des Glückgefühls ist die Lust der sexuellen Vollendung. Hier ist das Großhirn mit allem Denken, mit allen sonstigen Gefühlen, Schmerz, Kälte und anderen ausgeschaltet. Die ganze Aktion wird nur vom Stammhirn, von den Automatenzentren beherrscht. Man erleidet bewußtseinsmäßig den »kleinen Tod«. Das wird mit dem intensivsten, für Menschen und Tiere überhaupt möglichen Glücksgefühl belohnt: Mit Lust (Lit. 13, 17).

Es gibt keinen Endzustand von menschlichem Glück. Auch der momentan Glücklichste wünscht sich noch mehr davon.

Jeder Mensch muß auch in den Pausen irgendwelche Treppenstufenleistungen machen, die ihn wettbewerbsmäßig gegenüber anderen erhöhen. Tut er nichts, so wird er von seinen Zentralmechanismen mit Unlust bestraft, mit dem Gefühl der Langeweile, ein Urgefühl, daß diese Zeit seines begrenzten Lebens umsonst war. Diese Bestrafung aus den Tiefen des Hirnstamms ist die Grundlage der Ungeduld, des nicht Warten-Könnens. Es ist die wesentliche Grundlage aller Zeitstrafen in Gefängnissen.

Es tritt automatisch ein, wenn wir nichts in den zahllosen Umwegleistungsbögen tun, die man insgesamt Kultur nennt, oder wenn wir keinen direkten Erfolg haben, uns anderen Menschen zu nähern, wenn wir den Hoffnungsmöglichkeiten nicht nachgehen, zu denen uns der Instinkt in Richtung oder Vorbereitung auf sexuelle Erlösung drängt.

Unglücksbewußtsein ist ein Zwangsgefühl, womit das Stammhirn das fühlende Bewußtsein bestraft, wenn es erfolglos, wenn es »krank« ist.

Die Automatenzentren wollen mit Unglücksbewußtsein als Peitsche den Organismus zwingen, jede mögliche Anstrengung zu machen, da heraus zu kommen, selbst bis kurz vor dem Tod; der Todeskampf ist der letzte verzweifelte Kampf gegen die endgültige Auslöschung. Wenn das alles nichts nützt, wird das Unglücksbewußtsein verstärkt, bis zur Verzweiflung, der letzte tierische Kampf der Automatenzentren.

Die höchste Steigerung des Unglücksgefühls ist der Schmerz. Auch hier, wie bei der höchsten Steigerung der Glücksgefühle, der Lust, ist beim Schmerz das Großhirn weitgehend ausgeschaltet. Reflexmechanismen des Stammhirns, der Automatenzentren, verursachen sinnloses Schreien, brutalste Abwehr, bis zum Zerreißen gehende Gewalt zur Beseitigung der Schmerzursache — die blinde Abwehr, die nicht mehr durch das Großhirn gesteuerte Notwehr. Alle diese seelischen Gefühle werden aus dem limbischen Hirnsystem chemisch und elektrisch gesteuert (Lit. 13, 17, 24).

Mit der Skala dieser Gemische von Zuckerbrot und Peitsche zwingen die Instinkte das rebellierende Hirn zu Leistungen irgendwelcher Art: Im Sport, in der physischen Leistung etwa eines großen Pianisten, der in einer Stunde zehn- bis zwanzigtausendmal auf akustische Tasten drückt, ohne daß mehr als zwanzig daneben gehen, weiterhin handwerklicher, politischer, künstlerischer Art, zum wissenschaftlichen Suchen.

In jedem Menschen steckt der Trieb, außergewöhnliches zu schaffen, etwas, womöglich »Ewiges« zu hinterlassen, seine Umwegleistungsbögen maximal auszudehnen, nicht erinnerungslos in dem Milliardenheer von vergangenen Menschen zu verschwinden, zu nichts zu zerfallen, umsonst gelebt zu haben — immer auf der instinkterzwungenen Jagd nach etwas

Glücksbewußtsein. Das ist die Grundlage allen »Fortschritts«, aller Schaffensfreude, aller Handwerkerfreude, mit der Hände Arbeit und mit dem Hirn etwas Dauerhaftes zu schaffen, was den Hersteller scheinbar verewigt, aus der Masse der gleichen individuell herausragen läßt, was ihn anspornt, für etwas zu kämpfen. Heraus, hochzukommen, andere zu überragen, zu beherrschen, Herr zu sein, größer und wichtiger zu sein als andere, wertvoller zu sein, zum erzwungenen Ziel, sich die schönsten, besten Mädchen zur Fortpflanzung zu erobern, um schöne, viele, kraftvolle Söhne oder auch andere Kinder zu schaffen, die als lebendige Denkmäler für die Kraft der Väter zeugen sollen — sich Besitz, Eigentum, Macht zu erobern und nicht in der dünnen Spießigkeit des Marxismus, des alle-gleich wie in einem Sumpf zu ersticken.

Diejenigen, die man zu Leistungen auffordert, weil sie sonst (in jedem System) unten bleiben, fragen aber mit einigem Recht: Wo soll man denn hin, noch etwas Freies, Neues leisten? Hinauf kannst du nicht, der Himmel ist leer, hinab kannst du nicht, der Boden ist hart, und seitwärts? Aber da ist ja schon alles geleistet, da stößt man an unzählige andere, die auch genauso seitwärts nichts mehr leisten können. Und so wird alles, was du denkst, was du hoffst, was du Adler träumst, zu Gefängnis-Philosophie, zum Alptraum des ewigen Eingeschlossenseins. Und ständig bist du von den Bluthunden der Anständigkeit bewacht: rechts, links, vorn, hinten, von oben und unten.

Es erfordert harte Mühe, hartes handwerkliches Lernen, Selbstdisziplin, langjährigen Verzicht auf Freizeit (sowieso eine erst heute entstandene Illusion), auf zuviel Konsum, lange Askese, um heute aus der Menge der Allegleich, aus der stumpfsinnigen Konsumfreßmentalität auch nur an die Grenzen zu kommen, wo noch neues Forschen, neue Leistung möglich wird. Wissenschaffen, wenigstens, wenn es aus der Enge der Fachbereiche heraus will, wird immer schwieriger.

Dem Instinktzwang zur Leistung wirkt die Struktur der heutigen Industriegesellschaft entgegen. Am laufenden Band der Industrien, der Verwaltungen, erst recht, wenn alles verstaatlicht ist, gibt es keine individuellen Leistungsmöglichkeiten mehr, keine Möglichkeit, sich durch intensive individuelle Arbeit ein auch nur kleines Denkmal zu schaffen, das wenigstens bis zur nächsten Generation reicht, keine Möglichkeit mehr, sich Machtglück zu schaffen, sich die besten Mädchen zur Kinderzeugung zu erobern.

Das Tier kennt keine Langeweile — und Ungeduld nur, wenn es in seinem Triebleben behindert wird. Es hat die Umwegleistung der Kultur nicht nötig. Diese Einstellung zeigt sich auch beim Menschen: Die Sexualkräftigsten und Erfolgreichsten haben die vielen Umwegleistungen der Kultur zum Kontakt mit neuen Sexualpartnern nicht nötig.

Primitive Menschen (nichts daran zu ändern, die biologisch gesundesten) suchen umweglos direkt ihren Vorteil, ihr einziges Lebensziel. Man nennt sie, auf Seiten des konkurrierenden gleichen Geschlechts, brutal oder unmoralisch, aber das andere Geschlecht fliegt ihnen zu. Kultivierte, also durch Umwelterziehung gehemmte, schalten Umwegleistungen ein, um die Primitivität des letzten Fortpflanzungsziels vor sich und anderen zu verbergen. Sehr kultivierte Menschen machen sehr große Umwege. Alles, was menschliche Kultur heißt, ist die Summe dieser Umwege.

Manche Menschen machen solche Umwege, daß sie die Ziele aus den Augen verlieren und im Umweg sterben. Bei der Beerdigung sagt man, sie seien Idealisten gewesen, weil sie ja kein anrüchiges natürliches Ziel verfolgt hätten, sich ohne sichtbaren Eigennutz für etwas geopfert hätten. Aber sie waren nur Steckengebliebene, die den Umwegleistungsbogen der Illusionen zu hoch genommen hatten.

Für die immer weiter gesteigerte Freizeit haben die großen in Wohlstand und Fett träge gewordenen Massen keine möglichen Verwendungen mehr.

Stumpf geworden, müssen die meisten die Langeweile der Freizeit mit sinnloser Geschäftigkeit abtöten. Der Standartisierung möglicher Leistungen ist der Mensch nur noch entrinnbar durch herostratische Zerstörungs-Leistungen, durch Autofahren, durch Revolutionen, durch Umstürze, gleichgültig gegen was. Ein zielloser, zweckloser, nie endender Kampf um etwas anderes, um nichts.

Weil man aus sozialen Illusionen langsam alle Hindernisse wegschafft, woran der einzelne seine Krallen schärfen kann. Widerstände zu überwinden, ist zum Wachstum unentbehrlich. Sonst degeneriert ein Mensch zum Sozialidioten, zur braven christlichen oder marxistischen Stallkuh.

In früheren Zeiten, als ungünstige Umweltbedingungen erforderten, daß man die ganze nicht schlafend verbrachte Zeit arbeitete, also fünfzehn Stunden am Tag, ohne Urlaub, ohne Wochenende, war Freizeitbeschäftigung überflüssig. Man fand sein Glück in der Arbeit. Man hat — und die Entwicklung war aus sanitären Gründen der zunehmenden durchschnittlichen Lebensverlängerung nötig — heute Urlaub und Arbeitsbegrenzung geschaffen. Aber man hat übertrieben.

Heute ist Freizeit eine immer höher getriebene Forderung von Gewerkschaften, als Vernichtung nicht verwendeter Vitalkraft, eine Belastung der ganzen Menschheit geworden.

Wer Freizeitbeschäftigung braucht, zeigt, daß er den richtigen Beruf verfehlt hat, daß ihn sein Beruf nicht ausfüllt.

Entstehung von Kultur war immer an die Bedingungen geknüpft, daß es weit herumgekommene Schichten ohne Lebenssorgen mit viel freier

Zeit, mit brennendem Interesse und genügend Denkfreiheit gab, am Umkippen zu l'art pour l'art. Jede florierende Kultur bringt damit eine große Schar von Illusionisten, Literaten, Musikern, Künstlern ins Brot. Jede Kultur verfeinert sich bei günstigen Außenbedingungen bis zur Degeneration; so, wie jeder Staat bei stabilen Bedingungen sein Rechtssystem immer weiter bis zur Unbrauchbarkeit veredelt. Bis zum Verlust des »genus« (de-generieren) den Verlust des Kontakts zum einzigen existierenden Triebfundament, zur Heterosexualität. Dann stirbt eine Kultur; aus Leere; l'art pour l'art geworden.

Ein sozialistischer Politiker (zitiert nach NZZ, 15. 9. 74) hat das formuliert: »bis zu welchen Feinheiten man Kultur veredeln kann, hat uns schon der mittelalterliche Hochadel vorgestorben«.

Kultur, als Sportfeld der Umwegleistungsstufen zu Instinktzwängen, als Ausfüllung der nötigen Erholungspausen, ist ein Karussell (Seite 231); das sich, in Generationen, einmal um sich selber dreht. Es führt, wie alle Geisteswissenschaften, soweit sie keine konkreten Meßobjekte haben, zum Ausgangspunkt zurück. Ein lustiges, sinnloses Spielkarussell. Bei jeder Umdrehung wird mit denselben Dingen neu gespielt; womit man sich unter Menschen Wichtigkeit holt, und dafür von den Instinktmechanismen mit Glücksgefühl belohnt wird.

Sachwissenschaftler haben kein Karussell.

Kultur, mit verfeinerter Aesthetik verwandt, ist wie echte Bildung mühsam erworben, nur etwas für wenige. Spitze der Prestigeleiter, die beim Abstieg in den sozialen Schichten zu Gemeinschaftsmief, zum leeren Zeittotschlagen wird. Scheinkultur, unter Verzicht auf die Mühe zu ihrem Erwerb.

Kultur in verfeinertem Sinn, in illusionären Sphären, Musik, Literatur, Poesie, Reime, Lyrik, Rauschgifte, sind Leistungstreppen-Stufen, aber auch Ausweichflucht-Manöver, zur Erholung, um aus dem Leistungszwang herauszukommen. Sie liefern das Glück der Befreiung von der Logik. Sie narkotisieren den Leistungzwang auf Zeit. Man kann seine verantwortungsfreie Fantasie schweifen lassen in astronomische Himmelsweiten. Aber wenn man zu weit weg geht, wie Drogensüchtige oder Menschen mit zuviel Musik, hat man beim Zurückkommen aus illusionären Schönheitshöhen den auf Erden nötigen Normalverstand verloren. Man sperrt sie wegen zuviel Kulturmißbrauch ein, wie den Himmelspoeten Hölderlin mit seinen hinreißenden Entzückungen, die keiner mehr versteht.

Die Kultur der gebildeten Schichten ist auf der Stufe höherer Komplikationen identisch mit dem, was man bei einfacheren Klassen als sentimental bezeichnet. Höhere Kultur wird nicht als gehobene Sentimentalität erkannt, weil es eine noch höhere Sentimentalitätsklasse nicht gibt, die das erkennen könnte.

Das Wort Kitsch ist ein Prestige-Verteidigungsmechanismus der höheren gebildeten Sozialschichten.

Diese Sorte Kultur wird in der Jugend mit den Maßstäben erworben, die man höhere Bildung nennt. Es ist eine Bildung, in der die einfache, Seelenfrieden machende Sentimentalität von 90 % der Menschen solange als zu primitiv hingestellt wird, bis diese Schicht die Freude an der natürlichen Sentimentalität verliert. Sie haben dafür das Schimpfwort Kitsch erfunden. Aber Kitsch ist das künstlerische Glück des größten Teils der Menschheit.

Noch nie hat einer definiert, was Kitsch ist. Sind das astrologische Schundhefte, die Bibel, Cowboyhefte, Winnetou, Stefan George, Hesse, Thomas Mann, Koestler oder Nietzsche oder Goethe?

Man vergesse nicht, daß es für jeden dieser Kulturbestandteile nach dem entsprechenden geistigen Niveau Millionen Menschen gibt, denen eine der Stufen nicht Kitsch, sondern Heiligtum ist. Da alle Kultur Bestandteil der Umwegleistung zum Ziel der Fortpflanzung (oder zu einer Stufe dazu) ist, sind Unterschiede relativ.

Man kann Hunde züchten, die in fremden Taschen Drogen finden, und man kann Literaturwissenschaftler und Germanisten auf Grenzen züchten, unterhalb deren alles Kitsch und oberhalb alles Literatur ist. Vorsicht vor Blamagen.

Kunstkritiker, in noch höheren illusionären Kulturhöhen, versuchen manchmal, noch kultivierter zu sein als die gebildeten Schichten. Aber sie verlieren den Kontakt zur Erde. Eine Kuh kann gut unterscheiden, welches Gras für sie giftig ist. Ein Literaturkritiker, Theaterkunstkritiker muß unterscheiden, was für andere giftig ist, und das geht eben nicht ohne Kuhprinzip.

Das Glück der Ästhetik, als Idealbild des Schönen, ist eine von Instinktmechanismen gelenkte und verursachte Entscheidung über Zuneigung oder Ablehnung. Unser Körperideal schließt zwei Beine, Arme, einen Körper und nicht unbedingt auch einen Kopf ein. Überzählige Glieder, drei Beine oder Arme, werden ästhetisch abgelehnt, sind »häßlich«.

Hätten alle Menschen als Norm drei Beine oder vier Arme, dann wären die seltenen Exemplare mit nur zwei defekte Krüppel — als häßlich, unästhetisch abgelehnt.

Haben häßliche Menschen ein Recht zu leben? Eine Frage, die schon Dostojewski erörtert. Haben Krüppel, häßliche Neger, die dem eigenen ästhetischen Illusionsbild widersprechen, Anrecht auf ein Stück Kuchen des Lebens? Ist es nicht Abwehrrecht, sie wegzutun?

Andere, von uns stark verschiedene Rassen, denken ihrerseits genauso, nur mit umgekehrtem Vorzeichen. Sie finden sich ästhetisch schön und die Weißen häßlich. Es sind subjektive Illusions-Maßstäbe.

Kein großer Künstler kann ohne Ästhetik, ohne sexuelle Bindung an seine Idealfiguren etwas taugen. Das war so für Boticelli mit seinen hermaphroditischen Kinderengeln, bei Michelangelo mit seinen geliebten Knaben und Jünglingen, bei Renoir mit seinen üppigen Mädchen, von denen er einmal sagte: Man muß mit dem Penis malen; von Picasso nicht zu reden.

Den modernen, gegenstandslosen Künstlern bleiben als anbetungswürdige Sexualgebilde bloß die Zwischenräume zwischen Zentralheizungsrippen.

Gefühl, die schwachsinnige, bildschöne, heißgeliebte Schwester des Verstandes, Schwester der häßlichen Logik. Gefühl ordnet man hauptsächlich der weiblichen Hälfte der Menschen zu. Sie treffen häufiger als Männer das logisch Unrichtige aber Praktischere. Frauen haben mehr von der Gnade der Befreiung von der störenden Logik. Sie sind instinktsicherer. Die Sehnsucht des weiblichen Teils nach Emanzipation, nach Gleichberechtigung, kann nicht über die wesentliche Rolle der Frau wegtäuschen: Kinder zu gebären, sie aufzuziehen, bis die auch wieder Kinder machen können. Zur ersehnten Gleichberechtigung fehlen ihnen unten ein wesentliches anatomisches Aggressionsstück und oben im Durchschnitt 120 Gramm Hirn — ausgerechnet noch im Vorderhirn, wo die Wurzeln zu Entwürfen und Aggressionen liegen.

Aber die Frau hat das Hauptleid der Geschichte zu tragen: Sie kann nur bis zum Alter von 45 Jahren Söhne machen, der Mann bis zum Tod. »Was ist ihr eine siegreiche Schlacht, die den Sieg von tausend Wochenbetten vernichtet?« (Oswald Spengler im Untergang des Abendlandes).

Sie ist außer den kleinen Samariteridealen, die sich aus ihren Brutpflege-Instinkten herleiten, nicht zu großen Idealen fähig. Sie ist dadurch weniger durch Idealisten-Schwachsinn und Verblendung an praktischen Alltagszweckmäßigkeiten gehemmt.

Wenn eine Frau trotzdem große Ideale hat, heißt das fast immer, daß sie einen überwältigend kräftigen Bettgeher dieser Richtung gefunden hat.

Nicht umsonst hat die bedeutendste Frau des überzeugten Kommunismus, Rosa Luxemburg, vor dem ruinösen Idealisten-Schwachsinn ihrer eigenen marxistischen Perfektionisten gewarnt.

Alle Emanzipationsmühen der Gleichwertigkeit von Mann und Frau, ändern nichts am Mentalitätsunterschied, sie ändern nichts, ob in kapitalistischen, in kommunistischen, christlichen oder islamischen Lebenssystemen.

Das sagt nichts gegen eine rechtliche Gleichstellung der Frau und gegen gleiche Bezahlung, falls sie fähig ist, gleiches wie der Mann zu leisten. Aber die Aufgabe der Frau ist physiologisch anders. Die Zwangsgrenzen, die ihr durch ihre Physiologie gesetzt ist, ist nur im Traum von lunatics überschreitbar. Eine gesunde Frau, die das fühlt, wird auch nicht versuchen, die Grenze zu überschreiten.

Eine weitere, aus der Bibel entstandene Illusion ist der Humanismus und die daraus entstandene Humanität für alle.

Der Humanismus und die daraus abgeleitete Humanität ist eine scheinbar liebenswerte, aus dem menschlichen Selbsterhaltungswillen auf Gegenseitigkeit entstandene Perversion der natürlichen Auslese-Brutalität.

Humanismus und Humanität lösen keine der mit weiterer Überbevölkerung kommenden Dezimierungs- und Ausrottungskatastrophen der Menschheit. Der Humanismus schiebt solche Katastrophen nur einige Zeit vor sich her, bis sie noch schlimmer werden. Humanistische Idealblindbrüter behaupten, sie könnten das vermeiden.

Aber solche Kämpfe werden mit zunehmender Übervölkerung der Erde unvermeidlich kommen — die gegenseitigen Rassen-Schichten-Völker-Zerfleischungskatastrophen, die Dezimierungskatastrophen durch Hunger, geologische und eventuell astronomische Auslöschungen. Lohnt sich die humanitäre Illusion, wenn doch in dreißig Jahren jeweils die halbe Menschheit sowieso stirbt?

Humanität für alle ist eine Selbstmordreligion der weißen Rasse. Das soll keine Rechtfertigung der bewußten Inhumanität sein. Die Gefahr ist die Wendung zum vermeintlichen Übermenschen; einer, bei dem alle Menschlichkeit weggelassen ist, und nur noch die nackte Brutalität herrscht.

Wenn man nicht den Übermenschen des Nietzsche so versteht, daß Inhumanität gegen Krüppel, Kranke, Minderwertige, tatsächlich eine übergeordnete Humanität darstellt.

Der Humanismus ist eine auf Weltweite ausgedehnte Spätlingsmißgeburt der biblischen Illusion der Nächstenliebe. Aber die Lüge der Nächstenliebe existiert gar nicht. Was existiert ist der natürliche Zwang zum Egoismus: »Liebe dich selbst«. Humanität ist der Versuch einer Gegenversicherung für die, die glauben, bei anderen Rassen herrschen dieselben Illusionen. Sie glauben, sie könnten sich bei anderen Rassen und Völkern eine Art Sparbuch anlegen, um später auch human behandelt werden. Aber Irrtum: Nur die weißen Rassen, hoffnungslos in christlichen Illusionen degeneriert, denken so um die Erde herum; nur die, die geistig der kindischen Illusion des Christus erliegen, seine Feinde zu lieben, sich so selbst zu entmannen und wehrlos zu machen. Die anderen, biologisch nicht so dumm, nicht mit christlichen Illusionen blockiert, behalten ihre biologischen Brutalitätsrechte. Sie müssen nicht humanistische Illusionen brechen, wenn sie einmal wie Tschingis Khan, mit elementarer Kraft alles hinmordend über die dummen anderen Rassen herfallen, wenn sie von ihrem natürlichen Mord- und Raubrecht Gebrauch machen.

Es ist buchstäblich wie mit dem Witz: Einer, mit einem Messer bewaffnet, begegnet unter Wasser einem Haifisch, der Haifisch sagt: Pfui, Fisch mit dem Messer? Der, durch gute Erziehung wehrlos gemachte Mensch läßt das Messer fallen. Der Hai frißt ihn auf.

Wie wird es sein, wenn in einigen Generationen Weiße und Nicht-Weiße vor den letzten Stücken Brot stehen und beide wissen: nur einer kann überleben, die anderen müssen sterben.

Wird dann die Selbstmordreligion Humanität noch gelten? Oder hat nicht der Weiße Vorrechte? Wenn er das noch rechtzeitig merkt.

Man vergesse nicht: Trotz allen Geheuls von Menschenliebe und Kulturhingabe war es ein kommunistischer Dichter, Bert Brecht: »Fressen kommt vor Moral«.

Bei der letzten tödlichen Wahl gibt es nur eine Religion: gesunden Egoismus. Leider wird die letzte tödliche Entscheidung gewaltsam herbeigeholt, wenn die Ideomanen der weißen Rassen durch Entwicklungshilfe ihre Todfeinde und eventuellen späteren Mörder heranzüchten.

Eine Konsequenz der Übersteigerung der humanistischen sozialen Illusionen: Hätte man anstelle des Parthenon, der Akropolis, der Hagia Sophia, Sozialwohnungen für Lumpenproletariat bauen sollen? Hätte man anstelle der ägyptischen Monumente, des Tadsch Mahal, von Persepolis, von Baalbek, der Fontana di Trevi, bei deren Bau vielleicht hunderttausende mit 20 Jahren zugrunde gegangen sind (statt mit 30 im Durchschnitt sowieso zu sterben), hätte man an ihrer Stelle soziales panem et circenses machen sollen?

All das wäre heute erinnerungslos verpufft, aber die großen Zeugen wesentlicher Zeiten der Geschichte sind erhalten geblieben.

Was war für die Kontinuität der Menschheit wichtiger: Toter Sozialhumanismus, oder die wenigen großen sichtbaren Leistungen der Geschichte, um den Preis des Lebens einiger Hunderttausend, die sonst zur Menschheitsgeschichte nichts beigetragen hätten, als daß ihre Körper nach dem Tod wieder zu Bodendüngemittel geworden sind?

Die Entscheidung muß jeder selbst treffen.

Trotzdem die Frage: war das nötig? Rechtfertigt das die Millionen Massenmorde der Lenin-Stalin in Sibirien, wo das meiste des oft sinnlos gebauten in wenigen Generationen am Klima doch zugrundegeht? (Solschenizyn).

Kein noch so altes Menschheitsmonument ist älter als 5000 Jahre. Kein einziges, auch wenn es noch so gepflegt wird, existiert in weiteren 5000 Jahren noch.

Das sind lächerlich kleine Perioden der Erd- und Menschheitsgeschichte.

Millionen-vernichtungen von Menschen müssen leider millionenmal als Einzelleid durchgemacht werden. Aber das müssen die zwei Milliarden Menschen, die alle dreißig Jahre sterben, auch.

Man vergesse nicht: Die humanitären Illusionen, wie sie aus dem Christentum und seinen Illusionstöchtern Sozialismus und Kommunismus entstanden sind, gelten nicht in den ideologischen Grundlagen der gelben und schwarzen Rassen — weder im Islam noch in gelben Religionen. Dort gibt es Clan-Humanismus nur für die eigene Familie, für den eigenen Stamm, die eigene Rasse oder was dafür gehalten wird. Weiter außen Stehende sind auf alle Fälle Feinde, denen gegenüber Humanismus Selbstmord wäre.

Der Pseudohumanismus für alle funktioniert nicht einmal unter dem Terrordruck des kommunistischen Staatenblocks. Seine vielen unterdrückten Einzelvölker verlangen mehr und mehr, daß zuerst ihre eigenen nationalen Bedürfnisse befriedigt werden; daß das marxistische Geschwätz von der allein seeligmachenden Arbeiterklasse nicht mehr ernst genommen und schließlich bekämpft wird. Sie wollen Humanität, Denkfreiheit ihrer Launen für sich. Der Kommunismus ist ihnen primär gleichgültig.

Sie wollen nicht für eine fremde Imperialistenmacht des Kalmücken Lenin als russische Leibeigene geopfert werden.

Der Referent empfindet größte Achtung etwa vor der (meist recht lächerlichen) Heilsarmee oder vor Menschen des Krankendienstes. Denn sie opfern sich für ihre Nächsten, für ihre Umgebung, für das, was sie als würdig kontrollieren können. Sie machen keine großen Sprüche über das Wohl der Menschheit, wie etwa Studenten. Sie helfen einfach sachlich: hauptsächlich in den Fällen, die sie direkt sehen und berühren können.

Die physiologische Grundlage des Humanismus ist eine, verglichen mit Tieren, wesentlich erhöhte Schmerzempfindlichkeit der Menschen.

Die bis zum äußersten getriebene medizinische Fürsorge erhält zahlreiche erbgeschädigte Kinder am Leben, die nun auch noch selbst (wirklich kranke oder potentiell krankheitsbelastete) Kinder machen.

Die Fortschritte der Therapie verändern das ökologische Gleichgewicht der Menschheit in jeder Generation mehr. Das sind Folgen der verderblichen und unnatürlichen Illusionen der Humanität, die einen ständig steigenden Aufwand an Krankenhäusern und Irrenanstalten erzwingen.

Zu einer humanistischen Menschheitsplage werden langsam die Fanatiker der »Schützer«:

Die Schützerinstinkte sind genetischen Ursprungs. Früher hatten Familien ihre zehn Kinder, und die Mütter nahmen das als selbstverständlich hin. Eltern allein konnten sie nicht bändigen oder erziehen. Alte, Großeltern, selbst Urgroßeltern waren bis an ihr Ende damit beschäftigt. Sie konnten ihre natürlichen Samariterinstinkte voll ausleben. Keine Idee daran, in kranker Humanität solche Gefühle auf Krüppel, Idioten, Neger oder sonstige Kinder auszudehnen.

Mit der immer kleiner werdenden Kinderzahl ist die Menge der erreichbaren Schutz-Ziele zu klein geworden; aber die Samariterinstinkte sind gleich geblieben. Die alten, unnütz geworden, müssen sich jetzt krampfhaft Objekte für ihre Zwangs-Schutzinstinkte suchen.

Sie werden so langsam zu Fanatikern von Schützern, die ihre Samariterzwänge nicht mehr los werden.

Die Hundeschützer, die Kinderschützer, die Heimatschützer, die Sittenschützer, die Seelenschutzheuler, die unverkäufliches Milchpulver an Neger und Inderkinder Verschenker, die Katastrophen-Helfer, deren aufdringliche Mitwirkung sich der 500-Millionenstaat Indien verbeten hat.

In übersättigten Ländern der weißen Rassen ist das unverständlich, denn sie halten ihren kranken Humanismus in aufgeblasener Selbstgefälligkeit für universal gültig. Sie verstehen nicht, daß es Völker mit innerer Haltung gibt, die lieber einige Tausend oder Hunderttausend ihrer sowieso zu zahlreichen Menschen zugrundegehen lassen, als die Erniedrigung ständiger aufdringlicher fremder Helfer zu dulden. Die Wahrung des Gesichts ist ihnen wichtiger als die vorübergehende Ernährung von Schichten, die, wenn der Katastrophen-Hilfsrummel vorbei ist, doch wieder auf sich selbst angewiesen sind oder verhungern. Denn zweimal für die selbe Sache läßt sich Tränenpropaganda nicht organisieren. Man denke an die beschämende Biafra-Affaire. Doch das ist alles freie Privatsache jedes einzelnen.

Diese Bewegungen gehen meist von einem oder mehreren solchen aus, die sich im Rahmen bürgerlicher Möglichkeiten irgendeine Führer-Position erwerben wollen. Die Bewegung vermehrt sich dann durch Analogie-Schluchzen.

Man hört oft den Einwand: Man kann die armen Menschen in Hungersgebieten Asiens und Afrikas nicht einfach verhungern lassen.

Man wird, weil es anders gar nicht möglich ist. Allein alle Mittelmeerstaaten, etwa ein Dutzend, nehmen pro Jahr um je eine Million Menschen zu. Bis zum Jahr 2000 um zweihundertfünfzig Millionen, obwohl die dortigen Völker schon heute an der Hungergrenze leben. Es ist unmöglich, sie mit noch so kranken Humanitäts-Illusionen am Leben zu halten. Dann fallen sie über die weißen Rassen Mittel- und Nordeuropas her. Das Resultat ist statt der kindlichen Illusion »Brot für alle« dann Hunger für alle: Unser Selbstmord aus Idealistenschwachsinn.

Wenn man Entwicklungshilfe einstellt, werden vielleicht 50 % verhungern. Wenn man Entwicklungshilfe weiterführt, werden sie sich verdoppeln. Man muß dann in zwei, drei Generationen 75 % verhungern lassen.

Es sind die immer größer werdenden Mengen von Matronen beider Geschlechter, die die ganze Welt nur noch unter dem Gesichtswinkel ihrer Schutzobjekte sehen. Einfache, brave, meist zu lange lebende Menschen, die, inhaltlos geworden, nach Objekten gieren, an denen sie ihre Schützer-Neigungen ausüben können.

Als Kommentar ein Zitat Nietzsches: »Was ist schädlicher als irgendein Laster? Das Mitleiden der Tat mit allen Mißratenen und Schwachen, das Christentum«.

Der Referent möchte hier ein Gespräch wiedergeben, das er einmal mit einem klugen orientalischen Politiker hatte:

Er sagte: Unsere Frauen haben zehn Kinder. Davon starben früher sechs bis acht. Das Volk blieb stabil. Durch die Erfolge Ihrer Wissenschaftler, durch Einführung von Seife, DDT und Antibiotika sterben nur noch zwei. Aber unsere Frauen müssen weiter zehn gebären, weil die Religions-Mentalität des Machen von vielen Söhnen, Kriegen verlangt. Leider fallen dabei ebensoviel Töchter an. Auf die Hälfte könnten wir verzichten, denn auch der Rest würde noch genügend Kinder bekommen.

So nimmt unser Volk alle 20 Jahre auf das Doppelte zu. Die Pille? Sie wenden Sie außerhalb der Städte nicht an. Unsere Hodjas sind dagegen. Wer wird sie ernähren? Sie, die Giaurs, die christlichen Rassen mit ihrer Illusion von Humanität. Wir könnten das lösen. Durch Verhungernlassen. Aber Sie, in Ihren christlichen Krämpfen, wehleidigen Humanismus-Illusionen erlauben das gar nicht. Und wenn Sie Christen an Entwicklungshilfe einmal selbst zugrundegehen, werden Sie noch im Sterben uns das Geld nachwerfen, um lebensunwertes Leben bis zum äußersten für kurze Zeit sinnlos zu erhalten.

Sie meinen, wir sollten doch für alle Anstrengungen Ihrer weißen christlichen Rassen auch etwas dankbar sein. Wir verzichten auf Dankbarkeit, denn Geschenke beschämen den Beschenkten, wenn er dafür nicht auch etwas schenken kann. Dazu sind wir zu arm. Unser Stolz sträubt sich dagegen, ihre Geschenke anzunehmen. Aber wir müssen wegen unseres äußeren Ansehens in den heute gültigen humanistischen Illusionen. Das schließt nicht aus, daß viele von uns die offene Hand hinhalten — mit innerer Verachtung für den Gebenden.

Die weißen und gelben Rassen der gemäßigten Zonen, vernüftiger als die Entwicklungsländer, schränken sich auf zwei bis drei Kinder ein. Drei sind zur Erhaltung pro Familie nötig, wenn einmal die Verlängerung der durchschnittlichen Lebensdauer zum Stillstand kommt.

Man soll mit Geburtenbeschränkungen unter den intelligenteren weißen und gelben Rassen vorsichtig sein, bis auch die Entwicklungsländer dazu bereit sind. Und man soll gegen Statistiken aus Entwicklungsländern mißtrauisch sein, die alle von den dortigen Beamten über den Daumen gepeilt und je nach Zweckmäßigkeit gelogen sind. Wenn sich nicht ein Gleichgewicht der Zuwachsraten erzwingen läßt, droht das oben genannte Schicksal.

Die ständig zunehmenden Menschenmassen der Erde sind genauso Umweltverschmutzung der Erdoberfläche, wie die Verschmutzung der Flüsse, oder der Luft.

Die humanitäre Einstellung, man müsse jedes Menschenleben, das ohne Verantwortung in die Welt gesetzt wurde, vor dem Verhungern schützen, ist Selbstmord der an christlichen Illusionen erkrankten weißen Rassen, die solchen Völkern noch Entwicklungshilfe nachwerfen.

Die Entwicklungshilfe der weißen Rassen wird automatisch aufhören, wenn als Folge der wohl schwersten kapitalistischen Erpressung der Weltgeschichte durch die Erdölscheichs die Wirtschaft zurückgeht; und die weißen Länder froh sein müssen, wenn sie wenigstens im eigenen Land ein minimales Lebens-Niveau aufrechterhalten können.

Es nützt nichts: Alle Völker, die überaltert, zuviele Alte aus humanitären Gründen mitpäppeln, und gleichzeitig zu wenig Kinder machen, werden von kinderreichen Nachbar-Völkern überrollt. Ob schon morgen oder erst in hundert Jahren, spielt keine Rolle.

Die Illusion, man könne auf die Dauer diese Überflutung verhindern und sich unter Abschließung der Grenzen auf Kuh und Milch zurückziehen, ist kindlich, vor allem, da die Kuh- und Milch-Bürger ja auf die gewohnten Zivilisationsvorteile nicht verzichten wollen.

Daneben wird sich die Ansicht (nicht ohne harte Kämpfe) durchsetzen, daß kein Land, kein Boden, kein Gebiet, keine Bodenschätze irgend einem »Volk« gehört, das historisch angesiedelt, zufällig darauf sitzt, daß keine Grenze sachlich gerechtfertigt werden kann, daß in hundert oder tausend Jahren alle Grenzen ausgelöscht sind und daß überall die Rassen herrschen, die die meisten Kinder machen, daß alle Rassen untergehen, deren Frauen aus emanzipatorischem Luxus ihrem Lebenszweck nicht nachgekommen sind, viele Kinder zu machen.

Kein Staat, kein »Volk«, nicht einmal ein fest umgrenzter Sprachbereich der weißen Rassen ist älter als 500 bis 700 Jahre. Keiner wird in einigen hundert Jahren noch so bestehen, wie heute.

Kein Volk hat in hundert Jahren mehr das Recht, zu sagen, das Land gehört uns für alle Zeiten, weil wir es be-»sitzen«. Der dynamical state alles geschehenden herrscht auch hier. Immer wieder werden Aggressivität, Geburtenüberschuß zu Wanderungen Anlaß geben. Die kindliche Illusion auf ewigen Frieden, auf ewige Stabilität ist nicht realisierbar. Man kann bestenfalls bremsen; mit dem Resultat, daß die Gründe der Aggression aufgestaut, und dann umso elementarer durchbrechen. Es gibt gar nichts stabiles an »ewigen« Grenzen zwischen Völkern und Rassen. So, wie es keine Grenzen für Krankheiten und für Ideen gibt.

Völker der gemäßigten Zonen, einschließlich Rußlands, verdanken ihren relativen Reichtum keineswegs (was masochistische Marxisten von ihren Vätervölkern behaupten) der kolonialen, kapitalistischen Ausplünderung der Entwicklungsländer, sondern ihrem puritanischen Fleiß, ihrer Intelligenz, ihrer Wissenschaft. Diesen fleißigen Völkern wird um das Jahr 2000 eine Übermacht an raubgierigen Entwicklungsländern gegenüberstehen. Sie werden stürmisch drohend Teilung der Schätze der Völker der gemäßigten Zonen verlangen. Und die dummen Amerikaner und Europäer liefern ihnen aus christlich-humanitären Illusionen schon heute ihre Kassenschrankschlüssel aus, weil ihnen marxistische Progressivnullen eingeredet haben: Eigentum ist Diebstahl.

Nach Mirabeau kann man sein Leben auf drei Arten fristen: durch Betteln, Stehlen und etwas leisten. Afrikanische Völker leben vom ersten und teilweise vom zweiten, sozialistische Politiker vom zweiten und alle Werktätigen, darunter die viel beschimpften Kapitalisten, vom dritten.

Entwicklungshäuptlinge verlangen gebieterisch unter Hinweis auf die kranke Illusion der Humanität, dauernd neue Geschenke, wofür sie die Gebenden noch als Imperialisten, Kapitalisten beschimpfen. Die weißen Humanisten schlucken das mit dem Masochismus, der ihnen als Demut ihre Levantinerreligion Christentum anerzogen hat.

Es wird Zeit, daß Humanität wieder auf die eigenen Kreise beschränkt wird. Denn die Illusion Humanismus für alle wird in der heutigen Form für die Gebenden tödlich.

Der Spenden-Freiheit des einzelnen soll damit gar kein Hemmnis auferlegt werden. Das gehört zur Freiheit der Launen (Seite 111) im liberalen System; so wie jeder die Freiheit haben muß, sich (für sich persönlich) eine Religion oder ein Fahrrad zuzulegen.

Das muß persönlich bleiben. Es darf nicht in staatliche Entwicklungshilfe aus Steuergeldern ausarten.

6. Religionen

Ein wichtiges Gebiet der Illusionen, das auf früheste Primitivwurzeln in der Menschenentstehung zurückgeht, sind die Religionen. Alle Religionen enden bald nach ihrer Entstehung in Erstarrung, im Dogma, im Glauben, in gelogenen ewigen Wahrheiten.

Donner, Blitz, Erdbeben, Wasserkatastrophen, unbekämpfbare Krankheiten, Tod, alles genannt »Schicksal« machte nach der Entstehung eines rudimentären Bewußtseins in den aus Genmutationen zufällig entstandenen Menschenrassen Angst.

So entstand aus Furcht, Hoffnungslosigkeit und Todesangst die Idee, als Ursache des unverstehbaren Zufallsschicksals eine übergeordnete, meist bösartige menschenhassende allmächtige Urkraft anzunehmen. Sie entschied nach unbekannten Launen: Götter, Vitalkräfte. Je primitiver, geistig und logisch bedürfnisloser die betreffende Menschenrasse war, desto primitiver war ihre Religion, mit desto primitiveren Deutungen waren sie zufrieden.

Für die geistig entwickelteren Rassen, die auch schon bis zu einem gewissen Grad die neu entdeckten Regeln der Logik einhalten wollten, waren kompliziertere Erklärungen nötig, Deutungen, in denen das Unvereinbare in allen Religionen so kaschiert war, daß man es nicht gleich merkte, wenn sie sich selbst widersprachen.

Die Erkenntnis, das Bewußtsein, das Wissen um eine Alltagskausalität, die wenigstens rudimentäre Logik, das Rechnenkönnen, das Schreibenkönnen als Stütze des Gedächtnisses, sind erst seit vielleicht 6000 Jahren, das nachprüfende wissenschaftliche Experiment erst seit 400 Jahren bekannt.

Das Durchsetzen von sachlich prüfbarer Erkenntnis, die man vorläufig Wahrheit nennen kann, ist mit dem Verlust von Illusionen verknüpft. Das dauert lange. Das ist quälend. Die große Menge ist an (praktisch für sie nutzloser) Erkenntnis gar nicht interessiert. (Seite 233).

Menschen werden so zum Zwiedenken gezwungen (Lit. 75), zum wahr = unwahr (falls sie überhaupt Lust haben zu denken). Die scheinbeweisende Betrügerlogik nennt man Dialektik. Es laufen heute sachliche, immer mehr und besser bewiesene Erkenntnis und die billigen historischen Pseudowelterklärungen wie Religionen jeder Art nebeneinander her, wenn auch in grellem Widerspruch.

Da es unmöglich war, mit Logik erträgliche Gründe für komplizierte religiöse Dogmen zu finden, tauchten »Propheten« großer rhetorischer Überzeugungskraft des Zwiedenkens auf — mit der scheinlogischen Technik der Dialektik.

Meist waren es Besessene, die sich von den Regeln der Logik selbst frei sprachen. Auch Glaube war einmal zeitbedingte Wahrheit. Daß diese zur Tradition erstarrte Wahrheit nicht an den neuen Ergebnissen der Wissen Schaffenden ergänzt und umgeändert wurde, liegt an der Unlust, auch Unfähigkeit der großen Massen, mühsam umzudenken, und an der absichtlichen Verhinderung des Umdenkens durch die Priester. Es ist vielleicht eine Art Rache dieser Schicht dafür, daß ihnen selbst jede Kontrolle über das Schaffen neuen Wissens entglitten ist. Sie behaupten, die Kraft des irren Glaubens sei wichtiger als Wissen.

Die Religionen haben psychologisch gesehen recht. Mit noch so viel Wissen ist keiner glücklicher als der, der sein nun einmal gegebenes physiologisches Leben unreflektiert ablebt, mit der weisen Einsicht, daß er mit oder ohne Wissen dem gleichen Schicksal entgegengeht.

Religionen kann man nicht reformieren. Der Versuch des deutschen Martin Luther, den Katholizismus zu reformieren, hat zum Protestantismus, einer auf halber Reformstufe steckengebliebenen Papierreligion geführt.

Die Religionen waren zu Zeiten ihrer Entstehung zeitmögliche Welterklärungen. Aber die prophetischen Religionserfinder, die Moses, Buddha, Paulus, Mohammed, Marx waren unbescheiden und arrogant genug, ihre zeitbedingten Erklärungen für ewig richtig zu halten, und jeden zu beschimpfen (Seite 95) und zu verfolgen, der nicht bedingungslos »glaubte«. Das artete bei ihren Nachfolgern in Terror aus: jüdischer Terror, christlicher Terror, islamischer Terror, marxistischer Terror. Selbst eine so menschliche Religion wie der Hellenismus war nicht terrorfrei: der Tod des Sokrates (Seite 165).

Der Terror wird in dem Maße stärker und unerträglicher, als die Religionen mit der weiterschreitenden (wissenschaftlichen und intellektuellen) Sacherkenntnis immer mehr in Konflikt kommen und langsam für jeden erkennbar zu Nonsens werden. Bezirke der Religionen, die allzu offensichtlich der Logik widersprechen, werden als »Nicht«sache aus dem Bewußtsein hinaus terrorisiert. Das ist die Geburt der Tabus, daß nicht sein kann, was nicht sein darf.

Religionen beruhen auf Mythen. Mythen sind Quallen ohne Knochen. Sie sind weder begründbar, noch logisch angreifbar. Sie stehen außerhalb jeder Denkkontrolle.

Wer heute noch an Schöpfung, Offenbarungen glaubt, an ewigen Werten festhält, täuscht sich selbst. Das gehört zur »Freiheit« des Denkens, zu der Freiheit, mit den Blumen der Illusionen zu spielen, sich dabei ästhetisches Glück an seelischen Leuchtraketen zu holen. Mythen müssen jedermann zugänglich bleiben. Er muß in seinen »Überzeugungen« als instinktgelenkten Launen »frei« sein. Er darf das nur nicht mit falschem missionarischem Eifer auf andere übertragen.

Aber es ist das Gegenteil von Freiheit, wenn Gläubige versuchen, ihre Illussionen wehrlosen Kindern, Schülern, auch noch Studenten in ihre erfahrungsleeren Hirne einzupflanzen, wie in der religiösen Erziehung. Darin kommt die bösartige Dummheit alles Missionarischen zum Ausdruck. Nie käme ein Kind von sich aus auf die Idee, Budhist oder Mohammedaner, Katholik, Jude oder Marxist zu werden, wenn ihm nicht im einprägsamsten, unkritischen Alter von Priestern und Lehrern Tabus, Offenbarungen, Dogmen, Sakramente und falsche Vorurteile eingeimpft würden.

Es gibt nichts an widersinnigem Nonsens, was man nicht einem Kind oder Schüler oder Studenten durch immer wiederholte, systematische falsche Behauptungen, durch Beschimpfung der Gegner als endgültige und dann in die Reflexe übergehende Wahrheiten einimpfen könnte. Sie werden so zu Marx-Papageien, zu Christus-Papageien, zu Allah-Papageien, zu Humanismus-Papageien.

Sie verschenken ihr Denken und ohne zu merken auch ihr kommendes Werken. Das ist der Grund, warum Priester immer wieder für sich religiöse Schulen fordern: Die Koranschulen, die Judenschulen, die katholischen Schulen. Die Priester folgen dem Zwang der Selbsterhaltung, der sie drängt, ihre angeblichen Offenbarungen der nächsten Generation einzuimpfen, sie so hörig zu machen. Keiner kann sein kleines Menschsein überspringen und behaupten, Gott zu sein. Aber Geistesgestörte können wenigstens als bewußte oder unbewußte Lügner behaupten, sie vertreten Gott. Er habe sie beauftragt, und zwar sie allein, das den gläubig dummen anderen Menschen zu sagen, da er selbst dazu kein Organ habe — Propheten, Apostel und Ähnliche. Die meisten Religionen haben nur einen Propheten. Die levantinischen Rabbiner als gerissene Gründer des Christentums haben gleich eine Armee von zwölf Aposteln.

Die Offenbarung geschieht immer ähnlich: Nächtliche Behauptungen von oben werden der großen Masse der Trostbedürftigen als Botschaft eines unsichtbaren Gottes eingeflüstert, bei großer rhetorischer und suggestiver Begabung als ewige Wahrheiten eingeredet.

Solche Offenbarungspredigten haben nur Erfolg, wenn hochbegabte dogmatische Suggestivredner mit dringend änderungsbedürftigen sozialen Situationen zusammentreffen, deren Lösung die Offenbarung verspricht.

Alle Religionen müssen auf der dialektischen Scheinlogik von Offenbarungen, auf Dogmen bestehen. Religionen, Bewegungen müssen ihre falschen Illusionen mit Zähnen und Nägeln verteidigen. Sie haben keine besseren und moderneren in Reserve. Anders der Wissenschaftler, der immer, wenn er ein bisheriges Dogma verwirft, ein vorläufiges, besseres neues Theorie-Gerüst suchen muß. Er weiß, daß das nicht endgültig ist und später mit größer gewordenem Wissen durch ein neues, umfassenderes ersetzt werden muß (Lit. 76a, 105, a, b).

Nietzsche schreibt im »Antichrist«: Die Schwächung ist das christliche Prinzip der Zähmung. Das heißt: die »Christen« haben ihre Feinde zuerst entnervt und dann besiegt.

Die mosaisch-christlichen Drahtzieher haben ihren Sklaven der weißen Rasse erst die demütigenden Gefühle der Sünde und Reue eingeimpft. Dann hat sich die zugehörige Priesterschaft aufgedrängt, sie (und nur sie allein) könnten das wieder reparieren.

Es ist die gleiche Methode, die die Marxisten heute gegen das Bürgertum anwenden. Erst werden lautstarke, gutgenährte Söhne des Bürgertums umfunktioniert, dann wird den Bürgern eingeimpft, Eigentum sei Diebstahl; dann kann der Troß der Marxisten stehlen gehen. Die studentischen Schmarotzer erhoffen sich hochbezahlte Idealistenposten.

Da mit den damaligen Mitteln eine sachliche Erklärung, Zurückführung jeder Erscheinung auf meßbare Größen, z. B. das cm/gramm/ sek.-System unmöglich war, blieb fast alles unerklärbar. Vor allem Unerklärbaren erschauern Massen aus Angst, und gleichzeitig wird das für sie Gegenstand der Verehrung (als Bestechung der möglicherweise dahinterstehenden Macht); es wird »heilig«.

Daß in allen Religionen ihre Verwalter, die Priester, der Versuchung nicht widerstehen können, die Mischung von Schauder und Hingabe für sich zu gebrauchen, ist menschlich verständlich. Noch verständlicher ist, daß politische Machthaber den Werbewert der Priesterwürde für sich übernommen haben. Es läßt sich so einfacher regieren (Byzanz).

Von Gott hat man noch nie etwas gesehen oder gehört. Nur umso lautstarker von denen, die behaupten, sie vertreten ihn. Sie können nicht die leiseste Legitimation dafür vorzeigen. Statt dessen behaupten sie, levantinische Hebräer hätten sie vor zweitausend Jahren per Offenbarung dazu legitimiert. Auch die sind alle Beweise schuldig geblieben. Dafür haben sie noch zusätzlich einen der ihren, einem Christus, Worte in den Mund gelegt. (Seite 147), er sei ein Sohn Gottes. Wieder ohne den leisesten Beweis.

Alles leeres, uferloses Bibelgerede, arrogante Behauptungen von geltungssüchtigen Levantinern.

Der vermeintliche Gott oder die Götter haben noch niemals sichtbar irgendwo eingegriffen, irgendwo geholfen, irgendetwas geschaffen, was nicht genausogut aus reiner Wahrscheinlichkeit geschehen wäre und eine mechanistische Erklärung zuließe. Sie sind unnötig (Lit. 22, 67, 69).

Die katholische Kirche hat unwissentlich eine Zeitbombe an ihre Existenz gelegt, als sie zugab, daß die Erde rund ist, als Himmel und Hölle als Belohnung und Strafe physikalisch lächerlich wurden.

Die — wenigstens der Tendenz nach — exakten Naturwissenschaften, die Theorien ausprobieren, Versuche dazu machen, je nach zählbaren Ergebnissen Illusionen ausscheiden, sachlich Beweisbares ausbauen, sind erst 400 Jahre alt; eine kleine Zeit, gemessen an der Million Jahre der Entwicklung des Menschen und der Illusion Religion. Und doch haben sie schon heute solche Ergebnisse an mechanistischen oder mathematisch formulierbaren Erklärungen gegeben, daß alle behaupteten überirdischen Kräfte sich als sinnlos, als unnötig erwiesen haben.

Die menschliche Erfahrung zeigt, daß ein solches kompliziertes Gebilde wie der Mensch nur mit vermutlich riesiger Mühe entstanden sein kann. Daneben lag die ästhetische Wertung, daß dieses wertvollste, schönste jemals gewordene tierische Gebilde »Mensch« etwas Außerordentliches sei. Daß sein Verderb, sein Verwesen nach dem Tod unmöglich zu glauben sei, weil das für die instinkterzwungene menschliche Eigenbewertung unerträglich wäre. Daß nicht sein kann, was nicht sein darf. (Seite 217).

Der instinktbedingte Selbstüberschätzungszwang macht ihm das Eingeständnis, die Einsicht der eigenen gleichgültigen Wertlosigkeit unmöglich.

Die Summen der Zwänge des automatischen Nervensystems gegen die im (ebenfalls autonom gewordenen) Denk-Hirn entstandene Einsicht der Sinnlosigkeit aller Existenz sind es, die für große Masse der Menschen unvermeidbar die Illusionen erzwingen, einmalig, unzerstörbar zu sein. Das ist gegen die sichtbare Zerstörung des Körpers nach dem Tode nur möglich, wenn man jedem Menschen eine nicht sterbliche Quintessenz, die Illusion einer nicht sterblichen Seele zuordnet und sie dem Tier abspricht.

Es war die große Idee von Ernst Mach (Lit. 67), der zum erstenmal erkannt hat, daß Seele oder Ich als selbständige, angeblich nicht weiter zerlegbare Begriffe nur eine gedankliche Notkombination, ein Wort für das unübersehbar komplizierte molekularmechanische Zusammenspiel in dem geordneten Zellhaufen »Mensch« sind (siehe auch H. J. Campbell »Irrtum Seele« (Lit. 13)).

Verlegt man (willkürlich) die erste Entstehung von Menschenähnlichem etwa eine Million Jahre zurück (Pitecanthropus mit 600—900 Gramm Hirn), nimmt man weiter für jede der seither gestorbenen 50.000 Generationen á 20 Jahren Dauer 0,1 bis 2 Milliarden Menschen dann flattern etwa 50 000 000 000 000 unsterbliche Seelen irgendwo herum. Da alle Raumflüge bisher mit Sicherheit ergeben haben, daß auf keinem anderen Planeten Möglichkeiten der Unterbringung existieren, da außerdem die nächsten Sonnen 4 bis 8,5 Lichtjahre entfernt sind, muß man fragen: Wo sind diese Seelen?

Das ganze ist ein Illusions-Nonsens. Es gibt keine Seele, schon gar keine unsterbliche. Es gibt nicht einmal den leisesten seriösen Anhaltspunkt dafür. Es sei denn, der Egoismus der Priester der Religionen, die von der angeblichen Verwaltung dieser Seelen leben und behaupten, sie hätten mit mystischem Weihrauch Zugang zu jener Welt.

Der ganze fundamental verschiedene Verhaltungs-Komplex zwischen Mensch und Tier: der Mensch mit seiner in tiefsten Quellen des Alls verankerten unsterblichen Seele, die das Tier nicht hat.

Hunde vereinigen sich öffentlich, Menschen unter einer Bettdecke. Vorerst noch, bis Bildung für alle und Sexualunterricht für Kleinkinder das ändern. Aber vielleicht liegt es daran, daß der Mensch keinen wärmenden Pelz hat, der Hund wohl.

Das ständige Chaos der Gefühle, der Kampf mit den Urgefühlen Angst, Schmerz, Lust und Aggressivität, der Streit mit dem immer mahnenden, selten siegreichen, für jeden verschiedenen Hirn ist das, was man Persönlichkeit nennt, das vermeintliche Ich, die Seele.

Das verwirrende Getöse von Illusionskausalitäten — genannt Seele — ist es, von dem die Priester behaupten, es mache den Unterschied zwischen Mensch und Tier aus; und gerade dieser logisch kaum entwirrbare Filz sei unsterblich.

Jede Lüge braucht zu ihrer Scheinbegründung eine neue Lüge. Für die einmal aus physiologischen Gefühlzwängen entstandene Illusion einer unsterblichen Seele mußten weitere scheinlogische Zusatzmotive erfunden werden: Ein Ort-Paradies für die unsterblichen Seelen, ein Generalverwalter namens Gott, der alles regieren sollte; ein System von Gnaden, Vergünstigungen und Strafen, die dieser angebliche Gott zu vergeben hätte; eine Priesterschaft, die nach Art von Telefonzentralen die behauptete Beziehung zum sonst nicht nachweisbaren Himmel herstellte. Dazu eine Art von Verdammungsgefängnis für die, die nicht dumm genug waren, das alles zu schlucken: die Hölle und einen dortigen (doch dogmatisch von Gott eingesetzten) sadistischen Generalverwalter, den Teufel, der heute von Kirchen in ihren hoffentlich letzten Zuckungen nochmals aktiviert wird.

Den Menschen — als den in unserem Sonnensystem sicher höchstentwickelten Tieren — ist das riesige Rechensystem Großhirn aus Mutationszufällen zugewachsen. Dieses Hirn mit seiner Zentrale »Bewußtsein« und dem System »Logik« ist allumfassend, was unsere Erdbedürfnisse betrifft, mit großem, aber ungenauem Gedächtnisinhalt, mit der Fähigkeit, komplizierte Kombinationen zu speichern; etwa ein fünfzig Jahre nicht mehr gesehenes Gesicht trotz Altersveränderungen wiederzuerkennen.

Der dafür gezahlte Preis ist hoch: Das Bewußtsein — die in unserem Sonnensystem einmalige Selbsterkenntnis; die erdrückende Einsicht der Sinnlosigkeit, der unentrinnbaren Vergänglichkeit und der allgegenwärtigen (wenn auch zeitlich hinausgelogenen) Todesangst. Das Tier hat Todesangst nur in bedrohenden Momenten; als psychischer Anreiz zur Ausschüttung von Adrenalin aus den Nebennieren, das den Körper, die Muskulatur, das Herz, sofort in höchste Kraftabwehr versetzt. Das Tier hat nicht genug Dauerbewußtsein, um die Todesangst auch in ruhigen Zeiten zu fühlen.

Kein Mensch kann mit dauernder Todesangst leben. Seine stets angstgereizten, auf maximale Abwehranstrengungen konzentrierten Kräfte wären rasch verbraucht. Früher Tod durch Kreislaufversagen wäre sicher.

Die genetisch festgelegten, vererbten Instinktmechanismen, die zur Erhaltung, zum zwangsweisen Absolvieren der einmal ins »Leben« gestoßenen Existenz zwingen, müssen Abwehrlügensysteme gegen die Todesangst schaffen. Es müssen Illusionslügen entstehen, die stark genug sind, die Todesangst als unbegründet, als weit hinausgeschoben zu unterdrücken.

Es entstehen alle Arten von mystischen Vernebelungen, das Weglügen des Todes durch die Erfindung einer aller Logik widersprechenden unsterblichen Seele, durch Hinauslügen der sachlichen Argumente, durch die Gnade der Dummheit, von der es im Kinderbuch der Bibel heißt: Selig, sind die, die da geistlich arm sind (Matthäus 5, 3). Sie sind glücklich, sie ahnen das Paradies, sie wollen Wahrheit gar nicht wissen. Und warum soll man ihnen Illusionen rauben? Wissen mit allen Konsequenzen ist nur für wenige tragbar. Auf die kommt es aber an.

Nur im instinktbedingten Unterdrücken des Wissens um die Zwecklosigkeit, um den sicheren Tod, läßt sich das einzig Wesentliche des Menschen, die Fortpflanzung, Schaffung der neuen Generation, in Ruhe erzwingen.

Eine von den autonomen Urmechanismen aus der spät entwickelten Hirnmaschine (trotz deren gegenteiligem Wissen) erzwungene Illusion nennt man Trost. Ohne diese Selbsttäuschung durch den Trick »Trost« könnte kein Mensch existieren. Für diesen unentrinnbaren Trostzwang, den sich jeder selbst vorlügen kann, haben unzählige machtbesessene Offenbarer Systeme der Täuschung für die denkfaule Masse erfunden.

Wenn Menschen sterben, wenn einer Mutter ihr Kind stirbt, dann ist sie fassungslos; das, was eben noch gelebt hat, sich bewegt hat, sie angesehen hat, ihr Kind war, das sie lebendig geboren, geliebt hat ist jetzt auf einmal kalt und starr, ohne Blick, ohne Bewegung; das darf doch nicht sein, das kann doch nicht sein, da muß doch irgendetwas geschehen. Und es geschieht etwas: Da kommt einer, der »tröstet« sie mit Illusionen, sagt, er nähme einen Teil des Leids auf sich, das Mitleid, redet ihr vor, das Kind sei mit seiner Seele im Himmel bei dem nicht existierenden Gott, dort würde sie es bestimmt wiedersehen, er wisse das. Ein (wahrscheinlich nötiger) Priester, und er wird dafür bezahlt.

Hier ist eine der wenigen illusionserzwungenen paradoxen Aufgaben, die der Organismus in den meisten Fällen nicht selbst korrigieren kann. Er braucht andere, die ihm sein Leid per Suggestion verkleinern, ihm Scheinauswege vorgaukeln: Trost. Das kann der Einzelne, psychologisch in Suggestivtechnik wenig Erfahrene schlecht. Besser sind da professionelle Tröster, die über die suggestive Technik verfügen.

Diese wichtige Handlung ist die eine Aufgabe, die eine Existenz von Priestern rechtfertigt; ihre bewußte und gekonnte Unwahrheit des Trostes zur Bekämpfung der Verzweiflung.

Trost ist biologisch so wichtig wie Essen und Trinken. Nur muß man die Widersprüche per Zwiedenken sehen. Unzählige, in wirkliche oder vermeintliche Not geratene Menschen wollen aber Trost, wollen angelogen werden oder sich selbst belügen.

Dieses Trostbedürfnis, das als »Mit«leid jeder jedem anderen spendet (es könnte mir ja geradeso gehen) wird von allen Religionen in weitem Umfang für ihre Selbstzwecke gebraucht.

Trost ist immer Lüge, gegen sich oder andere. Aber ohne Trost ist das Leben »trost«los. Trost und Hoffnung sind vom Instinkt erzwungene Wehrmechanismen, damit der dauernde (vom Hirnbewußtsein als zwecklos erkannte) Kampf des Körpers gegen Zerfall, gegen den zweiten Wärmesatz bis zum Tod nie aufgegeben wird.

Man wird Menschen die Wunsch- und Trostillusion der unzerstörbaren Seele und ihr Fortleben nach dem Tod nicht ausreden können: die Einsicht, biologisch nichts zu sein als ein vorübergehendes 50 bis 70 Jahre tätiges Instrument mit der einzigen Lebensaufgabe, die nächste Generation zu machen, deprimiert, ist trostlos. Aber es nützt nichts. Der nicht umzubringende Zwang zu unerbittlicher sachlicher Wissenschaft, die reine Domäne des Großhirns zwingt dahin. Wer die Einsicht nicht erträgt, sucht sich irgendwo die Lüge »Trost«.

Trost ist immer eine gelogene Verkleinerung von gegenwärtigem Leid. Trost ist psychologisch für alle einfachen Menschenköpfe nötig.

Die automatischen Zentren des Stammhirns, als Abwehr gegen die lebensgefährdende Einsicht der Sinnlosigkeit durch den Parasiten »Bewußtsein« erzwingen das Weglügen dieser Einsicht. Für Menschen mit klarem Bewußtsein gibt es keinen Trost.

Mitleid ist die psychische Mitübernahme von fremdem Leid. Das ist beim Einzelleid möglich; für gleichzeitig viele unmöglich. Wenn ein Arzt mit den Leiden von 15 seiner täglichen 30 Patienten bei jedem psychisch mitleiden wollte, wäre er in derselben Nacht an Erschöpfung tot. Aber die Patienten verlangen Mitleid. So muß der Arzt eben das Spiel pro forma mitmachen.

Mitleid in genereller Form für viele nimmt oft dramatische Formen an: Das Analogie-Weinen samaritärer Bewegungen. Tierschutz. Der antike Klagechor.

In Diskussionen wurde die Frage aufgeworfen, ob die Einsicht in die Mechanistik der eigenen Lebensabläufe, aller Illusionen, in die nicht vorhandene »Freiheit« der Entscheidungen, zum Verzweifeln, zum Bilanz-Selbstmord führen müßte.

Bei »gesunden« Menschen sind die Zwänge des uralten Stammhirns, der Zwang zu Aggressionen und dann zur Erhaltung der Aggressions-Ergebnisse in »Ordnung« stärker, als die kalten Rechnungen des Großhirns. Man muß am Abgrund leben. Selbstmord ist ein Zeichen von Schwächlingen. Anders Bilanz-Selbstmorde, wegen unheilbarer Krankheiten, zwecklos gewordener Altersexistenz, wegen der Einsicht: jetzt ist es Zeit.

Als vorläufiges Endprodukt der Entwicklungsreihe ist der Mensch das einzige Tier, das den sicheren Tod voraussehen und ihm aus Überlegung einige Zeit zuvorkommen kann.

Beim gesunden Menschen ist der in den Genen unwidersprechbar festgelegte Zwang mächtig genug, um auch unter widrigsten Umständen zum Zweck der Weiterführung des Geschlechts weiterzukämpfen, um jeden Preis mit der nötigen Aggressivität gegen sich und andere.

Die zweite wichtige, ebenfalls psychotherapeutische Funktion, die man als Beruf katholischen Priestern zugute halten kann, ist das »Beichten«. Zahlreiche Menschen tragen an etwas vermeintlich oder wirklich Schwierigem, an dem Schwindel von Sünde und Reue, das sie ihrer Umgebung nicht zu sagen wagen.

Die Möglichkeit, das an einen zur Diskretion verpflichteten Priester kostenfrei loszuwerden, besteht nur in der katholischen Kirche. Es ist wohl ihr wertvollstes Positivum.

Luther hat das im Protestantismus abgeschafft. Protestanten müssen dafür jetzt zu Psychoanalytikern gehen. Für fünfzig Dollar die Stunde, ohne sichere Diskretion.

Auf die Religionen des Mittelmeeres, Europas, kam es in der Weiterentwicklung der Menschheit in den letzten Jahrtausenden allein an. Die asiatischen Religionen waren in unbeweglichem Patriarchalismus erstarrt. Es gab nur zwei Startreligionen: Die sachlich schönen freien Religionen des Hellenismus und die finster brutale, herrschsüchtige und unmenschliche Religion des Judentums.

Es würde sich nicht lohnen, auf eine Lokalreligion, wie die levantinischer Hebräer einzugehen, wenn sie nicht die Mutter der Religionen aller weißen Rassen, und getrennt, der arabischen Rassen geworden wäre. Darum müssen zuerst die hellenistische und Hebräerreligion betrachtet werden.

Die natürlichsten Götter, die es je gegeben hat, waren die der antiken Griechen. Sie hatten einen höheren Rang als Menschen, aber menschliche Eigenschaften und Regeln für die Menschen, nach denen man sich richten konnte oder auch nicht, ohne Furcht vor Repressalien. Sie waren ästhetisch schön und wert, schon aus diesem Grund verehrt zu werden, ohne daß sie die widerwärtige kriecherische Unterwürfigkeit der mosaisch-christlichen Religion verlangten.

Man nahm in Gegenden erleichterten Lebens ohne erdrückendes Klima die Götter als Freunde, etwa als das, was Nietzsche »Übermenschen« nannte, im klassischen Hellas, von dem uns nur die positiven Seiten überliefert sind.

Sie waren das Gegenteil des hebräischen Gottes, des düsteren Tyrannen: »Du sollst Dir kein Bildnis machen« ...; sie machten das schönste Gottesbild, das die Menschheit kennt: den eigenen nackten Körper, den sie als Gott verehrten.

Ihre Götter verlangten keine Dogmen, die das menschliche Hirn in Ketten legten. Die Menschen konnten innerlich frei leben.

Schwärmerisch und vielleicht übertrieben hat es der Dichter R. G. Binding ausgedrückt: »In diesem Licht, wo Heuchelei sinnlos, Geheimnis unnatürlich, Mystik voraussetzungslos ist, ging einmal unverhüllt und unverhüllbar unverschämt und durch sich selbst geadelt das rein Menschliche um« (Lit. 7).

Die Erkenntnis, wenn auch ohne prüfende Experimente, war hoch entwickelt; es war schon bekannt, daß die Erde eine Kugel war, selbst der Radius war schon erstaunlich genau berechnet. Der Begriff des Atoms als der kleinsten Teilchen, der Elemente (wenn auch in naiver Form), war bereits bekannt. Ausgezeichnete Entdeckungen im Gebiet der alles verbindenden Mathematik wurden gefunden. Die Philosophie, das Reflektieren über die eigene Existenz hatte ein hohes, noch heute bewundertes Niveau.

In diese freie Welt, der wir Parthenon und die schönsten je gemachten Bildhauerwerke verdanken, brach eine muckerische Levantinerreligion, das mosaische Christentum herein und zerstörte für mehr als ein Jahrtausend alles, was Erkenntnis, was schön war.

Alles, was in der hellenistischen Welt einmal groß und frei gewesen war, alles, was an naturwissenschaftlicher und philosophischer Erkenntnis schon da war, verschwand für mehr als ein Jahrtausend unter dem Leichentuch des Christentums. Es wirkte so, wie wenn man über eine blühende Wiese Teer ausgießt: Alles Lebendige erstickt.

Eine besonders bösartige Form hatte das vermeintliche Weltlenkprinzip als »Jehova« bei den Juden. Jehova ist die Erfindung eines herrschsüchtigen Priesterkollektivs, die dann dem Politiker Moses angehängt wurde. Die angeblichen auf dem Berg offenbarten Gesetze (Offenbarungen geschehen unkontrollierbar fast immer auf einem Berg) wurden mit bösem Terror dem eigenen Stamm auferzwungen.

Von da ab, angeblich im Besitz des einzigen unfehlbaren Gottes, betrachteten sie sich arrogant als das auserwählte Volk dieser Erde. Das alte, rein mosaische Testament trieft von haßerfüllter Bösartigkeit der Gebote des Priesterkollektivs. Sie schoben das alles ihrem Jehova unter.

Beispiele: 3. Moses 20

(5) Die mit dem Moloch Abgötterei getrieben haben, ausrotten.

(9) Wer seinem Vater flucht, der soll des Todes sterben.

(10) Wer eine Ehe bricht, der soll sterben.

(11) Wer bei seines Vaters Weibe schläft, dann sollen beide sterben.

(13) Wenn jemand beim Knaben schläft wie beim Weibe, die haben einen Greuel getan, und sollen beide des Todes sterben.

(15) Wenn jemand bei Viehe liegt, der soll sterben.

(17) Wenn jemand Blutschande tut, der soll sterben.

(27) Wenn ein Mann ein Wahrsager wird, der soll sterben

2. Mose 31 (14)

(14) Wer den Sabbat entheiligt, soll des Todes sterben.

(15) Wer Arbeit tut am Sabbat, soll des Todes sterben.

An Drohungen: 3. Mose 26

(16) Ich will Euch heimsuchen mit Schreck, Dürre und Fieber, daß eure Gesichter verfallen und der Leib verschmachte.

(22) Will wilde Tiere unter Euch senden, die sollen eure Kinder fressen und euer Vieh zerreißen.

(29) Daß ihr sollet eurer Söhne und Töchter Fleisch fressen.

Brutalitäten: 5. Moses 22

(21) Wird eine nicht Jungfrau gefunden, so sollen sie die Leute zu Tod steinigen.

(23) (24) Wenn jemand mit einer Dirne verlobt ist, so sollt ihr beide steinigen.

5. Mose 28

(21) Glaube, wenn nicht: Der Herr wird dir die Pestilenz anhängen.

(26) Dein Leichnam wird eine Speise sein allen Vögeln und Tieren.

(27) Der Herr wird dich schlagen mit Feigwarzen (Lues?), Grind und Grätze.

(28) mit Wahnsinn, Blindheit und Rasen des Herzens,

(60) und wird dir zuwenden alle Seuchen.

5. Mose 27

(26) Verflucht sei, wer nicht alle Worte dieses Gesetzes erfüllt.

Und als Hohn auf jüdische Dialektik:

3. Mose, 24 (20) Schande um Schande, Auge um Auge, Zahn um Zahn.

3. Mose, 19 (18) Du sollst deinen Nächsten lieben, wie dich selbst.

Die Bösartigkeit dieser Jehova-Gebote richtete sich auch gegen die eigene Rasse, wenn deren Stämme die absurden Vorschriften des Moses nicht buchstabengetreu befolgten. So kam es, daß sie sich wegen alberner Abweichungen aus dogmatischem Fanatismus selbst massenweise umbrachten:

2. Mose 32

(27) ... so spricht der Gott Israels ... gürte ein jeder sein Schwert ... und erwürge ein jeder seinen Bruder, Freund.
(28) Die Kinder Levi taten so und fielen des Tages vom Volk dreitausend Mann.

4. Moses 16

(35) Da fuhr das Feuer aus dem Herrn und fraß die 200 Männer (des Stammes Levi).

17 (14) Durch Moses Fluch starben 14 700.

21 (6) ... sandte feurige Schlangen, die bissen, daß viel Volkes in Israel starb.

31 (27) so erwürget nun alles, was männlich ist unter den Kindern und alle Weiber, die Männer beigelegen haben.

31 (7) ... und erwürget alles, was männlich war.

Es ist dem Referenten nicht bekannt, daß sich irgendwelche christlichen Theologen von dieser Brutalität des mosaischen Testaments distanziert hätten. Oder sollen sie mit der Phrase hantieren, alles sei nur symbolisch gemeint?

Der Extrakt der Belohnung ist für Juden keineswegs das Paradies, sondern das, was die schwer ertragbare Arroganz des Judentums ausmacht: Eine sachliche Diesseitsbelohnung:

5 Mose 28 (1): Wenn Du der Stimme des Herrn, deines Gottes, gehorchst, so wird dich der Herr zum Höchsten machen über alle Völker der Erde.

Die spätere Konsequenz bei der Erfindung des Christentums und des Himmels durch die mosaischen Apostel: euch den herrlichen Himmel, uns dafür blos die Erde.

Die bis ins kleinste gehenden Vorschriften Jehovas wurden schließlich unerträglich. Sie haben nicht gegen Moses rebelliert. Sie haben vielmehr mit ihrer hochentwickelten bizarren Intelligenz Systeme entwickelt, wie man die unerträglichen Gebote umgehen kann: den Talmud.

Die Grundlage des Judentums ist der babylonische Talmud. Er besteht aus der Gesetzes-Mischna, abgeleitet aus Moses; und der mit endloser dialektischer Geschwätzigkeit (eine Eigenschaft vieler Levantinervölker) diskutierten Auslegung, der Gemara.

In der deutschen Übersetzung (Lit. 30) sind das in 12 Bänden nicht weniger als 9384 Seiten. Er entstand vom 6. Jahrhundert vor bis zum 5. Jahrhundert nach der Zeitrechnung; und erstarrte dann zum Dogma; wie Bibel und Koran.

Der Talmud ist eine Mischung von hysterischer Jehova-Angst, und nüchterner, endlos dialektisch diskutierter Umgehungstaktik; mit bis ins kleinste gehenden Vorschriften; um ja nicht den leisesten Zorn des selbstgebastelten bösen Vaters Jehova zu erregen.

Ein treffendes Beispiel hat der Schriftsteller Neumann erzählt:

Als im letzten Weltkrieg in England alle deutschen Emigranten, ob Christ oder Jude, vorsichtshalber in einem großen, von einem Stacheldrahtgitter umgebenen Lager interniert wurden, hatten die frommen gläubigen Juden im Stacheldraht ein eigenes, kleines, von ihnen selbst mit Draht abgegrenztes Lager. Das war ihr Haus, in dem sie sich laut Jehova-Vorschriften am Sabbat aufhalten mußten.

Aber die Küche war weit außerhalb des jüdischen Reservats am großen Stachelgitter. Was tun? Dorthin durften sie am Sabbat nicht. Sollten sie am Sabbat hungern?

Sie kauften dem englischen Kommandanten am Freitagabend den äußeren großen Zaun für ein Pfund ab. Jetzt war das ganze große Lager ihr Haus. Sie konnten in die entfernte Küche essen gehen.

Am Sonntagmorgen verkauften sie jeweils den äußeren großen Stacheldrahtzaun wieder für ein Pfund an den englischen Kommandanten.

Die Lösung ist bewundernswert genial. Nur ein in Talmuddialektik geschultes Hirn konnte einen derartigen Umweg finden. Aber für wie dumm müssen fromme Juden ihren Jehova halten, der das schluckt.

Der Talmud, selten von Angehörigen der weißen Rasse gelesen, auch fast so unlesbar wie Marxens »Kapital«, ist die beste dialektische Geistesschulung, die es gibt. Auf jeder Seite finden sich diskutierte Auswege, wie man um die Widrigkeiten der Umwelt und die unerträglichen Gebote Jehovas formal legal herumkommt und doch den selbstbefriedigenden Schein der frommen Legalität wahrt.

Die vermittelnde Scheinlogik ist die Dialektik, von der ein intelligenter Levantiner, Karl Marx, ausgiebig Gebrauch gemacht hat.

Ein kurzes Beispiel: Aus dem babylonischen Talmud von Goldschmidt, Band 7, Seite 128 (Lit. 30):

»Wenn ein Ochs eines Israeliten einen Ochsen eines Nichtjuden niederstößt, so ist er ersatzfrei, wenn aber der Ochs eines Nichtjuden einen Ochsen eines Israeliten niedergestoßen hat, so hat er den ganzen Schaden zu zahlen. Denn es heißt: Er stand auf, und die Erde wankte. Der Schriftvers sei zu verwenden für die Lehre von Rabbi Mathma und des Rabbi Joseph; er erschien vom Berge Paran. Am Berge Paran gab er ihr Vermögen den Israeliten preis.«

Hier ist alles vereinigt, was Dialektik, den logischen Betrug einschließt.

Das Unrecht des ersten Satzes wird durch Hin- und Herschieben von Zitaten einiger Rabbis, die sich auf etwas ganz anderes beziehen, »bewiesen«. Aus menschlichem Unrecht wird plötzlich festgefügtes jüdisches Recht, den Nichtjuden zu bestehlen.

Die systematische Fälschung und Unmöglichmachung logischen Denkens wird noch biblisch gerechtfertigt:

1. Moses 11.

Lasset uns ihre Sprache verwirren, daß keiner des anderen Sprache versteht.

Das ist das genaue dialektische Grundprinzip, nach dem alle Behauptungen der Religionen, des Marxismus, das wahr = unwahr, »bewiesen« werden.

Weitere hübsche Beispiele aus dem babylonischen Talmud: Band 1, Seite 99 bis 102: hier streiten sich etwa zwanzig Rabbiner mit dialektischen Spitzfindigkeiten, ob man Tephillin (Gebetsriemen) mit auf den Abort nehmen darf. Seite 105: Rabbi Yahuda: Wer beim Gebet steht, und unten »nießt«, warte, bis der Geruch verflogen ist, und bete dann weiter. Volle sechs engbedruckte Seiten (106 bis 112) diskutieren ein Dutzend Rabbis, ob man beim Kot-lassen in der Gemara (Teil des Talmuds) lesen darf. Erst, wenn man vom vollen Nachttopf vier Ellen weit weg ist, darf man. Vor einem nackten Nichtjuden darf man (S. 110) nicht Gemara lesen, da »sein Fleisch dem eines Esels gleicht«.

S. 103: Darf man im Bett zu zweit Gemara lesen? Nur abgewandt. Auch, wenn sich die Hinterbacken berühren. Denn das ist keine Scham.

Der babylonische Talmud enthält noch viele solch kostbarer Perlen. Ihr Adel ist die Rabbinerschicht. Da konnte einer sein Leben ohne Arbeit mit dialektischem Diskutieren über die 9384 Seiten Talmud und ähnliches zubringen. Eine blendende Advokatenschulung. Aber l'art pour l'art. Wertvoll wurden sie nach Ablösung von ihrem Glauben, wenn die formale, leider oft auch die dialektische Schulung blieb. Die Grundlage von Marx. Endlose Geschwätzigkeit, dogmatische Arroganz und Arbeitsscheu.

Diese levantinische Lokalreligion wäre uninteressant und in diesem Referat nicht zu erwähnen, wenn nicht vor 1900 Jahren in Palästina ein hebräischer Redner namens Jesus aufgetaucht wäre, vielleicht auch nur erfunden, der sich einbildete, ein Sohn dieses Jehovas zu sein.

Solche Figuren, den Psychiatern bekannt, kommen immer wieder. Die Buddha, die Mohammed, auch der Mann, der vor kurzem angeblich im Auftrag Gottes im Rom die Pietà Michelangelos mit dem Hammer zerschlug. Sie alle hatten Offenbarungen, meist auf einem Berg. Man weiß heute, daß 60 % aller Insassen von Irrenhäusern Offenbarungen haben und daß nach einer alten psychiatrischen Regel solche Offenbarungen immer als von oben, vom vermeintlichen Himmel kommend empfunden werden.

Dieser Jesus hatte von Anfang an nur die halbe Chromosomenzahl, ohne Vater von einer Jungfrau geboren (so die Behauptung der katholischen Kirche).

Dann hört man nichts mehr von ihm, bis er, mit angeblichen 32 Jahren, am Anfang des Wahnsinns, er sei ein Sohn Jehovas, Anhänger für seine Ideen findet.

Der plötzliche Größenwahn des Jesus: Aus Matthäus 17 (5): Gott spricht: Das ist mein lieber Sohn, den sollet ihr hören.

Johannes 14 (6): Niemand kommt zum Vater, denn durch mich.

Man vergesse nicht, welche außerordentliche Überzeugungskraft oft Halbirre, vermeintliche Seher haben. Wenn sie fanatisch an ihre Sendung glauben. Man denke an Hitler.

Noch heute ist es im Orient üblich, daß man einem nicht bösartigen Narren (mit Wünschen) die Hand küßt, weil er vermutlich bald vor Gott steht und als Heiliger die Wünsche weitergeben kann. Noch eindringlicher machten es früher Eingeborene auf Borneo: Verbrecher, den Irren gleichgestellt, wurden in engsten Bambuskäfigen öffentlich ausgestellt. Jeder Vorbeigehende durfte mit dem Messer, bei gleichzeitigen Wünschen, hineinstechen. Spätestens nach zwei Tagen wird der Betreffende vor den Göttern stehen und die Wünsche weitergeben.

Der Referent sieht keinen Grund, sich mit den taubenhaften sanften Sprüchen des Jesus auseinanderzusetzen.

Wie fast alles an dieser Gestalt des Christus aus nachträglich konstruierten Illusionen und Märchen über seine sachlich nirgends voll bestätigte Figur besteht, (Paulus und der größte Teil der »Apostel« haben ihn nie persönlich gesehen), hat in überzeugender Weise Augstein in seinem Buch »Jesus, Menschensohn« gezeigt (Lit. 2, 62 Qumram Funde).

Das wird heute unterstützt durch einige halbwegs sachliche Theologen: den Prostestanten Bultmann, und den Katholiken Küng.

Über die inneren Intriquen führender katholischer Theologen, siehe Mynarek (Lit. 72a).

Mit der Pathologie der Nebelfigur Jesus haben sich Psychiater beschäftigt. Man lese in Lange Eichbaum »Genie und Irrsinn« (Lit. 61), im Original von 1956, das dann auf Druck von theologischer Seite in der sechsten Auflage auf milde Zustimmung verändert werden mußte. Die Sekte des Jesus, eine von tausenden wieder verschwundenen, wäre mit dem Programm »liebe deinen Nächsten« rasch wieder vergessen, weil sie einem der elementarsten menschlichen Triebe, dem Aggressionstrieb, zuwiderlief.

Wenn nicht ein dialektisch gerissener, propagandistisch mit allen Teppichhändler-Logiken vertrauter überzeugender Vielredner namens Paulus die Brutalität der Moses-Religion mit der sanften Zuckergußreligion des femininen Christus verschmolzen und als Christentum (mit dem Logikerzynismus eines Rabbiners nach Nietzsche) den weißen Rassen angehängt hätte.

Paulus nannte Jesus einen »Erlöser«. Er sollte von menschlicher Schuld erlösen, indem er sich an ein Kreuz nageln ließ (was es in Religionen anderer Rassen nicht gibt). Diese Gefühle der Schuld hat Paulus den dummen weißen Rassen erst eingeredet, um für seinen Jesus eine Existenzrechtfertigung zu konstruieren. Denn von was sonst sollte der wen erlösen?

Die Menschheit läuft, ob erlöst oder unerlöst, auf genau dieselbe Art unverändert weiter.

Und wie ist es mit den Trillionen Menschen, die vor dem Erlösungsdatum gestorben sind? Sind sie nacherlöst worden? Wie auf der Eisenbahn? Das ganze ist ein blamabler Nonsens.

Ausgerechnet Sigmund Freud, neben Einstein wohl der genialste analytische Jude des Jahrhunderts, hat den Rassenunterschied in seinem »Mann Moses« betont (Lit. 26 a).

Er stellt die Diskrepanz zwischen der griechisch-römischen Antike und den Juden heraus: Es ist gleichzeitig die unüberschreitbare Barriere zwischen der Antike und dem mosaischen Christentum.

Die antiken Griechen (mit denen die heute dort lebenden Rassen nur noch die Sprache ungefähr gemeinsam haben), waren geistig und sachlich hoch qualifiziert, ohne Übertreibung, harmonisch mit einem als schön gesuchten Körper, den man ohne dogmatische Hemmungen zeigte und verehrte.

Die anderen dagegen, bis zum bizarren Exzeß des jüdischen Witzes, im dialektischen Denken mit allen nüchternen Raffinessen, mit dialektisch analytischen Fähigkeiten geschult, aber bezahlt mit der Disharmonie eines abstoßend ästhetisch-häßlichen Körpers ihrer Rasse, ständig in Furcht vor seelischen und körperlichen Mißhandlung, ständig innerlich zusammengeschlagen durch drohende seelische Prügel ihres Moses-Jehova. Das drückt sich auch in ihren Bauten aus: die Schönheit und Harmonie klassischer Bauten und selbst katholischer Kirchen gegen die abstoßende Häßlichkeit von Synagogen. Zwei Extreme an Menschenrassen: geordnete, kritische Harmonie, und häßliche Disharmonie.

Die Kehrseite ist, daß geordnete Harmonie leicht zu alleinseeligmachendem Meinungsterror erstarrt. Nur gehässige kritische Disharmonie verhindert die drückenden alleinseeligmachenden Tabus.

Nichts würde den deutschen Universitäten so gut tun, als ein Dutzend gescheite, kritische Juden; falls sie sachlich, und nicht Soziologen mit Talmud-logik sind.

Hier sind die Juden mit ihrer Fähigkeit zu Nüchternheit, zu oft messerscharfer Sachkritik ein wesentlicher Bestandteil jeder geistigen Entwicklung, wenn sie nicht ihre Fähigkeiten zu bösartigen Racheakten mißbrauchen, wie Paulus und Marx.

Paulus hatte auch eine soziale Betäubungstablette parat: Die Gleichheit aller Menschen (was ihn sofort den Hals bei der damaligen herrschenden Schicht gekostet hätte), aber vorsichtshalber erst im angeblichen, nie gesehenen, nie bewiesenen, auch astronomisch nirgends unterzubringenden Himmel. Das kostete nichts, da ihn niemand nach dem eigenen Tod wegen bewußten Betruges anklagen konnte. Dieser Trick störte die diesseits Herrschenden nicht. Den Gläubigen der großen Masse erlaubte die Behauptung, von der angeblich sicheren Hoffnung aufs Jenseits zu leben und im Diesseits nicht unnötig zu rebellieren.

Er übernahm die widerwärtige Bettmoral seines Volkes, das alte Testament, und impfte das Gift mit großem Geschick der weißen Rasse ein.

Man vergißt immer, daß mosaisches Christentum und christliche Moral nur unter weißen Rassen besteht, daß nur die Gesetzesbücher der weißen Rasse mit dieser häßlich brutalen Moral infiziert sind. Bei allen anderen Rassen war die aufdringliche christliche Propaganda, waren Missionare praktisch wirkungslos.

Das den weißen Rassen durch Paulus eingeimpfte Gift ist wie das Wirken eines Virus-Gens auf die lebende Zelle. Das Virusteilchen veranlaßt die Wirtszelle, die es infiziert, indem es den Einbau seiner eigenen giftigen Gene in die Chromosomen-Kausalitäten der viel tausendmal größeren Wirtszelle erzwingt, für dauernd dem verderblichen Virus hörig zu sein.

Die geniale Leistung des Levantiners Paulus bestand darin, die weiße Rasse unter das Joch der mosaischen Religion zu zwingen, während seine eigene Rasse von den unerträglichen Gesetzen durch das wahr = unwahr des Talmuds befreit war.

Dieser fundamentale Unterschied mit der außerordentlichen dialektischen Schulung begründet die unbestreitbare geistige Überlegenheit der gescheitesten, aber oft auch skrupellosen Juden.

Das ist das Verhältnis des winzigen Hebräertums und sein Einfluß auf die riesige Masse der europäischen und amerikanischen weißen Rasse, die Gojim-Welt.

Es ist Genialität der levantinischen Rabbiner, der Propheten, daß sie im Dogmenbuch der Bibel etwas konstruiert haben, was der Mentalität der weißen Rassen, ihrer Mischung aus Rationalität und mystischen Nebelbedürfnissen präzis entsprach.

Die Bibel (ca. 1200 Seiten), aus der Levantinerküche wie der Talmud (9384 Seiten) unterscheidet sich darin, daß nicht mehr diskutiert wird, sondern mit biedermännischer Frechheit, für Nichtjuden nur noch befohlen wird: »So spricht der Herr, dein . . .« (Jesaia 44, 24; 45, 18; Jeremia 48, 1; und viele andere.

Den Inhalt der Bibel kann man in drei Bereiche einteilen:

1. In einen lyrischen Teil. Manche lesen darin wie in einem Gedichtband. Das ist ästhetische Lustbefriedigung, privates Vergnügen, ohne Anspruch auf sachliche Wahrheit.
2. In einen historischen Teil, wie Homer, Herodot, Flavius Josephus und andere. Erzählungen vom Hörensagen, die dann sachlichen Wert be-

kommen, wenn es gelingt, sie durch archäologisch-historische Funde zu bestätigen.

3. In einen dogmatisierten Offenbarungsteil. Hier gibt es keine Sachgrundlage. Alle diese Behauptungen sind arrogante Privat-Deklarationen. Wenn im historischen Teil etwas bestätigt wird, dann wird (»die Bibel hat doch recht«) das als Krücke benutzt, um gleich auch den leeren Offenbarungsteil als »Wahrheit« zu deklarieren. Ein unsachlicher Trick, dem gedankenlos die unkritischen Gläubigen erliegen.

Das mosaische Christentum mit seiner brutalen Härte zur strengen Einhaltung wurde der ganzen weißen Rasse aufgezwungen, die unter diesem Terror schwer zu leiden hatte. Die weiße Rasse hat leider nicht genügend Teppichhändlerintelligenz hervorgebracht, um sich ihrerseits einen dialektischen Talmud zu schaffen, der sie von der Last ihres Gottes befreit hätte, und ihnen gleichzeitig den Schein des Religionsgehorsams erlaubt hätte.

Die Disziplinierung der Juden hat sich mit der Aufzwängung der mosaischen Härte auf die weiße Rasse übertragen, besonders in ihrer intoleranten Form des Calvinismus. Hier haben kleine Unterschiede in den christlichen Religionen Weltgeschichte bewirkt.

Der Religion der südeuropäischen romanischen Völker ist es — unbekümmert um die Rasse — für ihre Männer gleichgültig, wohin sie ihren Samen verlieren, wenn nur wieder Katholiken herauskommen. Sie haben sich in Südamerika hemmungslos mit Negern und Indios gemischt.

Die protestantischen Christen, hart im Calvinismus, haben nur erobert und in strenger, aus ihrer Religion gezogener Arbeitsmoral den heute wohl mächtigsten Staat der Erde, die USA, zusammengeschmolzen — aus selbstherrlichem Stolz auf ihre Rasse ohne Mischung mit Negern.

Aus den freien aufrechten natürlichen Menschen der Antike, aus den Helden der schönen gesunden Körper wurden im Christentum Helden der niedrigsten menschlichen Stufe. Verkrampfte Masochisten kamen als Märtyrer und Heilige auf die Altäre der Verehrung; Sadisten, die per Inquisition und Hexenverfolgung etwa eine Million Menschen mit Lust ermordeten.

Statt freier aufrechter Menschen wurde ein niedriger Typ Held, der sich, auf dem Bauche im eigenen Schleim kriechend, vor einem jüdischen Messias aus Jerusalem bis zum letzten erniedrigte.

Diese Kräfte hat die Kirche, als Analogie zum angeblich freiwilligen Opfertod des Jesus, aber ohne Rückhalt in der Bibel auf sich konzentriert. Man hat sie als Märtyrer zu Heiligen ernannt, die leichter Bitten der Menschen beim vermeintlichen Gott vorbringen können, deren vermittelnde »Für«bitte wirksamer ist als die nutzlosen Gebete normaler Menschen.

Die katholische Kirche vergißt, daß die Millionen von Menschen, von Juden, von Mohammedanern, die sie durch Inquisition und die christlichen Haufen der Kreuzzüge hat umbringen lassen, meistens unfreiwillig auch Märtyrer waren. Man denke etwa an Hus. Allerdings sind die Gebeine dieser Heiligen irgendwo zerfallen; sie werden nicht in Gold- und Silberflitter gewickelt in Altären angebetet.

Es ist das vollendete wahr = unwahr, wovon alle Religionen leben.

Die katholische Kirche hat, um einen Dauerschuldteufel zu haben, das Märchen aufgebracht, »die« Juden seien am Tod des Predigers Jesus schuld. Die Kirche hat den Antisemitismus als Dauerablenkungsmittel bei sich eingebaut und hält noch heute daran fest.

Der Referent kreidet das den Juden bestimmt nicht an. Er bedauert nur, daß sie nicht auch die anderen Propheten rechtzeitig beseitigt haben.

Was wäre der Welt erspart geblieben, wenn es kein Christentum gegeben hätte, wenn die freien griechisch-römischen toleranten Religionen weiterbestanden hätten, die jedem die Freiheit ließen, zu glauben oder nicht; wenn nicht die aufdringliche, intolerante, brutale mosaisch-christliche Religion die Weltentwicklung um eineinhalb Jahrtausende in 50 bis 70 Generationen mit der stupiden Dummheit des fanatischen Glaubens blockiert hätte (Lit. 80, 82a); wenn nicht Offenbarungslügen die ganze Entwicklung der weißen Rassen auf böse Art verbogen hätten. Wo wären wir heute? Und die Welt hätte nicht unter den Altersmißgeburten des Christentums, Marxismus und Kommunismus zu leiden. Aber niemand kann das sicher sagen: Vielleicht wäre es noch schlimmer gekommen. Möglicherweise war alles zwangsläufig.

Manchmal haben kleine Dogmen weltgeschichtlichen Einfluß. Wenn in der uferlos geschwätzigen Bibel der von Aposteln konstruierte Christus im Rahmen seines angeblichen Liebesprogramms eine einzige Zeile gegen die Sklaverei gesagt hätte, wären von den frommen Puritanern, die Amerika groß gemacht haben, keine Negersklaven eingeführt worden. Unlösbare heutige Rassenprobleme in USA wären nicht da.

Geschichte geht vorbei wie Menschengenerationen. Wenn Menschen sterben, verschwinden sie spurlos unter dem Boden. Aber die toten Überbleibsel der Geschichte verschwinden nur sehr langsam oder lange Zeit gar nicht. Die Folgegenerationen müssen auf den unverdauten Resten dieser Geschichte weiterleben, meist ohne zu ahnen, wie diese toten Reste ihr Handeln zwingen und leiten.

Die katholische Kirche nimmt für sich außer biblischen Dogmen auch außerbiblische Traditionen als Leitlinien in Anspruch. Traditionen sind irgendeinmal gemachte freie Erfindungen, die dann in Familien und Kirchen weitergehen und schließlich zu unwidersprechbaren Wahrheiten erstarren.

So ist der Marienkult eine freie Traditionserfindung ohne irgendwelche Unterlage, selbst im Märchenbuch der Bibel. Der Kult entstand im 4. bis 6. Jahrhundert, als gleichzeitig die ersten Männerklöster auftraten. Es gibt Aussagen des Jesus, die sich gegen seine Mutter Maria wenden, und die dem ganzen Marien-Rummel der katholischen Kirche zuwiderlaufen: Markus 2 (4): Jesus aber sprach zu ihr: Weib, was habe ich mit dir zu schaffen? Markus 3 (33—35): Wer ist meine Mutter? Und meine Brüder?

Der Marienkult ist die Rache der Natur auf den Zöllibat, die Umstilisierung einer Frau, die geboren hatte, als Jungfrau, da nach den damaligen Illusionen nur eine Jungfrau verehrungswürdig war. Daraus entstand automatisch das Märchen der unbefleckten Empfängnis der Maria. Da das doch zuviel Gelächter erzeugte, wurde eine neue Lüge eingeschaltet, für die Befruchtung der Dame sei ein nicht körperlicher heiliger Geist verantwortlich, der trotzdem 23 handfeste Chromosomen zur Befruchtung mitliefern mußte, ohne die der angebliche Gottessohn im Uterus seiner Mutter als unbefruchtetes Ei abgestorben wäre. Und das nochmals beim Bruder Jesu, namens Jakobus, (Galaterbrief 1, 19).

Daß die Maria, die geboren hatte, als physiologisches Monstrum, ihr Mann als ein impotenter Sexualkrüppel hingestellt wird (zudem noch als Heiliger verehrt), stört keinen Gläubigen.

Es ist erstaunlich, wieviel widersinnigen Unsinn die Religionen ihren Gläubigen zumuten (Seite 31).

Das Christentum, als Kaiser Justinian 529 die letzte antike Philosophenschule in Athen schloß, legte sich wie ein Leichentuch, eine tausend Jahre währende Nacht über die ganze weiße Rasse, während andere Rassen davon verschont blieben.

Aus der mosaisch-christlichen Religion ist im Lauf eines Jahrtausends die in Prunk erstarrte, aber mit Terrormitteln gut stabilisierte katholische Kirche geworden. Sie hat imperialistisch und mit Arroganz als die alleinseligmachende Kirche mit demagogischen Fanatikern, den Missionaren, fast die ganze weiße Rasse erobert.

Kein intelligenter Kopf durfte sich noch bemerkbar machen, bis dann etwa um das 16. Jahrhundert, schon vorher durch die Renaissance der alten und einmaligen griechischen Ideen eingeleitet, die unerträglich gewordene christliche Religion durch Descartes und andere unsicher gemacht wurde.

Im Osten des ehemaligen römischen Reiches waren schon immer streitsüchtige Dialektiker, die andere Auslegungen der Bibel verfochten, nur mühsam durch Dekrete byzantinischer Kaiser zusammengehalten worden. Als durch Herrschsucht römischer Päpste sich 1054 die oströmische Religion als Orthodoxie (Rechtgläubigkeit) abtrennte, fing eine erste wesentliche Spaltung des Christentums an. Das hatte, nach der späteren Unterwerfung des bisher geschichtslosen russischen Landes unter die Orthodoxie weltgeschichtliche Folgen.

Die zweite wesentliche Spaltung des Christentums kam, als der sprachgewaltige Luther 1517 seine Thesen veröffentlichte. Die zweite Spaltung zum Protestantismus hat ihre ungewollten weltgeschichtlichen Folgen in wichtigen Sicherungen von Siedlungsgebieten der weißen Rassen auf der immer enger werdenden Fläche der Erde. Die Eroberung und Besiedlung von Amerika, Australien und Südafrika.

Interessant und kaum jemals erwähnt ist es, daß die Eroberung und Kolonisation Südamerikas vielfach durch (als Katholiken getarnte) portugiesische und spanische Juden erfolgte. Durch die spanische Fanatikerin Isabella und die Inquisition am Leben bedroht, blieb ihnen nach 1492 nur die Annahme der Einladung des toleranten Sultans nach Konstantinopel oder die Auswanderung nach Südamerika. Noch heute trägt ein Teil der herrschenden und kulturtragenden Schicht Brasiliens (obwohl längst katholisiert) spaniolisch-jüdische Namen, die gleichen, die sich auch in Konstantinopel-Istanbul unter der jüdischen Spaniolenkolonie erhalten haben.

Der Kampf der Richtungen, meist um nebensächliche Fragen, dann auch noch mit nationalistischen und dynastischen Interessen belastet, artete in die blutigen Massenschlächtereien des Dreißigjährigen Krieges, der katholischen Inquisition und in die Hugenottenmorde aus und kam schließlich durch totale Erschöpfung aller zum Stillstand. Es entstand der im halben Weg des Protestes steckengebliebene Protestantismus. Der zerfiel, nachdem einmal das Prinzip freigegeben war, daß jeder aus der Bibel herauslesen konnte, was er wollte, in zahllose brümmelnde Sekten, die sich gegenseitig das Wasser abgraben.

Zum Aufstieg der weißen Rasse hat unerwartet auch die mosaische biblische Illusion des Auftauchens eines Messias, beigetragen, der dann in Goethes »Faust«, in Nietzsches Wunschbild »Übermensch« zum Drang nach Suchen, zur Forschung, zur Sehnsucht nach der Verwirklichung eines solchen Übermenschen beigetragen hat. Andere Rassen, auch die ebenso intelligente gelbe, kennen keinen Messias-Übermenschen.

Die vielen Splittersekten, meist harter calvinistischer Richtung, schufen unter der ernst genommenen Illusion der Liebesreligion des Jesus, viel förderndes Hilfsbereites für die eigene Sippe, das eigene Volk. Erst, als diese Liebespflicht in vermeintliche Hilfspflicht für alle Rassen, auch minderwertige ausartete, wurde daraus die heutige kranke Humanität der Entwicklungshilfe: Der Neuhumanismus als Selbstmordreligion der weißen Rasse.

Der Protestantismus wollte auf viele Krücken, Dogmen, Sakramente verzichten. Jedoch ohne harte Dogmen als Stütze fällt jede Religion in nichts zusammen. Religionen sind nicht reformierbar. Entweder sie lügen weiter oder sie gehen unter. Daß Luther auch noch die oft ästhetisch ansprechende Form der katholischen Kirche in die öden Gotteskasernen des Protestantismus verwandelt hat, hat dazu unverzichtbare mystische Bindungen ruiniert.

Die katholische Kirche ist ein imposantes Illusionsgebäude, die protestantische Kirche ein klägliches, im Protest auf halbem Weg steckengeblieben. Aber sie verlangt von ihren Angehörigen heute außer Kirchensteuer nichts mehr.

In der katholischen Kirche kann man, abgesehen vom vaticano minore, wo es gärt, alle führenden Köpfe durch ihre Ölbilder ersetzen; an jedem Bild angehängt die unbeweglichen, nicht reformierbaren Dogmen. Wenn man die in einen Computer fütterte, könnten alle Entscheidungen des Vatikans dem Computer überlassen werden. Sie sind vorausberechenbar.

Die dritte, großenteils selbständige, aber in vielem vom (oft mißverstandenen) mosaisch-christlichen Einfluß abhängige Religion ist der Islam. Mohammed, wahrscheinlich Analphabet, labil mit Halluzinationen, in jeder Hinsicht energiegeladen (er hat 13 angeheiratete Frauen verbraucht) war ein rhetorisch hochbegabter Prophet — wieder einmal mit Offenbarungen von einem Berg. Er brachte mündlich herab, was er dort oben in einem göttlichen Buch gelesen hatte. Im Gegensatz zu den Propheten der blutrünstigen Moses-Religion ist er ein überraschend toleranter Religionsstifter. Hellenistische Traditionen wirkten unbemerkt dabei mit. Mit dem Hellenismus hat der Islam gemeinsam, daß er eine reine Männerreligion ist, der den ablenkenden Einfluß der Frauen in die Winkel des Harems verbannte.

Der Koran (Lit. 59), poetischer, aus einem Guß, aber intellektuell noch anspruchsloser als die Bibel (weil dem Mohammed ein gerissener Dialektiker à la Paulus zur Abfassung fehlte) ist, wie auch das alte Testament der Juden, vielfach eine zweckmäßig angepaßte Gesundheitsvorschrift. Die Beschneidung verhütet Penis-Carcinome, bei den beteiligten Frauen weitgehend Collum-Carcinome.

Die vorgeschriebenen fünfmaligen täglichen Verbeugungen in Richtung Mekka sind eine vorzügliche Orientierungshilfe, da Wüstenbeduinen auch im undurchsichtigsten Sandsturm (wie manche Tiere zu ihrer Orientierung) die richtige Verbeugungsrichtung finden; eine Fähigkeit, die den meisten anderen Rassen wegen Nichtgebrauch verloren ging.

Auch der Koran kennt für Nichteinhaltung der Gebote Strafen, zum Beispiel:

23. Sure (104) . . . deren Wagschale aber leicht befunden wird . . . bleibt auf ewig in der Hölle.

24. Sure (5) (6) . . . wer eine ehrbare Frau des Ehebruchs beschuldigt und es nicht durch vier Zeugen beweisen kann, so geißelt mit 80 Stockschlägen; ausgenommen, der später bereut; denn Allah ist versöhnend und barmherzig.

Bei Auseinandersetzungen mit den Juden:

3. Sure (55): Die Juden ersannen dagegen Listen, aber Allah überlistete sie, denn Allah übertrifft die Listigen an Klugheit.

Für Einhaltung der Belohnungen gibt es wie bei Christen Paradiesversprechungen, besonders für solche, die in heiligen Kriegen gefallen sind, in der Djihad:

2. Sure (16): Die Frommen werden von Allah Gärten, von Flüsse durchströmt, erhalten . . . unbefleckte Frauen werden ihnen zuteil, denn Allah sieht huldvoll auf seine Diener.

52. Sure (25): Ein Kreis von Jünglingen, so schön wie Perlen, in ihren Muscheln verborgen, wird ihnen aufwarten.

76. Sure (20): Zu ihrer Aufwartung gehen ewig blühende Jünglinge um sie herum; wenn du sie siehst, hälst du sie für verstreute Perlen (21) und wo du hinsiehst, erblickst du Wonne . . . (22) ihre Gewänder sind aus feiner grüner Seide und aus Samt, durchwirkt mit Gold und Silber, geschmückt mit silbernen Armbändern und ihr Herr wird ihnen reinsten Trunk zu trinken geben.

Weniger tolerant ist der Koran gegen das weibliche Geschlecht:

16. Sure (59): Wird einem die Geburt einer Tochter gemeldet, so färbt sich sein Gesicht aus Kummer schwarz, und er ist tief betrübt (60). Wegen der üblen Nachrede verbirgt er sich vor den Menschen, und er ist im Zweifel, ob er sie zu seiner Schande behalten, oder ob er sie nicht im Sande vergraben soll.

Das ist heute längst vorbei. Mohammed hat vom Jahr 622 (christlicher Rechnung), dem Einzug in die jüdische Stadt Medina (Beginn der islamischen Zeitrechnung nach Mondjahren), bis 630 (Einzug in Mekka) die Illusionsreligion Islam aufgebaut. Seine Nachfolger, angespornt durch die Paradiesversprechungen für Heldentote, haben die ganze südliche Mittelmeerhälfte und Spanien für den Islam erobert. Obwohl das mit viel Brutalität vor sich ging, waren sie später gegen die unterjochten Völker meist tolerant und ließen ihnen ihre Religionen.

Bei der Vertreibung der Juden 629 aus Arabien floß zwar Blut, aber islamische Sultane übernahmen aus Spanien bei den christlichen Massenmorden an Moros und Juden um 1492 vierzigtausend spanische Juden nach Konstantinopel, wo ihre Nachkommen heute noch als Spaniolen unbehelligt leben.

Als die islamischen Türken mehrere Jahrhunderte den aus byzantinischen Zeiten orthodox-christlichen Balkan beherrschten, plünderten sie zwar die Christen bis aufs Hemd aus, verfolgten sie aber nicht wegen ihrer Religion, während — nachdem orthodoxe Christen seit 1823 wieder mächtig geworden sind — sie auf Drängen ihrer Priester die Mohammedaner intolerant und mit Arroganz bekämpfen (siehe Cypern).

Islamische Nomadenstämme der Wüste waren Räuberbanden mit festem Ehrenkodex. Bei Überfällen wurden möglichst viele der gegnerischen Männer getötet, Tiere, Frauen, Kinder lebend erobert. Dazu kam die Ehrensache der gegenseitigen Blutrache im Inneren des eigenen Stammes, der nur Männer, in diesem Fall auch Knaben zum Opfer fielen. Alle Männer waren zu ständiger Kampfbereitschaft gezwungen.

Jeder Stamm war so ständig vom Aussterben bedroht. Jeder am Leben gebliebene Mann mußte deswegen möglichst viele Frauen für möglichst viele Geburten belegen: die lebensnotwendige Vielehe.

Wenn dabei zuviel Mädchen entstanden, galt Sure 16 (59).

Das ist, abgesehen von der Blutrache, die ja auch im streng christlichen Süditalien blüht, heute vorbei. Trotzdem ist die Mentalität des Mannes als schützender Krieger des Stammes auch heute noch geblieben und hat schwerwiegende wirtschaftliche Folgen in islamischen Ländern. Die Männer sitzen fünfzig Jahre ihres Lebens im Dorfcafé und warten auf den Feind (der nicht mehr kommt). Die Frauen machen die Arbeit — als Schmuck mit dem ganzen Familienvermögen in Gold und Silber behängt — denn da kann es am wenigsten leicht geraubt werden.

Der Islam verlangt von seinen Getreuen keine geistige Anstrengung. Er ist eine mehr praktische Verhaltensreligion.

Im Gegensatz zum Christentum, das seine Anhänger im Bürgertum hat und von den einfacheren Schichten der Arbeiter, als zu anspruchsvoll und lächerlich abgelehnt wird, ist der Islam die Religion der großen primitiven Massen.

Dem intelligenteren Bürgertum bietet der Koran, das Dogmenbuch eines Wüstenscheichs, nichts an intellektuell Diskutierbarem. Die moralische Größe des Korans ist seine großzügige Toleranz im Gegensatz zur christlichen Bibel.

Auch der Islam zerfiel aus dynastischen Gründen später in Sunniten (für Wahlkalifat) und Schiiten (für Erbkalifat). Die Sekten des Islam bekämpfen sich nicht weniger haßerfüllt als Katholiken, Protestanten und Juden.

Der Islam ist heute, weil er für Gläubige keine Rassenunterschiede kennt, in Afrika und Indien bei den von arroganten Bramahnen unterdrückten Parias eine zunehmende Religion geworden; im gleichen Maß, wie das Christentum als Gott-anbetendes Stützgerüst der oberen Schichten an Wert verlieren.

Daran ändert sich auch nichts, wenn jetzt der protestantische Weltkirchenrat ins Gegenteil verfällt und einen Neger als Präsidenten gewählt hat, aus deutschen Kirchensteuergeldern afrikanischen Kaffern Waffen kauft, damit sie als schwarze Rassisten auf weiße Farmer in Afrika schießen können. Wie fast immer, ist hier die katholische Kirche weiser.

Der Unterschied zwischen dem Islam und dem mosaischen Christentum drückt sich auch in der Vorliebe für Haustiere aus. Die eine, eine im Grund heroische Männerreligion von Individualisten (woran auch Demokratisierungsversuche euroamerikanischer Art scheitern), die andere eine demütig-kriecherische Sünde- und Reuereligion.

In der einen ist die Katze hochgeachtet: Sie ist nobel, sauber, pflegt sich selber, ist unabhängig, tapfer, gehorcht niemand und ist schön. Sie hat unbeirrbare genetische Substanz: Alle Versuche, Katzen umzuzüchten, sind bis auf Pelzvariationen gescheitert. Hunde sind im Islam verachtete Fußtritt-Tiere.

Die anderen lieben Hunde. Hunde sind schmutzig, brauchen erniedrigende Samariterpflege, sie sind ihren Herren gehorsam, feig und kriecherisch demütig. Sie haben keine genetisch saubere Konstanz: Man kann sie beinahe beliebig umzüchten: vom Riesenbernhardiner über den chondrodystrophischen Krüppel, den Dackel, bis zum kläffenden Zwergpinscher.

Für Menschen im Orient und ihren Rasse-Mentalitäten sind solche Eigenschaften verächtlich.

Dagegen sind Hunde intelligenter als Katzen. Die Analogie der bevorzugten Tiere zur angewohnten Religion ist deutlich.

Sowohl das mosaische Christentum wie der Islam kennen Paradies und Hölle. Beide Illusionsorte zeigen jedoch auf der Mentalität der Gründer beruhende fundamentale Unterschiede. Der christliche Himmel: ein ödes, erotikfreies Hallelujah, wie es der Körper- und Seelenstruktur des Paulus und seinem moralisierenden mosaischen Hintergrund entsprach.

Das islamische Paradies, erfunden von einem erotisch voll Potenten: Belohnung in Blumengärten mit freier Verfügung von Mädchen und Jünglingen mit ewiger Sexualkraft, dem untergründig übernommenen Wunschtraum aus hellenistischer Zeit.

Die islamische Hölle wird kaum benutzt, denn fast jede Sure des Korans endigt: Allah ist barmherzig.

Die christliche Hölle, auch die am Anfang von Paulus wenig ausgebaut;

und erst im Mittelalter verwendet. Die zugehörige höchste Kulturstufe war dann Dantes »Divina Comedia«, bis 1321 geschrieben, aber bezeichnenderweise erst 1555 gedruckt. Das »Glück«, die künstlerische Freude am Kochen und Braten lebendiger Menschen zu Ehren ihres Gottes.

Auch das ist, wie das Beispiel der bevorzugten Haustiere Hund oder Katze eine deutliche Folge der Religionsmentalität.

Eine weitere dogmatische und intolerante Religion mit Massenmorddrohungen für ihre Realisation ist die des Levantiners Karl Marx. Es ist die Rachereligion eines an Dialektik geschulten Minoritärs, der in Schulen seiner Heimatstadt Trier von dummen christlichen Mitschülern seelisch so mißhandelt wurde, daß er später, verjagt und angeekelt, zuerst nach Frankreich und dann in das damals freiere England auswanderte, wie auch Heinrich Heine auswanderte, was der Referent — obwohl kein Jude — beiden gut nachfühlen kann.

Marx eroberte sich mit ausgeklügelten Lügen und Versprechungen die Riesenmasse derer, die aus Unfähigkeit keine Finanzen erworben hatten.

Er gründete die Neidpöbelreligion des Marxismus, die es den aus Unfähigkeit unten Gebliebenen möglich machte, die Schuld nicht bei sich, sondern bei den sozial Tüchtigeren zu suchen, die sich mit Fleiß und Hirn hochgeschafft haben.

Karl Marx setzte sieben Kinder in die Welt. Davon starben teils an Degeneration, teils an Hunger und Schmutz vier, weil ihr fauler Vater niemals für sie etwas Seriöses arbeitete. Das ging soweit, daß er, als eines der Kinder totkrank lag, sich weigerte, einen Arzt zu holen, weil das zu teuer sei. Das Kind starb. Von den drei verbliebenen Töchtern begingen später zwei Selbstmord. Marx, ständig von Furunkeln und Hämorrhoiden geplagt, mit geerbter Leber-Insuffizienz, war eitel; er trug ein Monokel, versteckte sein Gesicht hinter einem pompösen Patriarchenbart, stets elegant, machte teure Kuren in Modebädern, während seine Kinder verhungerten. Er pumpte sein Leben lang Geld von anderen, verschickte unzählige weinerliche Bettelbriefe an Engels, Lasalle, an seine Mutter (Lit. 81, 22b).

Mit der zwanzig Jahre unbezahlten abhängigen Dienstmagd machte er in der Familie ein uneheliches Kind.

Das wäre seine Privatsache, wenn er nicht immer wieder die Ausbeutung der Schwachen mit calvinistischer Unduldsamkeit als kapitalistisches Verbrechen hingestellt hätte (Lit. 22 b, Enzensberger, S. 703/704).

Doch das war für die Kleinspießermentalität seiner Sozialistenclique untragbar. Engels übernahm die Vaterschaft. Beim Sterben gab er zu, daß das Kind von Marx war.

Fast alle Marxbiographien sind fromme Mumienölung. Sie unterschlagen unangenehmes.

In würdigem Anschluß an seinen ideologischen Vorläufer Rousseau, der ebenfalls fünf Kinder im Elend sitzen ließ, aber von der Idealerziehung seines »Emil« träumte.

Zum Charakterbild des Karl Marx: Kaum selbst vom Juden zum Protestanten geschmaddet, hat er den Sozialisten Eduard Bernstein als »Jüdel«, den Sigismund Borkheim als »reinen Jid« bezeichnet (zitiert nach Enzensberger, »Gespräche mit Marx und Engels«, Inselverlag 1973, Seite 711).

Das Moses-Erbe an intoleranter Gehässigkeit gegen seine Abweichlerfreunde, besonders gegen Bakunin, wurde ihm von denen ebenso zurückgegeben. Vermutlich hatten beide recht.

Karl Marx, ein kranker Monomane, verfolgt von einem inneren Teufel namens Kapital; ein Exorzist, ein fanatischer Teufelsaustreiber; der das endgültige Heil der Menschheit in der Verbrennung des Teufels Kapital sah.

Aber wieviel charismatische Fanatiker haben die Menschheit schon mit ihren Heilslehren genarrt? Die Christus, die Mohammed, die Rousseau, die Lenin, die Hitler. Und die Resultate? Nichts menschliches hat sich je auf die Dauer geändert.

Marxens groteske Idee, daß alle Motive von Menschen, die jemals Weltgeschichte gemacht haben, auf Gier nach Kapitel, auf Ökonomisches zurückführbar sei; ein Alexander und seine Welteroberung, die Caesar, Napoleon und viele Große der Geschichte. Er konnte mit seiner Levantiner-Mentalität nicht anders. Sein Tag- und Nacht-Angst-Gedanke: Geld, Kapital. Wenn man es nicht bekommen kann, muß man es vernichten. Was er, ein arbeitsscheuer Literat mit seinem hohen, dialektisch geschulten Intellekt des wahr = nichtwahr in seinem Buch »Kapital« versuchte.

Dazu kommt, daß Epigonen vielfach Dinge aus ihren heiligen Büchern herausgelogen haben, die gar nicht drin stehen, die aber trotzdem zum ewig gültigen Dogma erstarren; so wurde der heilige Nonsens auch noch verfälscht. Marx behauptete am Schluß seines Lebens, er sei kein Marxist.

All das Persönliche sagt nichts über die Resultate. Aber es illustriert das vergiftete Fundament, auf dem die skurrilen, biologisch kranken Sumpfblüten des »alle-gleich« entstanden sind, des Sozialismus, Kommunismus.

Es ist psychologisch mit allen Propheten-Religionen und ihren Ethiken dasselbe: Defekte Menschen mit großer dialektischer Überzeugungskraft, mit Charisma, versuchen mit allen Mitteln, andere ebenso defekt zu machen, sie zur Unterwerfung zu zwingen — in solche Situationen, in denen sie selbst oben sein könnten.

Paulus haßte jede Art von Erotik, weil er in dieser Richtung offensichtlich leistungsunfähig war. Er konnte, wie alle Defekten nur leben, wenn es ihm gelang, seine ganze Umwelt zu Demut vor seinen Hemmungen zu erniedrigen. In einer solchen Welt war er oben.

Ähnlich mit Marx, Sproß aus zwei Rabbinerfamilien, hochintelligent, zu faul zu seriöser Arbeit, um seinen Lebensunterhalt zu verdienen, was ihn vor seiner eigenen Sippe erniedrigte. Der nun, als Racheakt, mit allen dialektischen Raffinessen das unerreichbare Kapital verteufelte. Durch Diffamierung des Bürgertums seiner Elternschicht, durch Rachediffamierung all derer, die durch Leistung zu Besitz, zu Geld gekommen waren (»Eigentum ist Diebstahl«).

Kommunistische Staaten verwenden noch heute auf ihren Briefmarken sein bärtiges Gottvaterbild (ohne Monokel). Sie hoffen, auf diese Art die in ihren Völkern immer noch latent vorhandenen religiösen restlichen Verehrungsgefühle für einen bärtigen Gott auf ihre Illusionsmühlen zu leiten.

Statt des in Demut sich erniedrigenden Christen, wie er als Vorbild bisher Altarbilder zierte, kam jetzt der hammerschwingende hirnlose Prolet als verehrungswürdige Gestalt auf die Denkmäler; er wurde Religionsmittelpunkt.

Ein kindlicher Versuch, in die muffige Kleinbürgeröde kommunistischer Zwangsbrüderlichkeit auch noch großbürgerlichen Heroismus einzuführen.

Der brave, kritikfreie Sozial-Sklave, die Ideal-Standard-Figur der künstlich am grünen Tisch konstruierten marxistischen Gesellschafts-»wissenschaften« lebt nach Anweisung seiner Bibel: Marxens »Kapital«, das Rache- und Hohngelächter eines kapitalunfähigen Levantiners. Aber auch hier hat er sich, aus Rachewut hirnverhangen, getäuscht. Auch aus der vielgepriesenen Arbeiterklasse, aus sozial unteren Schichten, bilden sich automatisch einzelne solche, die höher kommen wollen, die durch Leistung aus der gelogenen Illusion des alle-gleich hinauswollen (wie auch bürgerlich gehobene Erblinien wieder nach unten sinken).

Der Marxismus hat sich bereits per Salto überschlagen. Die jetzt sichtbare Rückseite ist moskowitische Leibeigenschaft, erzwungenes Kleinspießertum, und, in der Ostzone, alter preußischer Paradestechschritt.

Francois Jacob (Lit. 48) hat seinem Buch: „Die Logik des Lebendigen« ein Zitat Diderots aus dem Jahr 1769 vorausgestellt:

»Sehen Sie dieses Ei? Mit ihm bringt man sämtliche theologische Schulen und alle Tempel der Welt zum Einsturz«.

Was leider heute, nach mehr als zweihundert Jahren immer noch nicht gelungen ist. Weil man in allen seitherigen sieben Generationen den Dogmatikern erlaubt hat, ihren Nonsens als Religionsunterricht in die kritiklosen Hirne der Jugend der nächsten Generation einzupflanzen, wo sie zu unkritisierten »Wahrheiten« erstarren.

Man merkt Religionen die Herkunft ihrer Gründer an: Die Konfuzius, Buddha, Mohammed waren grands seigneurs; Paulus und Marx verkrampfte kleine Levantiner, Teppichhändler.

Paulus wird hier als der wesentliche Schuldige an der Entstehung des verderblichen Christentums hingestellt; obwohl auch andere (unbedeutende) Levantiner mitwirkten.

Der Referent ist sich darüber im klaren, daß es keine feine Methode ist, mit aus dem Zusammenhang gerissenen Zitaten zu arbeiten.

Aber er muß. Denn die Priester jeder Richtung, in ihrem stur wiederholten Rieselregen von Kanzeln und Tribünen arbeiten nur mit dieser Methode. Sie reden mit Pathos über irgendein nichtssagendes Zitat aus dem Koran oder der Bibel oder von Marx. Sie verlassen sich darauf, daß keiner der durch Lieder, Feierlichkeit, Glockengeläute oder durch Geschrei wehrlos gemachten Zuhörer sich daran erinnert, daß im gleichen Dogmenbuch an einer anderen Stelle das genaue Gegenteil steht. Sie sind alle andächtig oder brüllerregt auf den Redner dressiert — im Zustand der Gnade des Verzichts auf Logik — im betäubenden Blumengarten der Andacht oder im hinreißenden brüllenden Wahn von Menschenmassen, für den widerspruchslosen Empfang von gelogenen Botschaften vorbereitet.

7. Sexualität

Die Illusion der Selbstüberschätzung über das Tier ist schlecht damit vereinbar, daß die Befruchtung des weiblichen Teils beim Menschen noch genauso erfolgt wie beim Tier. Diese Handlung muß deshalb aus dem Bewußtsein hinausgelogen werden.

Das ganze Gebiet, das beim Tier mit seinem noch harmonischen Gleichgewicht zwischen Automatiezentrum und Großhirn kein Problem ist, hat beim Menschen wegen seines Übermaßes an Großhirn einen großen Täuschungsumfang (Lit. 55, 80).

Der Zwangskomplex ist mit einem Filz von Scheinverboten, Scham, Drang zur Bedeckung der Sexualteile, religiösem Verheiligungsgetöse, Hinauslügen der Sexualwerbung als Kultur so mit Blendungen zugedeckt, daß er nicht mehr als tierische Sexualität erscheint. Der Filz der Illusionen ist so dicht, daß vom einzigen Zweck, der Schaffung einer neuen Generation, an der Oberfläche nichts mehr zu merken ist; es sei denn, daß man genauer hinschaut, wie Freud das gezeigt hat.

Die Wolken um die Sexualität, die unzähligen »ethischen« Verkrampfungen und Hemmungen zur Aufrechterhaltung der Illusion einer übertierischen menschlichen Existenz sind unentbehrlich.

Sexualität ist das gen-erzwungene, unwiderstehbare System, das über Werbetaten, Heldenposen, Arbeitsleistungen, alles zur Erreichung eines Sexualpartners zum Fortpflanzungsakt führt. Der Zwang zur heißersehnten Vereinigung mit einer Partnerin, zum alles kulturelle Getue einreißenden Endeffekt, dem sexuellen Erfolg. Die eigentliche Befruchtung ist dem Zufall überlassen. Die Vereinigung wird fast blind vollzogen, alle anderen Gefühle, Kälte, Schmerzgefühl, stehen automatisch still, alle Kraft ist auf den einen Akt konzentriert; man kennt das von dem nur durch Wegschneiden lösbaren Umklammerungseffekt von Fröschen während der Brunst.

Der Hirn-Physiologe Campbell (Lit. 13) fand im limbischen Hirnbereich (einem beim Thalamus liegenden genetisch sehr alten Automatieteil) Zentren der Lust-Empfindung. Schon vierzig Jahre vorher hatte der Zürcher Hess an Katzen Hirnzentren gefunden, durch deren elektrische Reizung man Wut, Schlaf und Angst auslösen konnte.

Affen, denen Campbell Elektroden in ihre Lustzentren im Hirn einbaute, die er mit einer äußeren Taste versah, drückten immer wieder bis zur Erschöpfung diese Taste, elektrisches Sexual-Rauschgift.

Der Körper aller Tiere verlangt zwingend nach jeder physiologischen Lust, wie etwa der sexuellen, Erholungspausen. Beim Tier werden diese Pausen durch Nahrungssuche und Schlaf ausgefüllt.

Der Mensch hat wegen der ständigen Sinnesreizung, seinem übergroß gewordenen Hirn bei kleiner werdender Nahrungssorge zuviel wache Zeit; die er nicht mehr nur verschlafen kann. Er muß diese Zeit durch Illusionen, durch Kultur, durch Umwegleistungen zum Erreichen der nächsten Lustphase ausfüllen.

Gesunde Kinder spielen, raufen. Sie befriedigen dabei ihre Lustzentren (die vorerst noch nicht auf sexuelle Lust programmiert sind), die Lustsehnsucht durch Berührung (etwa des Kleinkindes mit der warmen Haut der Mutter), später durch jede Art von Spiel und Sport. Das ist es, was Campbell (Lit. 13) kinästhetische Lustbefriedigung, die Glücksehnsucht des Lustzentrums im limbischen Hirnteil nennt.

Die Hautberührungszärtlichkeit ist die früheste (und auch spätere) Form der Sexualität, wie das schon Freud fand (Lit. 26).

Der Drang zum Spiel, zur Rauferei, kommt so aus dem Automatenzentrum des Hirns und ist nur wenig der Vernunftskontrolle des Großhirns unterstellt. Das ist wohl auch im Groben die Grundlage zahlreicher Jugend-Gewalttätigkeiten.

Später, wenn die kinästhetische Lustsehnsucht in sexuelle Lustsehnsucht übergeht, werden — zum Beispiel beim Tanz — aber auch im Alltag — ritualisierte Tabus als Schranken aufgerichtet, wie sie nötig sind, wenn nicht jeder über jeden gewalttätig aggressiv herfallen soll.

Der genetische Zwang zur Sexualität hat bei Tieren nur zur Umwegleistung der Aggression auf Konkurrenten und zu den Riten der Hochzeitswerbung geführt. Weitere direkte Umwegleistungen zur sexuellen Vereinigung kennen die Tiere nicht.

Die Summe aller menschlichen Umwegleistungen zum Sexualziel, der Erfolgreichen wie der Steckengebliebenen, nennt man insgesamt Kultur. Man beschreibt es auch so, daß jede Leistung sublimierte Sexualkraft sei. Die Sublimierung ist unfreiwillig. Sie gleicht jenen sauren Trauben der Fabel, die der Fuchs nicht erreichte.

Viele bleiben in den stetig wachsenden Bergen von Umwegleistungen stecken, erreichen das Sexualziel nicht, deklarieren aber unbewußt ihre höchste erreichte Umwegleistungsstufe als das Maximum, als das Wertvollste, was es gibt. Auch hier ist schon Instinktbelohnung, Glücksgefühl zu gewinnen. Man nennt solche Zwangsverzichter Idealisten.

Daß kulturelle Höchstleistungen meist nur durch erzwungenen Verzicht auf das weit entfernt gewordene Sexualziel möglich sind, betonen viele Forscher (Zusammenfassung bei Schelsky, Lit. 86).

Tatsächlich ist Askese, Selbstkonzentration auf eine Leistungsstufe unentbehrliche Voraussetzung. Manche aber sehen in Askese, als Selbstbestrafer, schon das menschliche Maximum. Sie werden als Selbstüberwinder, als Wahnsinnsrarität sogar bewundert, wie man Schwertschlucker bewundert: Wie jene halbverrückten Stylitenheiligen — die Symeone um das Jahr 400 — die angeblich zu Ehren ihres Gottes Jahrzehnte, ohne je abzusteigen, auf hohen Säulen zubrachten — ohne durch ihren sinnlosen Heroismus irgendetwas Positives zu tun oder zu erreichen.

Ähnliches, sinnlos ins Gegenteil verkehrte Sexualität, die Lust am Untergang, muß man bei dem größten Teil der Märtyrer vermuten.

Askese schlägt leicht in Wahn um, in den Zwang, durch fanatische Predigt anderen die Sexualfreude zu verekeln, damit sie in ihren eigenen, dann falsch gerückten Maßstäben nicht mehr wert sind als der Asket selbst (Paulus, Calvin).

Plötzliche Liebe zu einem Menschen ist die einschnappende Zwangsillusion der automatischen Instinkte, mit der Suche nach dem maximal gerade wertvollsten Partner fertig zu werden, um zum einzig Wesentlichen, dem Fortpflanzungsgeschäft endlich zu kommen. Es ist gleichgültig, aus welchem weiblichen Körperapparat ein neuer Mensch hervorgebracht wird. Bei kultivierten Menschen wirken dem ästhetische Auswahlprinzipien entgegen.

Es ergibt ein merkwürdiges Resultat, wenn sich ein Liebender die Frage vorlegt, warum er gerade ein nach den derzeitigen Modemaßstäben schönes Gesicht liebt, wo doch der erreichbare Lustgewinn nicht von der Fassade und dem Gesicht der Partnerin abhängt. Es zeigt sich bei näherer Betrachtung, daß der Besitz eines nach heutigen Maßstäben schönen weiblichen Gesichts oder einer Gestalt außer dem Lustgewinn, den der Liebende schließlich überall findet, zu einem Gewinn des Selbstbewußtseins führt. Der Erwerber wird durch den Erfolg bei einem nach derzeitigen Modemaßstäben schönen, schwer zu erringenden Partner in seinem Selbsterhöhungs-Bedürfnis gestärkt.

Damit hat er seine allgemeine Konkurrenzfähigkeit durch das gehobene Selbstbewußtsein verbessert. Das deutet darauf hin, daß der Instinkt (wenigstens beim Menschen) jede Sexualhandlung nie als Abschluß, sondern immer als vorbereitende Handlung zu einem späteren Sexualakt betrachtet, zu dem der Betreffende mit erhöhtem Selbstbewußtsein antreten soll. Der Entstehung und Fixierung von Idealen bei der Jugend liegt der gleiche psychische Mechanismus zugrunde, wie dem Gefühl der Liebe.

Der Jugendliche ist, wie jedes Tier, auf Zwang seiner Instinkte ununterbrochen auf der Jagd nach Neuem, was seine Lage, sein Selbstbewußtsein heben könnte, ohne daß er schon zum Endziel, der Nachkommens-Erzeugung gejagt wird. Seine noch unfertigen Sexualkräfte werden vorerst auf den autosexuellen oder homosexuellen Weg abgelenkt. Der Jugendliche muß trotzdem alle Zwangsillusionen des späteren Lebens, vorerst nur spielerisch, als Mechanismus, ohne bestimmtes Ziel, üben. Das

Wesen aller Jugend besteht in der spielerischen Vorübung aller später nötigen Leistungen. Dafür sind die Ideale da. Sie simulieren eine vereinfachte Musterwelt. Sie sind ungefährliche Turngeräte, an denen die spätere reale Jagd nach der weiblichen Ergänzung vorerst risikolos an Illusionszielen geübt werden kann — so wie junge Mädchen ihre Schutzinstinkte für die kommende Brut an toten Puppen üben.

Hier wie dort ist die Illusion vollkommen. Das kleine Mädchen liebt seine Puppe so heiß, wie der Knabe seine Ideale, seine Helden; wie der Mann seine Frau. Beides ist das instinkterzwungene Einschnappen der Liebesillusion, die momentane Umstellung aller Wertmaßstäbe auf das geliebte Subjekt.

Vermutlich ist die Gattenwahl, die Auswahl des weiblichen Exemplars, mit dem man leben und Kinder machen will, durch genbedingte Ästhetik gelenkt. Die berühmte Liebe auf den ersten Blick ist vielleicht ein instinktives Einschnappen einer längst vorher unbewußt vorhandenen ästhetischen Wertung auf ein gesuchtes und gefundenes Menschenexemplar, das genau in das unbewußte genetische Wunschbild paßt. Beweisen läßt sich das vorerst nicht.

Das läßt die etwas fantastische, aber zweifelhafte Vermutung zu, daß tief in unseren Triebmechanismen ein Ziel zur Schaffung von Nachkommen besteht, die (nach unbekannten Gesichtspunkten) bessere, harmonischere, vielleicht klügere Rassen schaffen sollen — Nietzsches Sehnsucht nach dem Übermenschen.

In den Auswahlmöglichkeiten haben die Angehörigen höherer Sozialschichten durch weiteres Herumkommen eher Chancen, das von ihnen unbewußt gesuchte weibliche Muster zu finden, als einfachere, an ein enges Milieu Gebundene. Diese vereinigen sich, ohne ästhetische Rücksichten mit dem ersten besten erreichbaren Fleisch, das wenigstens Lust und die instinkterzwungene Erzeugung der nächsten Generation verspricht. Glück für den, der dabei Glück hat.

Der viel stärkere Fortpflanzungszwang überspielt hier den schwächeren ästhetischen Luxuszwang, der für das Machen der nächsten Generation nicht wichtig ist.

In all der riesigen Millionenliteratur der Menschheit, die man insgesamt als Kultur bezeichnet, die sich zu 90 % um den krächzenden Ablauf der Umwegleistungen der Vorbereitung zur hetero-sexuellen Vereinigung dreht, endigt die story immer vor dieser Vereinigung.

Nirgends in diesen Schriften, Romanen, Gedichten, Filmen, wird je über die unästhetischen Zustände post coitum, über die Verunreinigung des Körpers und der Wäsche durch Sperma berichtet.

Nirgends ein Ton über das Nachtgeschrei des Neugeborenen, die Umstände, bis er topfrein ist. Die Wahrnehmung, die Weiter-Erinnerung dieser Dinge wird durch einen psychischen Blockierungsmechanismus unterdrückt, wobei noch der natürliche Zwangsinstinkt der Eltern-Liebe mitspielt.

So ist es zu vermuten, daß auch alle Literaten, Romanschreiber, Theatiker, von ihren Instinktmechanismen gezwungen werden, Menschen zur Fortpflanzung hinzulenken, zu locken. Daß sie aber, zur Aufrechterhaltung der Illusion eines übertierischen Ichs, durch Ästhetik dazu geführt werden, alles »Un«-ästhetische zu übersehen, als Tabu, als nicht existent zu behandeln.

Alle Literaten, Dichter, Romanautoren, Theatiker sind genauso wenig »frei« von der Lenkung durch ihr Stammhirn. Sie müssen aber, auf Zwang, die Illusion ihrer Willensfreiheit aufrechterhalten, ohne die ein übertierisches menschliches Ich nicht zu halten wäre.

Sie schreiben (ohne ihr Wissen, Gefangene) so, als seien sie souverän frei.

Wie schon in der Einleitung gesagt wurde, ist gegen eine erziehungserzwungene Ablehnung, eine einmal fixierte Überzeugung oder gegen einen Ekel mit logischen Argumenten nicht anzugehen. Solche dogmatisierte Überzeugungen nennt man Tabus. Sie sind, weil in der Jugend durch Anerziehung als Reflexe im Stammhirn unwidersprechbar fixiert, auch durch noch so viel geistige »Freiheit« nicht zu überwinden. Sie kehren automatisch immer wieder, man mag sie noch so oft totsagen.

Auch der natürliche, durch Willenskraft zu überwindende Ekel vor Krüppeln, Siechen, stark verschiedenen Rassen, vor der Abscheu, mit ihnen Kinder zu machen, ja, jeder instinktive Rassenhaß ist wahrscheinlich ein genbedingter Abwehrmechanismus. Es ist ein Mechanismus, um die wahrscheinlich in der eigenen Entwicklungslinie liegende »bessere« Rasse zu fördern.

Der Ekel, als Teufel der Ästhetik, ist eine teils vom Instinkt, teils von der Umwelt diktierte Zwangsillusion, durch den diejenigen Gebiete erniedrigt werden, die noch unbewußt, aber aus der genetischen Entwicklung rudimentär gebliebene Wünsche umfassen, die vielleicht noch einmal ausbrechen könnten. Freud hat dieses Gebiet sehr gründlich umgeackert.

Der Ekel ist ein vom zentralen Selbstbewußtsein diktierter Illusionshelfer, der zugunsten der Einbildung einer übertierischen Existenz den Menschen hindern soll, in tierische Handlungen zurückzufallen, soweit sie aus Gründen der reinen Körperfunktion nicht unumgänglich nötig sind.

Die Anerziehung und Festigung des Ekels ist eine wesentliche Sicherung der sozialen Existenz.

Die Folge ist, daß der gegen jede Minorität intolerante Majoritätshaufen durch Massenterror und Unzuchtsparagraphen versucht, allen denen, die frei genug sind, keine Ekel zu empfinden (sondern Lust überall suchen, wo die menschliche Natur sie überhaupt hergibt), alle Lustgebiete zu verbieten, auf denen er als guterzogener, eingeengter Bürger wegen seiner Ekel keine Lust mehr finden kann.

Ein besonderes Kuriosum eines hochgezüchteten Ekels sind die Gipsfeigenblätter an nackten, antiken Statuen im Vatikan: Lochdeckel als Selbstschutz vermeintlicher Heiliger, wie es ihnen ihre traurige Religion befiehlt.

Es ist unnötig, mehr über Heterosexualität der 96 % zu schreiben. Alles, was jemals an Romanen, Lyrik, Kunst, Film, Radio produziert wurde, alle Kultur basiert ausschließlich auf Heterosexualität. Diese Kultur ist in allen nur denkbaren Variationen und Komplikationen, in unendlichen Wiederholungen beschrieben worden. Im ständigen Karussell der Kultur.

Kaum einer hat es je gewagt, über Homosexualität der 4 % etwas Grundsätzliches zu schreiben. Die automatische Minoritätsdiffamierung durch die Majorität und durch die mosaisch-christliche Ethik macht das riskant, mißverstanden zu werden.

Hier wird versucht, einen Teil des Fehlenden nachzuholen. Der Referent hält sich dafür kompetent:

1. weil er in der vergangenen deutschen Jugendbewegung, später als Moderator immer wieder Tragödien still zu regeln suchte, die durch stupide Richter entstanden, und
2. lange Diskussionen mit prominenten Wissenschaftlern geführt hat, die selbst homophil waren.

In der homophilen Liebe gibt es schöne Literatur, kulturelle Umwegleistungen, Gedichte dieser Richtung mit wenigen Ausnahmen, keine, oder sie sind unerträglich sentimental. Die große Masse der Heterosexuellen beurteilt Homosexualität nur ästhetisch ablehnend unter betonter Hervorhebung des Sexualaktes.

Es ist nicht ohne Grund, daß Thomas Mann (der in seiner Umgebung Erfahrungen über das Thema sammeln konnte) im »Tod in Venedig« den Hauptthelden, der nach langen Umwegen endlich soweit kommt, seinen Knaben lieben zu können, vorsichtshalber am Schlag sterben läßt. Mit weiterer Beschreibung eines Sexualerfolges wäre die Novelle unverkäuflich geworden.

Die Verse des persischen Dichters Hafiz (1390 gestorben, in einem Rosenmausoleum in Schiraz begraben), auf Knaben gedichtet, wurden von manchen Übersetzern der weißen Rasse auf Mädchen umgelogen.

Nach der übelriechenden mosaisch-christlichen Ethik wäre die Wirklichkeit ja unsittlich gewesen.

Die physiologischen Grundlagen der Homosexualität sind noch nicht bekannt. An den Chromosomen besteht kein sichtbarer Unterschied vom Normalen. Die XY-Geschlechtschromosomen sind dieselben. Homosexuelle sind ganz wie Heterosexuelle kein einheitlicher Außentyp. Zwar gibt es weichliche Figuren mit teilweise weiblichem Habitus. Der Großteil ist im Typ normal. Sie finden sich in Sportvereinen, als Lehrer, als Priester, in allen Berufen, die mit Knaben im begeisterungsfähigen, heroisierenden Alter zu tun haben. Auffallend viele sind Söhne von Pastoren und Lehrern; Berufe, die (jedenfalls früher) aus bloßer Neigung von Leuten ergriffen wurden, die schon zum Lehren von Kindern, besonders zu Knaben tendierten.

Sie opfern sich oft intensiv für öffentliche Aufgaben, wenn sie keine Rücksichten auf Familie oder einen Clan nehmen müssen.

Alle Knaben, wenigstens der weißen und gelben Rassen, machen eine jahrlange homoerotische Heldenperiode durch. In dieser Phase suchen sie unbewußt Anschluß bei einer heroisierbaren Heldenfigur. Das kann in manchen, immer seltener werdenden Fällen (Lit. 70) der eigene Vater sein. Das trifft sich am besten bei einem so veranlagten Sportler, bei einem Lehrer, von dem die Knaben sofort fühlen, daß er sie versteht, an dem sie in bedingungsloser Liebe und Verehrung hängen. Sie lernen bei einem solchen Lehrer freiwillig mehr, weil sie sich in diesem Alter von zehn bis sechszehn innerlich verstanden fühlen. Bis dann, etwa durch Denunziation durch einen Verdränger, dieser Lehrer von der christlichen Justiz zerrissen, von Psychologen seelisch viviseziert, zerstört auf den christlichen Abfallhaufen geworfen wird.

Bei 96 % aller jungen Leute ist diese homophile Phase mit sechzehn bis siebzehn Jahren aus und vergessen, bei südlichen Rassen schon früher.

Pädagogen, selbst Ärzte, die es besser wissen müßten, behaupten von Zeit zu Zeit, homosexuelle Betägung in der Jugend führe zur Gewohnheit. Das ist nach allen Erfahrungen der deutschen Jugendbewegung falsch; wenn sie achtzehn bis zwanzig werden und keine Freier mehr finden, gehen sie automatisch in das heterosexuelle Lager über, bis auf die 4 %, die aus Veranlagung homophil sind (Lit. 55). Die Gen-bedingten Instinktzwänge sind stärker als Gewohnheiten.

Manche Homosexuelle — aus Zwang oder auf den Rat törichter Therapeuten — heiraten. Sie bekommen Kinder, meistens Töchter von oft außerordentlicher, aber sexuell kalter Statuenschönheit.

Ob Homosexualität auf Knabennachkommen vererbt wird, ist bisher nicht sicher bekannt geworden. Wenn Vererbung, dann ist sie bestimmt nicht dominant, vielleicht rezessiv.

Alle Heilungsversuche durch Psychotherapeuten, durch Hormongaben und andere sind bisher vergeblich geblieben. Die Betreffenden sträuben sich auch gegen Therapie, weil sie das Gefühl haben, einen wesentlichen Teil ihres inneren Gefüges zu verlieren; so, wie wenn man einen normalen Heterosexuellen plötzlich zwingen wollte, sich mit Pferden zu befriedigen.

Ein unbekannt gebliebener Prozentsatz, den Kinsey (Lit. 27, 55) in seinem Report auf 40 % schätzt, ist bisexuell. In diesem Prozentsatz mag Gewöhnung oder Verbot eine gewisse Rolle spielen, wo Betätigung je nach den sozialen Bedingungen ab- oder zunimmt.

Die 3 bis 4 % der Menschen, die instinktgezwungen Knaben lieben müssen, betrachten die Figuren der heterosexuellen Gefühlswelt, die sich in millionenfachen Romanen, Spielen, Opern, Verzweiflungstaten junger Menschen wegen einer fehlgegangenen Liebschaft manifestiert, mit der Sachlichkeit, mit der man Ameisen betrachtet. Homophile gelten als gefühlskalt, weil ihre Gefühle in der heterosexuellen Kulturwelt hormonal nicht in Gang kommen.

Eine Oper etwa von Richard Wagner ist für sie ein Spiel, in dem sich zwei heterosexuelle Sänger mit unglaubwürdigen Argumenten gegenseitig totbrüllen. Wenn dann die Diva im höchsten c tragisch wimmert, daß selbst erfahrene Bankprokuristen weinen, dann klatscht der Homophile (er muß aus Tarnung), aber er denkt im stillen: Warum kreischt die Gans?

Die hormonale Gewebe-Resonanz-Glocke klingelt hier nur bei Heterosexuellen.

Die Empfangsfähigkeit für jede Art von Kultur, die ja als Umwegleistung zum Sexualziel entstanden ist, ist an Hormongleichgewichte des Körpers gebunden. Sie ist für Mann, Frau und Homophilen verschieden.

Homophile aus Veranlagung, die — sei es aus Scheu und Angst, sei es aus Impotenz — sich nicht ihrer Neigung entsprechend betätigen, werden Verdränger, oft wütende Verfolger der eigenen Gruppe, sie werden Idealisten. Das läßt bis zu einem gewissen Grade den Gegenschluß zu, daß die meisten Idealisten, oft, ohne es zu wissen, impotente oder verdrängte Homophile sind. Vielleicht ist das die psychische Grundlage Hitlers.

Im alten Griechenland, über Tradition im Islam, in Indien, in China und Japan besteht die Liebe zu Knaben still geduldet weiter. Nur in den Ländern der weißen Rassen wird sie nach der mosaisch-christlichen Bettmoral brutal verfolgt.

Und wie reimt sich die nötige Tendenz zur Geburtenbeschränkung zum gleichzeitigen Verbot der Knabenliebe?

Es ist zu vermuten, daß die von der »Natur« unverändert und ohne Vererbung in jeder Generation neu herausgebrachten 3 bis 4 % an Homophilen ein naturerzwungener Funktionsteil der menschlichen Gesellschaft sind. Als wahrscheinlich bietet sich die Erklärung an, daß sie die natürlichen Lehrer heroischer Knaben sind; heroisch nicht im Kriegersinn, sondern heroisch gegen sich selbst.

Man soll denen, die Knaben lieben, ihre natürliche Funktion, Lehrer der Knaben zu sein, wiedergeben. Diese Freiheit gab es (Xenophon: Die Päderastie ist ein Teil der Pädagogik), offiziell gepriesen nur einmal in der Geschichte der Menschheit, in der alten Antike; in neuerer Zeit in der vergangenen deutschen Jugendbewegung.

Was sollen Gesetze gegen Päderastie? Die heute schon mit zehn bis zwölf Jahren Sexualreifen onanieren alle, in naiver Unschuld, automatisch, allein oder gegenseitig oder mit einem Älteren; sie fangen an, die Last der Sexualität zu fühlen; und lernen rasch, das in die Lust der Sexualität zu verwandeln; ohne Folgen, denn das geht mit sechszehn ganz natürlich in Heterosexualität über. Man soll das freigeben. Kein Richter soll seine Nase in solche Dinge stecken dürfen.

Auch Toffler, in seinem grundlegenden Buch »Der Zukunftsschock« (Lit. 96) ventiliert die Frage, Homosexuelle als Erzieher zu verwenden. Daß dazu erst die mosaisch-christliche Ethik restlos verschwinden muß, ist unausweichlich.

Der Homophile steht »seelisch« im Niemandsland, weil all das, was die große Masse der 96 % Heterosexuellen an Kunst, Kultur, an Romanen, an Epen, Opern und Lyrik, an Liebesliteratur hervorgebracht haben, für ihn nicht existiert, lächerlich ist, keinen seelischen Inhalt hat. Das ist auch die Grundlage der oft außerordentlichen Sachlichkeit im Erkennen von Zusammenhängen (etwa Sokrates, vielleicht Schopenhauer, sicher Nietzsche, André Gide), weil emotionelle Einflüsse der Standard-Seele nicht da sind.

Sokrates, Liebhaber von Jünglingen (s. Platons »Gastmahl«), verfügte über die Gnade der Befreiung von der Seele, denn Seele ist das riesige Illusionskonglomerat, genannt Kultur als Ausdruck und Inhalt der menschlichen Heterosexualität. Man brachte ihn um, weil er die Gnade der Befreiung von der Logik, die wärmende Gnade der Illusionen der 96 % nicht annehmen wollte (und konnte). Das hat in vorsichtiger Form nur noch einmal einer versucht, aus anderen Motiven: Erasmus von Rotterdam in seinem »Lob der Narrheit«.

Man wirft den Homophilen die Unbeständigkeit ihrer Liebesverhältnisse vor. Das ist aus ihrer Aufgabe als Lehrer der Knaben und Jünglinge bedingt. Ihre Neigungen gelten jeweils einem bestimmten Alter.

Jedes ihrer Liebesobjekte wächst rasch aus dem passenden Alter heraus. Dann erlischt das instinktdiktierte Interesse. Wechsel wird nötig.

Sie stehen ihr ganzes Leben unter doppelter Furcht: vor Entdeckung und vor Erpressung. Die Erpressung kann man ausschalten: durch Streichung aller entsprechenden Paragrafen der Gesetzesbücher. Die Furcht vor Diffamierung nach Entdeckung durch die 96%ige Majorität kann man ihnen nicht nehmen.

Man kann die sachliche Diffamierung aufheben; so, wie man den sachlichen Antisemitismus durch Vernunft annulieren kann. Aber die ästhetische Ablehnung bleibt.

Die ästhetische Abneigung beruht auf Folgendem: Beim Heterosexuellen ist das einzige reale Lebensziel, die instinkterzwungene sexuelle Vereinigung, mit einem ungeheuren Wall von Umwegleistungen, von Kultur gegen direkte Sicht abgeschirmt — als nichtexistent zugunsten der Illusion eines übertierischen Ichs aus dem Bewußtsein hinausgelogen.

Einen solchen illusionären Schutzwall von Kulturillusionen erkennt die heterosexuelle Mehrheit für den Homophilen nicht an. Die Mehrheit sieht nur den unnützen nackten Sexualakt. Sie muß das als zwecklos, als unästethisch ablehnen.

Man vergesse nicht: Ästhetik ist ein genbedingter illusionärer Zwangswall, der rechts und links das Individuum auf der geraden Ziellinie halten soll, die bestmögliche Nachkommenschaft zu erzielen.

Liebe zu gleichen, zu Knaben, wird von den Betroffenen als ihr inneres Recht, von manchen Ärzten als Krankheit, von dafür bezahlten Richtern und dummen Gesetzgebern als Verbrechen und von Christen als Sünde betrachtet (Unzüchtlinge, Kinderschänder, Unholde, Sittenstrolche und anderes, in einer bekannten Zwinglianerzeitung).

Immer wieder taucht die Behauptung auf, frühe Erlebnisse dieser Art seien schädlich. Dieser Glaube (aus mosaisch-christlichen Reflexen) wird von Dieben, Betrügern dazu benutzt, vor Gericht berechnend zu behaupten, sie seien früher »verführt« worden. Unerfahrenen Richtern drückt das (obwohl unbewiesen) soziale Tränen in die Augen und ein billiges Urteil in die Hand. Aber die falsche Behauptung wird so weiter genährt.

Noch nie hat sich vor Gericht eine weibliche Betrügerin damit entschuldigt, sie sei in der Jugend homosexuell von einer Lesbierin mißbraucht worden. Denn das kommt in der mosaisch-christlichen Ethik und damit in den daraus kopierten Gesetzesbüchern der weißen Rassen nicht als Verbrechen vor.

In zweitausend Jahren ist das keinem Juristenhirn aufgefallen. Das nützt alles nichts. Man soll den 4 % die ihnen von Natur aus zugedachte Arbeit lassen, wie das in zwei drittel dieser Erdoberfläche stillschweigend geschieht.

Gegen die Freigabe der Päderastie wird man, nicht ganz unberechtigt, einwenden: das hierarchische nötige Verhältnis des älteren, erfahrenen Lehrers gegen den unerfahrenen Knaben wird geändert. Machtmißbrauch droht; das ist in Einzelfällen sicher nicht zu übersehen, soweit es sich um Lehrer handelt und nicht um freie Verhältnisse.

Ein möglicher Ausweg: als dem Preußenkönig Friedrich ein Kavallerie-Soldat wegen Sodomie mit Pferden zur schweren Bestrafung vorgeführt wurde, ließ er ihn zur Fußgängertruppe Infanterie versetzen.

Noch immer reden Hochschuljuristen, Richter und natürlich Theologen, die Schlußlichter jeder Hochschule, von »Schuld«, die durch Strafe gesühnt werden müßte.

In Dänemark will man jetzt das Sexualalter von Knaben und Mädchen auf vierzehn herabsetzen, was wegen der heute auf zehn bis zwölf Jahre vorverlegten Pubertät richtig ist. Doch, was für ein Unfug, wenn man wie heute in allen übrigen Ländern, für zehn bis fünfzehnjährige Sexualunterricht gibt, aber gleichzeitig mit schweren Strafdrohungen verhindern will, daß sie ihre Kenntnisse in die Tat umsetzen und mit anderen anwenden: Das Dilemma zwischen Wirklichkeit und der Verlogenheit der mosaisch-christlichen Ethik.

Eine Mischung von künstlich geschaffener Kriminalität und Sittlichkeit, wie sie automatisch aus der mosaisch-christlichen Ethik über die Bibel in die Gesetzbücher der weißen Rassen geriet.

Die lesbische Betätigung unter Mädchen, der sexuelle Umgang zwischen Lehrerinnen und ihren Schülerinnen wird in keinem Gesetzbuch der weißen Rasse bestraft; deswegen, weil weder im jüdischen alten Testament, noch im jüdisch-konvertierten neuen Testament ein Wort darüber steht. Zu diesen Zeiten waren die Mädchen, die Frauen praktisch eingesperrt, sie waren nur Arbeits- und Sexualtiere ihres Besitzers. Ein Grund zur Schaffung einer Ethik, einer Moral unter ihnen bestand nicht. Der Hausherr regelte das durch Prügel. Äußere Moralvorschriften gingen nur soweit, sich mit keinem anderen Mann einzulassen.

Die lesbischen Beziehungen unter Frauen und Mädchen werden in der Welt der weißen Rassen still übergangen, als wären sie inexistent, so wie in allen Gesetzesbücher der nicht weißen, nicht christlichen Rasse, die existierende Päderastie stillschweigend als nichtexistent betrachtet und als eine natürlich gegebene unschädliche sexuelle Abart nicht bestraft wird.

Ungeeignet für die Beurteilung sind Alltags-Psychologen und mit ganz anderen Dingen beschäftigte Psychiater. Am schlimmsten sind Tiefen-Psychologen, denn das Fach ist keine Wissenschaft, sondern eine Religion mit Mode-Dogmen. Ihre Kenntnisse stützen sich auf arme Teufel, die in die mörderischen Strafgesetzfänge der verlogenen christlichen Ethik geraten sind. Die Opfer bestätigen natürlich jede Frage des mit erstarrten Theorien gefüllten Psychologen: angeblich gestörtes Verhältnis zur Mutter, Ödipus-Komplex und anderen Unsinn; um nur endlich aus der widerlichen Vivisektions-Atmosphäre herauszukommen. Denn (jeder Scheidungsrichter weiß das) nirgends wird aus Notwehr soviel gelogen, wie in Sexual-Angelegenheiten. Die Psychologen aber nehmen das erquälte Papageien-Echo als Bestätigung ihrer Dogmen und posaunen das der Mitwelt als Ergebnis ihrer »Wissenschaft« aus. So wird Modeunsinn verewigt.

Zudem sind alle Zweipersonenbeziehungen und Urteile unkontrollierbar, und damit zweifelhaft.

Die Frage der Homosexualität unter Männern und unter Frauen ist noch nie wirklich gründlich wissenschaftlich nach allen Seiten kombiniert angegangen worden.

Entweder wird sie literarisch behandelt oder soziologisch (Lit. 86, 44), oder juristisch (Lit. 27) oder statistisch (Lit. 55) oder medizinisch nach abnormen Typen oder (das ist der schmutzigste Betrügerweg) moralisch. Hormonal, genetisch hat man bisher ohne Erfolg anzugreifen versucht.

8. Lehre und Wissenschaft

Neugeborene Menschenkinder sind am Anfang praktisch bewußtlos. Niemand kann sich an etwas erinnern, was vor seinem zweiten Geburtstag passierte. Die Neuronen im Vorderhirn arbeiten noch nicht. Die vermittelnden Nervenbahnen fehlen (Lit. Campell 13, Delgado 17). Zwischen normalen Neugeborenen und solchen Defekten, denen die Hirnrinde ganz fehlt, die also für immer bewußtlos sind, ist in den ersten zwei Monaten kein Unterschied festzustellen.

Man kann neugeborenen Katzen die ersten drei Wochen die Augen zubinden. In ihrem Sehzentrum im Hirn werden, aus Mangel an lustvollen Reizen, mikroskopisch sichtbar die entsprechenden Neuronen und ihre Nervenverbindungen nur schlecht ausgebildet. Nach Abnahme der Binde holen sie das ihr ganzes Leben nicht mehr vollständig nach. Die anatomische Verbindung der Neuronenbezirke (das Lernen) findet nur in der Jugend, bis zur Pubertät statt. Lang ohne lustvolle Reize eingesperrte Kaspar-Hauser-Kinder, Waisenkinder, Kinder stumpfer Eltern aus unteren Sozialklassen holen das Manko im Hirn später nur noch begrenzt nach. Campell (Lit. 13) betont, daß die Reize: Sehen, Hören, Fühlen lustvoll sein müssen, wenn sie auf die betreffenden Hirnbezirke fördernd wirken sollen.

Kinder denen das lustbetonte Lernen durch intelligente Eltern durch gescheite und interessierte Lehrer-Persönlichkeiten fehlt, bilden nicht alle möglichen Nervenbahnen aus, die zu maximaler Entfaltung nötig sind. Bereits nach der Pubertät ist im Hirn das meiste anatomisch erstarrt. Dann ist es für vieles zu spät. Die Erstarrung der meisten Studenten in einem Dogma, in einer ewigen Wahrheit reicht zum langweiligen Ableben der 70 physiologischen Lebensjahre; nie zur Spitze. Auf die Spitzenköpfe kommt es aber an. Nicht auf die Milliarden.

Kinder stumpfer Eltern, wie die meisten Mitglieder der so viel gepriesenen Arbeiterklasse bekommen diese Lernhilfe zur Ausbildung des Denkapparates von ihren Eltern nicht. Dazu nützen auch Massenschulen (für alle gleich) nichts. Denn der nötige Lustreiz, die »Anregung«, die jedes erfolgreiche Lernen begleiten muß, kann nur von den Eltern kommen, oder von anderen Intelligenten, mit denen das Kind in lustvolle Berührung kommen kann. Kaum von überforderten Massenlehrern, Zwangs-Halbbildung für alle. Wesentliches in der Erziehung der Knaben müßte vom imponierenden Vater kommen.

Es gibt kaum noch die Möglichkeit für den Vater, aus seinem Beruf heraus, für seine Söhne bewunderter Held zu sein. Die Entwicklung zur vaterlosen Gesellschaft Mitscherlichs (Lit. 70); durch die Dauerabwertung der Väter in der unheroischen »laufendes-Band«-Gesellschaft; Beamte, Angestellte eingeschlossen, sind das 90 %.

Dafür auch die an anderer Stelle erhobene Forderung der Freigabe der Päderastie, die (mit oder ohne sexuellen Kontakt) zum lustbegleiteten Lernen durch einen erfahrenen Lehrer als Vaterersatz nötig ist. Das geht still, aber in Ländern christlicher Observanz ständig mit Vernichtung bedroht, in großem Umfang vor sich.

Vielleicht sollte man auch von einer mutter-losen Gesellschaft reden. In natürlichen Gesellschaften säugt die Frau das Neugeborene bis zur nächsten Geburt, mindestens ein Jahr. Das fällt heute weg. Die Frau macht Arbeit außerhalb. Die Emanzipations- und Gleichheitsillusion verlangt von der Frau schlanke Linie. Frühes Absetzen der Säuglinge ist so nötig. Ob da nicht viel von der Hautberührungslust verloren geht, die nach Lit. 13 und 17 zur Ausbildung mancher kindlicher Hirnbezirke nötig ist?

Ein neugeborenes Kind bringt außer den tierischen Lust- und Unlustäußerungen nichts ererbtes an Ausdrucksmöglichkeiten mit. Ein Kind, das von einer langen Folge von englisch-sprechenden Eltern abstammt, wird beim Aufwachsen in einer Eskimoumgebung nur den primitiven Eskimowortschatz und den damit verbundenen Satzvorrat lernen — und nichts an Englisch. Denn das ist in den geerbten Chromosomen nicht drin; da nichts vererbt wird, was die Eltern selbst erst als Kind gelernt haben.

Trotzdem ist alles, was der Autonomie des Stammhirns untersteht, irgendwann in der Vergangenheit entweder durch Auslese aus Mutationen oder (vielleicht) als gelernte Methodik vererbt worden. Auch das Lernen eines Kindes muß als Methodik im Hirn irgendwie vorprogrammiert sein. Das Kind lernt mit dieser ererbten Methodik Zahlen zu multiplizieren und zu dividieren, ohne daß auch die Resultate vorprogrammiert sind.

Jemand muß ihm das lehren. Es lernt, mit vorprogrammierter Hirnmethodik, Worte vom Zuhören aus der Umgebung, ohne daß die Worte im Hirn vererbt vorprogrammiert sind (die Muttersprache). Kein noch so intelligenter Schimpanse lernt multiplizieren oder dividieren. Der Mechanismus dazu ist in seinem Hirn nicht vorgeplant.

Jede Entwicklung eines Kindes durch Lernen ist nur in dem genetisch vorgesehenen Rahmen möglich. Kein Kind kann lernen, dauernd unter Wasser zu leben. Die dazu nötigen Fischkiemen sind genetisch nicht vorgeplant. Selbst der spätere Tod wird bei der Zeugung schon vorprogrammiert. Wie und wann er kommt, hängt von vielen, noch unbekannten während des Lebens aufgenommenen Faktoren ab.

Was in einem Kind, in einem jungen Mann nicht bis zu 25 Jahren als verstandener Wort- und Satzvorrat fixiert wurde, ist später mit nachlassender Lernfähigkeit, mit der anatomischen Erstarrung des Hirns (Lit. 13, 17) immer schwerer nachzuholen. Ein solcher Mensch ist fertig. Er muß mit dem gelernten Vorrat auskommen.

Kinder sind heidnisch natürlich und nüchtern. Sie sind von der mosaisch-christlichen Bettmoral noch nicht krank geworden. Was Knaben wollen, ist Stützung ihrer Heldenideale. Sie suchen die Heldenbeispiele bei anderen, falls die Eltern dafür nichts bieten. Sie lesen nur Männergeschichten; von Melvilles Moby Dick über Karl May, Jack London, Mark Twain bis Lawrence und Abenteuerhefte. Sie probieren Abenteuer.

Erst mit Beginn der heterosexuellen Phase, um sechzehn bis achtzehn (je nach Rasse) interessiert sie der riesige Kulturlastwagen normaler Geschichten von Romanen. Auch jetzt wieder suchen sie Hilfe, Beispiele, wie man es macht, an die ersehnte weibliche Partnerin heranzukommen. Das, obwohl alle Romane Pseudo-Rezepte sind. Solche Anweisungshoffnungen verkaufen sich tausend Tonnenweise. Das ist Inhalt und Daseinszweck aller Filme, Theater, Romane, Lyrik, Pornografie; alles dessen, was man als Kultur bezeichnet.

Bei den besseren, wenn sie Frage-Intelligenz von ihren Eltern oder Lehrern gelernt haben, keimt auch langsam philosophisches Interesse, Forschungsdrang. Die Frage: warum, wozu, wie? Bei den klügeren auch die Einsicht, daß Dogmen und Ideale Denkgifte sind, vielleicht sogar, daß Dialektik reiner Betrugsversuch ist.

Das Ergebnis einer guten Allgemeinbildung kann nur darin liegen, daß sich im Hirn des Kindes wesentliches festsetzt; und zuviel Einzelheiten vergessen werden. Wohl dem, in dessen Hirn automatisch das Unwesentliche stirbt. Das Wesentliche aber umso klarer sichtbar wird.

Trotzdem ist bis zum Alter von 40 Jahren das Unwesentliche zum Leben wichtiger. Denn das Wesentliche zerstört Illusionen, in denen sich jedes erreichbare Glück abspielt. Ohne Hemmungen Wesentliches zu denken, ist Sache alter Männer (siehe Kant und Lichtenberg, S. 194). Im späteren Interesse für komplizierteres Soziales verfallen Jugendliche oft unkritisch auf dogmatische Betrüger.

Die Jungen sind trotz ihrer jeweiligen Unlogik, dem Überwiegen der Emotion, als Protest gegen ihre Eltern die Zukunft. Die Alten verschwinden über Wertlosigkeit ins Nichts. Die heute Jungen sind morgen unerbittlich genauso alt. Für die Menschheits-Entwicklung ist jede Ideologie nur vorübergehend und gleichgültig. Wenn nur genügend viele in jeder Generation soviel Nahrung und Platz haben, die nächste zu machen. Bis ans Ende der Erde.

Die jugendliche Phase der Wertsuche, die Suche nach einer rückendeckenden Wand, die früher mit Pubertätsende aufhörte, läuft jetzt lebenslang weiter. Sie endet (wenigstens bei den Klügeren) in der Erkenntnis, daß es überhaupt keine Werte gibt; daß das alles Moden sind und nur eine Zeitlang gelten; daß man sich, wenn man leben will, dem anpassen muß, und sich Werte als Spielerei auf Zeit zulegt; und sie, wie gebrauchte Hemden, wechselt, wenn es Zeit wird.

Die bleiben, aus wachsender Gleichgültigkeit, in einem gerade gültigen stecken; in einem System, das bei Bedarf rasch wie ein Anzug gewechselt werden kann.

Man hat lange Zeit geglaubt, eine hauptsächlich mathematisch-naturwissenschaftliche Ausbildung genüge, um einen vollen »Menschen« zu machen. Aber Sachwissenschaften sind kalt; sie machen nichts von dem, was man als menschlich bezeichnet. Solche Spezialschulung ist nötige Grundlage, und wichtig für Spitzenköpfe, die das Forschen bis zur letzten Konsequenz ertragen, ohne an der daraus kommenden Einsicht des eigenen Nichts zugrundezugehen.

Das Menschliche, das vom Tier unterscheidet, steckt in der Möglichkeit der Illusionen. In der instinkterzwungenen Illusion des unübertreffbaren eigenen Ichs. Das Menschliche steckt in der Unfähigkeit, wie das Tier achtzig und mehr Prozent seines Lebens zu verschlafen; es steckt im Zwang, die Wachzeit mit Umwegleistungsbögen, mit Arbeit auszufüllen, mit den beliebig steigerbaren Bergen von Illusionsleistungen, im Sammeln von Besitz jeder Art, eigener Kinder, vom Briefmarkensammeln über Kunst bis zu Geld, Besitz, Macht; sich Glückgefühle zu sammeln durch Schaffung von mehr Wissen jeder Art; sich von stumpfen Sozialgenossen zu unterscheiden; deren höchste Kulturleistung über Schrebergarten und Gemeinschaftsbetäubung nicht hinausgeht.

Diese unbeschränkte Glücksmöglichkeit, das wärmende »Menschliche« ist in rein naturwissenschaftlicher Ausbildung nicht enthalten. Viele Spezialwissenschaften, auch Physik, sind in 50 Jahren vielleicht fertig. Nichts an besserer Mehrleistung gegen die Umgebung ist dann darin mehr zu gewinnen. Naturwissenschaft, auf präzise Definition verpflichtet, kennt keine Redundanz ihrer Glieder, gerade das, was das Wesentliche der menschilchen Möglichkeiten zum Zusammenleben ausmacht.

Kinder müssen das redundanzfreie Sachwissen der Naturwissenschaften als Grundlage lernen. Aber das wesentlich Menschliche, womit sie später die nötigen Erholungspausen zwischen den Zwängen der Fortpflanzung ausfüllen, ist nur in den unendlichen Bergen und leuchtenden Wolken der Illusionen, genannt Kultur, zu bekommen.

Ohne (sachlich überflüssige) Illusionsredundanz in der Erziehung verschwände die Illusion Mensch hinter dem Roboter Mensch.

Was man Bildung nennt, ist Schaffung hochgezüchteter Kulturillusionen. Und das können eben Kinder aus ihren Schulen nur wenig bekommen. Das kann nur aus wesentlichen, geistig qualifizierten bürgerlichen Elternhäusern kommen.

Das zeigt sich in kommunistischen Ländern, wo man in dogmatischer Verblendung noch das dümmste Arbeiterkind bevorzugt auf die Hochschule bringt. Man erhält so eine große Menge gut dressierter mittlerer Techniker, Beamter. Aber in all diesen Ländern ist bis jetzt noch nie ein für die Menschheit wesentlicher Kopf entstanden. Denn wichtige Köpfe kommen eben nur aus den kulturell hochstehenden Bürgerhäusern, wo das Wesentliche gelebt wird, wo geistige Haltung als Beispiel gelehrt wird, wo Askese und freie Leistung hoch im Kurs stehen. Auch dort sind solche Elternhäuser nicht allzu häufig.

Brave Konsumköpfe, die weder Askese noch Fähigkeit zum Hochkommen fertigbringen, gibt es ungezählte Millionen. Wesentliche Köpfe sind selten.

Sture Marxisten haben die Illusion, daß sich durch Erziehung alles aus jedem Menschen machen ließe, ohne Rücksicht auf Geerbtes. Daß man ein Kind von dummen Eltern, von sozial aus Dummheit unten gebliebenen durch bloße Erziehung gleichwertig machen könnte. Sie kennen zwar auch das Wort »Begabung« für angeborene Hirnfähigkeiten. Das nützt aber bei ihnen nichts, denn es ist ein marxistisches Dogma, daß man Begabung machen könne. Alle Menschen, alle Rassen seien gegen jede Erfahrung gleich intelligent, etwa Neger und Weiße; gegen alle Sichtbarkeit des Gegenteils.

Das geht zurück auf den kommunistischen Pseudogenetiker Lysenko. Er hatte dogmatisch festgelegt, daß man durch Züchtung (bei Pflanzen) jede gewünschte Rasse erzeugen könne; daß Erbe Unsinn sei. Für seine Dogmen ließ er unter Stalin bekannte Wissenschaftler seines Faches ermorden. Erst Chruschtschow ließ den Lysenko verschwinden. Die russische Genetik ist heute um zwanzig Jahre hinter der liberalen Welt zurück.

In Deutschland sind, aufgrund von progressiven Modeillusionen von Pädagogen Versuche mit Gesamtschulen angestellt worden. Mit der Absicht, das Niveau von Unterkindern zu heben, hat man sie in gleiche Klassen mit Kindern höherer Sozialschichten gezwungen. Das ist weitgehend gescheitert. Automatisch sind die Kinder gehobener Klassen doch wieder im Durchschnitt die gescheiteren.

Zugehörigkeit zu unteren Sozialklassen ist nicht, wie primitive Progressivnullen meinen, Schuld der Kapitalisten, sondern ein geistiger Erbschaden. Wenigstens in allen reichen Ländern mit vollen Aufstiegmöglichkeiten.

Versuche in USA, Kinder mit frühen hohen Intelligenzquotienten zu Genies zu erziehen, scheiterten. Wenn ihre Körper das frühe Großhirn mit den unentrinnbaren Pubertätsnöten einholten, reichte es bestenfalls bis zur oberen Grenze intelligenter Normalschichten. Bloß in streng formalen Bereichen, Mathematik und Musik scheinen frühe Genies spontan zu gedeihen.

Trotz alledem halten verblendete marxistische Progressive an ihren falschen Illusionen fest, denn etwas, was in solchen mit ewigen Wahrheiten vernagelten Hirnen einmal drin ist, darf doch nicht falsch sein, da würde ja die ganze Marx-Dialektik Unsinn werden, was unmöglich ist.

Ungeklärt ist die Frage: Bildungsrecht für alle, hat das Sinn, wo sind die real durchführbaren Grenzen?

Tatsächlich handelt es sich dabei um Prestigerecht für alle. Echte, umfassende Bildung ist schwer, mühsam und nur mit hartem persönlichem Interesse zu erwerben. Wirkliche Bildung schließt auch das Wissen, Verstehen von praktisch nicht Verwertbarem ein, von »Unnötigem«. Weite Bildung setzt den faustischen Drang zum Wissen voraus. Den Trieb zur Arbeit für sich selbst.

Höhere Ausbildung geht überall über Hochschulen. Man soll sich keine Illusionen machen. Für 90% aller Studenten ist Bildungserwerb gleichgültig und nicht interessant. Wichtig ist allein das Diplom, das zu gut-bezahlten und prestige-hohen Amtsstellungen führt.

Das Resultat ist nicht Bildung, sondern Halbbildung, die besonders in den dünnen oberen Schichten von Entwicklungsländern oft groteske Formen annimmt.

Keiner der missionarischen Rufer nach mehr Bildung für alle merkt, daß gerade Jugendliche zu 90% bildungsunwillig sind; die 90%, die schon in den Eingangs-Schulen nicht mitkommen, nicht mit wollen, vorzeitig aus der Schule wegbleiben, mag der Lehrer noch so gut sein, die den freiwilligen oder unfreiwilligen Erwerb von Bildung als Schikane ansehen, als Freiheitsberaubung, die unter Bildung bestenfalls den Erwerb einer Fähigkeit sehen, mehr Geld zu erwerben. Das ist unabhängig vom System, dasselbe im Kapitalismus wie im Kommunismus, dasselbe bei autoritärer und (angeblich) nichtautoritärer Erziehung. Nur bei den wenigen mit Interesse, mit faustischem Drang, die das schon geerbt haben, oder von ihren Eltern in der Jugend das Hirn- und Erziehungskapital mitbekommen haben, hat mehr Bildung über das übliche Maß hinaus einen Sinn.

Bildung ist heute längst nicht mehr literarische, ästhetische klassische Übersicht, wie sie von den Massen der selbst einseitigen Philologen und Germanisten den Schülern aufgedrängt wird. Heute kann niemand mehr gebildet mitreden, der nicht gründlich mathematik-begleitete Physik, Chemie und Molekularbiologie mitbeherrscht. Sie sind letzten Endes alles Zweige der Physik.

Erwerb von Bildung, gleichgültig, ob man darunter »seelische« Wärme, oder sachliches Wissen und die logischen Zusammenhänge versteht ist heute schwer geworden. Der Versuch: Bildung für alle, führt zu der gefährlichen Einbildung, Ausbildung allein sei Bildung.

Klassische Bildung, Literatur, das »heute gelesen, morgen gewesen« gehört in das illusionäre Karussell Kultur, das zum einigermaßen befriedigenden Ableben der 70 bis 80 Jahre unentbehrlich ist. Aber es bringt das Wissen nicht weiter; es ist eben ein Karussell, das immer wieder zum Ausgangspunkt zurückkehrt, in jeder Runde dieselben menschlichen Probleme wiederholt. (Seite 231)

Nicht so die mehr oder weniger geradlinig aufbauenden Sachwissenschaften. Sie führen weiter. Sie sind kein Karussell. Sie führen automatisch zur Einsicht der menschlichen Bio-mechanistik; zur Physikalisierbarkeit des sogenannten seelischen (nach einem Ausdruck von Weizsäckers).

Das soll nicht heißen, daß man »Bildung« für eine soziale Oberschicht vorbehält. So weit sie sich nicht wegen der intellektuellen Schwierigkeiten von selbst für bestimmte Oberschichten reserviert. Im Gegenteil: jeder, der sie mit Interesse und Ausdauer sucht, muß mit allen Mitteln gefördert werden. Es ist jedoch Unsinn, das auch den 90 % aufzuzwingen, die nur an Ausbildung und Gelderwerb denken. Die man dann mit der Prestige-eitelkeit füttert, jetzt hätten sie Bildung, und alle seien gleich; und gleichberechtigt. Das führt als Konsequenz zu der verderblichen Mitbestimmung durch Halbgebildete oder ganz Unwissende.

Eine der verderblichsten technischen Erfindungen sind die kleinen billigen Hand-radioapparate; die sich in Entwicklungsländern selbst arme analphabetische Bauernjungen leisten können. Sie täuschen ihm, durch gewissenlose Reklame, Paradiese in den Städten vor. Er läuft dorthin von zuhause weg, und verkommt arbeitslos in den Slums.

Bildungserwerb der unteren Sozialklassen scheitert oft daran, daß sie nicht wissen, wie man das macht. Dazu eine Frage: Muß denn das letzte bildungsfähige Kind auf eine Hochschule? Brauchen nicht auch Handwerker, Bauern Nachwuchs und Mitarbeit von Intelligenz aus dem eigenen Kreis? Soll ein gebildeter Mensch erst beim Diplom und beim Doktor anfangen? Was für eine mittelalterliche scholastische Arroganz.

Prestige für alle ist kein Prestige mehr. So sehen sich die Rufer um Bildung für alle, plötzlich um ihren eigenen Prestigegewinn gebracht.

Jede Volkswirtschaft, ob kapitalistisch, marxistisch oder kommunistisch, kann unter heutigen Umständen nur einen beschränkten Prozentsatz an Akademikern verdauen.

Bildung ist teuer. An anderer Stelle wird erwähnt, daß die Aufrechterhaltung eines einzigen Hochschulplatzes pro Student etwa die Steuereinnahmen von sechs durchschnittlichen Steuerzahlern kostet. Ein Student verbraucht nur für seinen Hochschulplatz bis zu seinem eventuellen Endexamen, etwa das siebenfache Jahreseinkommen des Durchschnitts: vom Staat bezahlt. In liberalen und kommunistischen Systemen gleich.

Ist unter Menschen genug Bedarf an solcher Bildung, die in höchsten Kultursphären ein rein ästhetischer Luxus ist? Lohnt es sich wie in Schweden, 30% aller Kinder gewaltsam durch Herabsetzung des Examensniveaus bis zur Hochschule zu bringen, obwohl zwei Drittel davon für eine Hochschule zu dumm sind? Lohnt es sich, daß nachher wegen der sinnlosen Überproduktion an teuren (und unzufriedenen) Akademikern, man Leute mit Scheindoktortiteln wieder auf Arbeiter oder Handwerker zurückschulen muß, mit nochmaligen Kosten aus Steuergeldern.

Vielleicht kann man als unterste Stufe wenigstens die Beseitigung des Analphabetismus billigen, wie es mit zweifelhaftem Erfolg viele Entwicklungsländer versuchen.

Aber auch hier kann man kindliche Bildungsgläubigkeit nicht mit den durch limitierende Rassenintelligenz gegebenen Möglichkeiten gleichsetzen.

Nicht zu vergessen, daß die Verhinderung dieser einfachen Grundbildung von den in primitiven Ländern besonders mächtigen Traditionen — Religionen — ausgeht. Der naive Glaube von Idealisten um die Unesco, Fortschritt könne man durch Geld und Lehre und Alphabetisierung machen, scheitert für Generationen an dem unüberwindlichen konservativen Mißtrauen einfacher Völker. Sie haben ihr bescheidenes Gewohnheitsglück; sie wollen das nicht durch undurchsichtige Reformen gefährden. Fortschritt bedeutet für sie Umwerfung der gewohnten Wertmaßstäbe, ohne Garantie, daß die neuen mehr leisten.

Zudem hat es sich gezeigt, daß der Unterschied Alphabet ⟷ Analphabet fließend ist. Alphabeten, die mühsam Buchstabenlesen gelernt und ebenso rasch wieder vergessen haben, verstehen das Gelesene noch auf Generationen nicht. Der Weg vom Lesenlernen zum meist nicht über die primitive Umwelt hinausgehenden Denken dauert nicht Jahre, sondern Generationen, falls nicht die Intelligenz-Kapazität der betreffenden Rasse eine Grenze für immer setzt.

Dazu kommt, daß bei den Rassen der Entwicklungsländer mit ihrem wärmeren Klima das Pubertätsende um zwei Jahre früher liegt, als bei weißen Rassen im gemäßigten Klima. Bei ihnen liegt die Zäsur zwischen freiem, interessiertem und neugierigem Lernen, und der körperlichen Reife mit der Zwangsumleitung der Kräfte auf Fortpflanzungssexualität bei 12 bis 14 Jahren, bei Rassen der gemäßigten Zone bei 16 bis 19 Jahren.

Man vergesse nicht: Erklären, Erkennen, ist nach v. Mises, auch nach Russel, ein Zurückführen und Kombinieren des Neuen auf etwas, das man in der naiven Jugendperiode handgreiflich begriffen hat; was aus der Jugend schon aus persönlichen Erfahrungen im Hirn drin ist, was als »begriffenes« Wort in der Broca'schen Sprachwindung im Hirn auf Vorrat fixiert ist. (Lit. 69).

Der in der vorpubertären Zeit begriffene Wortvorrat ist bei Kindern von Rassen mit später Pubertät größer, als bei Kindern in Entwicklungsländern.

95 % aller Menschen, festgehalten durch Tradition, Armut und Mangel an Bewegungsinitiative, kommen ihr ganzes Leben nie dazu, das zu »begreifen«, was die Grundlage für spätere tiefere Einsichten ist. Bestenfalls klammern sie sich mit einem Wortschatz von einigen hundert erfahrenen Worten an Dogmen der Religionen, des Marxismus, des sozialen alle-gleich. Sie »verstehen« nichts, als ihre Umwelt; auch wenn sie Alphabeten sind. Man füttert sie mit der Illusion, sie verständen. Man versucht, eine Wunderpädagogik zu finden, die alle gleich und gleichzeitig zu vermeintlicher Freiheit erziehen soll, sich der Gleichmacherei zu entziehen. Das ist so möglich, wie das perpetuum mobile.

Pädagogik ist Sysiphus-Arbeit. Sie kann bestenfalls massenkonformes Verhalten erzielen und einem Einzelnen zu heimlich nach außen unerkennbarer vermeintlicher Denkfreiheit verhelfen. Das Resultat jeder Pädagogik ist weitgehend Zufall. Das Wesentliche hängt von der Erbmasse, von der Familie, von den Eltern und ihrem Niveau ab.

Trotzdem: der Referent hat hohe Achtung vor den oft fleißigen Schulmeistern; vor allem, vor den kleinen oft unter mühsamen Verhältnissen arbeitenden Real-Idealisten, die an der Mühe noch Glück empfinden, an der Schönheit des Werdens, statt der Öde des Seins.

In jedem Menschen steckt einer, der andere belehren will.

Die anmaßenden christlichen Missionare, die aus vielen Ländern heute schon hinausgejagt worden sind, wurden sofort durch nicht weniger üble marxistische Missionare ersetzt.

In 25 bis 30 Jahren stirbt jeweils die Hälfte der Menschen und kommt als Düngemittel unter den Boden, so daß in alten Friedhöfen die Bäume besonders schön wachsen. Während die andere Hälfte, nach den Adlerflügen des jugendlichen Idealistenschwachsinns, sicher auf der Erde gelandet ist, jetzt als Schulpauker, Bananenverkäufer, Oberregierungsräte, Kanalarbeiter und Professoren ihr Brot verdient. Alles in unaufhaltsamen Wellen von 30 bis 50 Generationen pro Jahrtausend, an die Anatomie und Physiologie ihrer Körper und Hirne gebunden, ohne Fluchtmöglichkeit. Lohnt sich diese Sysiphus-Arbeit, oder ist Bildung für alle nur Pädagogeneitelkeit?

In England wurden über zwei Generationen Großexperimente mit unautoritärer Erziehung gemacht. Soziologische Untersuchungen zwanzig Jahre später über den weiteren Lebenslauf dieser Kinder ergaben keine Vorteile vor der Erziehung in den normalen Schulen. Offensichtlich ist die geerbte Grundsubstanz von Jugendlichen viel stabiler und unabhängiger von Erziehung, als die meisten Pädagogen annehmen, falls sie nicht durch absichtliche demagogische Verhetzung geschädigt werden (siehe Einleitung).

Die Differenzierung zu Wertvolleren hängt ausschließlich von der Qualität geerbter Hirnmethodik ab, und von früherem lustvollen Lernen durch Eltern, oder von Lehrern, die an Knaben interessiert sind.

Ganz abzulehnen ist die Kleinbürgerpädagogik kommunistischer Lehrer mit ihren primitiven Welterklärungsdogmen aus der Gartenlaube, vom lieben Marx und seiner einzig wertvollen Arbeiterklasse und dem infantilen Hetzbild der bösen Bürgerkapitalisten, die die arme stupide Arbeiterklasse ausplündern und von dem Arbeiterblutgeld in unfaßbarem Luxus leben — der Kapitalist (Imperialist, Kolonialist), den man, wie es sich für Sozialisten gehört, ausplündert, und nach dem Schema der Lenin und Stalin in Massenmorden umbringt, zum ewigen Wohl der Kleinbürger Arbeiterklasse.

Man sollte sich darüber im klaren sein, daß diese Art sozialistischer Gehirnwäsche nicht verschieden ist von der eben so stupiden Gehirnwäsche durch erzwungenen Religionsunterricht, mit dem Unterschied, daß in wirklich liberalen, kapitalistisch freien Ländern nicht jeder mitmachen muß.

Der marxistische Kinderglaube, man könne einen unnatürlichen sozialistisch-kommunistisch genormten Kleinbürgermenschen erziehen, ist so unausführbar, wie die entsprechenden christlichen Illusionen.

Mit der Erziehung der Knaben ist es wie mit dem Neubau eines Hauses. Alle Leute bleiben stehen: was wird das für ein schönes, prächtiges Haus, eine Zierde, eine Freude für unser Quartier. Wenn das Haus fertig ist, schaut keiner mehr hin, es ist ein langweiliges Haus wie tausend andere. Unter Gebrauch verschimmelt es langsam und verschwindet irgendwann einmal.

Mit Knaben: welche Hoffnung, wieviel prächtige Aussicht, was kann daraus für eine Zierde unseres Quartiers werden. Plötzlich ist er fertig.

Niemand schaut mehr hin. Ein langweiliger kraftrennomierender Bocher mit Motorrad, Freundin, etwas Marx oder einem ähnlichen Papageien-Echo, wie hunderttausend andere. Und nach Kindern und einigen Jahrzehnten hin verschimmelt er und verschwindet.

Doch das ist der natürliche biologische Ablauf: nach einer hoffnungsgefüllten Illusions-Lernperiode zur unbewußten Ansammlung von Werbekapital, von Redundanz zur Erwerbung einer besten Partnerin, Erfüllung des einzigen Lebenszwecks, Kindermachen: und dann, nach einigen Jahrzehnten, verschimmelt zu verschwinden.

Der Verhaltensforscher Konrad Lorenz stellt die Frage, warum Affenkinder, junge Orang-Utans so viel lebendiger, intelligenter, neugieriger sind als ihre Eltern. Nach der Kindheit verstumpfen sie.

Schindewolf (Lit. 86) belegt das direkt durch anatomische Messungen an Orang-Utan-Schädeln verschiedenen Alters.

Die kindlichen Schädel, mit fast menschlichen Formen, wandeln sich mit dem Wachsen zu tierischen Schädelformen.

Sollte das nicht auch beim Menschen so sein, wenn auch nicht anatomisch ausgeprägt? Der Referent hat sich oft gewundert, wenn er sah, daß aus lebendigen Knaben, neugierig, interessiert, kritisch, wenn auch im kindlichen Rahmen, von keiner christlichen Ethik zerfressen, im Grund heidnisch, Pfeile der Hoffnung, mit Beendigung der Pubertät und dem Übergang zur heterosexuellen Reife stumpfsinnige häßliche Studenten werden. Die Pubertät ist die natürliche Lernperiode durch Kameraden, durch die Familie, die schwer kontrollierbare Umwelt, Zufallseinflüsse, die wahrscheinlich zur Erziehung mehr beitragen als alle Lehrer.

Mit dem Ende der Pubertät ist die natürliche Lernperiode zu Ende. Jetzt, mit voller Geschlechtsreife, stellen die Automatiezwänge des Stammhirns diejenigen psychischen Mechanismen in den Vordergrund, die auf die Schaffung der nächsten Generation zielen. Neugier, Schaffen von neuem Wissen werden dafür überflüssig. Die Automatie will sie jetzt auf die Befruchtung einer Partnerin zwingen. Weiteres Lernen wird zu ungeliebter Pflicht.

Instinktgezwungen folgt so die Ausrichtung auf bedingungslose Hingabe an eine Partnerin, die erste heftige Liebe, bei der leicht alle Wertmaßstäbe so umgestellt werden, daß die Zufallspartnerin das Maximum dessen darstellt, was möglich ist. Die Fähigkeit, für diese Liebe Leib und Leben ohne Bedenken zu opfern, bei zwangsweise Ausschaltung jeder sachlichen Beurteilung der Partnerin, worin eben kritikfreie Liebe besteht.

In der modernen Kultur- und Industriewelt dauert aber heute das Lernen quälend acht bis zehn Jahre länger über die sexuelle Reife hinaus.

Es entsteht so für die jungen 18- bis 28jährigen eine Periode, in der die instinktive, kritiklose Hingabefähigkeit, der Wunsch, sich hinzuopfern, kein wirkliches Ziel findet. Den unzähligen Pillenstudentinnen, die die Männerwartesäle der Hochschulen bevölkern, geht es ebenso. Bei ihrer noch früher eintretenden Sexualreife werden sie noch längere Jahre enttäuscht, bis sie endlich zu ihrem Lebenszweck, zur Mutterschaft, kommen. Denn die Pille frustiert wahrscheinlich erst recht, weil sie Mutterschaft unmöglich macht.

Die Neigung der kritikfreien Hingabe und Opferfähigkeit liegen brach. Sie werden normalerweise bei Nichthochschulangehörigen in einer frühen Ehe (gleich welcher Art) konsumiert.

Sie gehen rechtzeitig in einen eigenen Beruf. Mit dem Erwerb des Selbstbewußtseins, durch eigene Leistung ihren Lebensunterhalt zu verdienen. Bei Studenten unterbleibt das.

Demagogen jeder Richtung benutzen diese Perioden kritikloser Hingabesehnsucht junger Menschen skrupellos für ihre Zwecke. Der Referent hat solche Perioden dreimal in seinem Leben gesehen.

Das erste war die studentische idealistische Begeisterung für »Mein Vaterland« zu Beginn des Ersten Weltkrieges 1914. Hundertausende von Studenten zogen bedingungslos hingegeben, ohne den leisesten kritischen Einwand, ins »Feld«. Bei dem berüchtigten Langemark liefen sie in Massen, liedersingend, sich sinnlos opfernd in französische Maschinengewehre. Der Hingebungsrausch endete erst nach Jahren in einer Katastrophe, und in zu später Einsicht.

Sie hielten ihre Ideale für Fortschritt. Sie benahmen sich so, wie das ihrer sexuellen Reifestufe der bedingungslos gläubigen Hingabe entsprach. Klügere, illusionslosere Professoren, die das nicht billigten, wurden beschimpft, behindert und verjagt.

Das zweite Mal, 1933, als dieselben Studentenmassen, hingebungsvoll, idealistisch, gläubig begeistert singend, bereit waren, sich kritiklos für Hitlers »Mein Kampf« zu opfern. Es dauerte Jahre, bis auch dieser Rausch in einer Katastrophe endete, und in zu später Einsicht.

Sie hielten ihre Ideale für Fortschritt. Sie benahmen sich so, wie das ihrer sexuellen Reifestufe der bedingungslos gläubigen Hingabe entsprach. Illusionslose und weiterblickende Professoren, die nicht das Gleiche glaubten, wurden beschimpft, behindert, verjagt und teilweise sogar getötet.

Und heute wieder, zum dritten Mal, dieselben Studentenmassen, wieder hunderttausende von begeisterten, hingebungsbereiten, idealistisch kritiklosen, bereit sich zu opfern — für »Mein Kapital« eines Demagogen Marx. Und wie wird das enden? Wieder in einer Katastrophe und zu später Einsicht?

Sie halten ihre Ideale für Fortschritt. Sie benehmen sich so, wie das ihrer sexuellen Reifestufe der bedingungslos gläubigen Hingabe entspricht. Professoren, die hinter den Idealen etwas anderes, russische Imperialismuspolitik sehen, die die kindlichen Ideale nicht billigen, werden beschimpft, behindert und in den Oststaaten verjagt oder langsam umgebracht.

So ließe sich die Verstumpfung aller sexuell reifen Erwachsenen, die nachpubertäre kritiklose Hingabe-Hinopferungsfähigkeit der zu spät zur sexuellen und menschlichen Erfüllung kommenden Studenten erklären. Die Verstumpfung, das Erlöschen natürlicher Kritik, wie sie — wenn auch naiv — lebendige Kinder mit ihrer unersättlichen Neugier haben und mit achtzehn verlieren. Menschen unterscheiden sich damit von höheren Tieren psychisch nicht prinzipiell. Die Annahme von Lorenz ist eine allgemeine Regel.

Ein weiterer Faktor der studentischen Unsicherheit: Das sexuelle Pubertätsende mit heute siebzehn bis neunzehn Jahren ist nicht mehr wie früher in gesicherter Gesellschaft identisch mit dem geistigen Pubertätsende. Es liegt heute bei der Unsicherheit aller Grundlagen, dem Verlust der Religionen, dem Verlust der väterlichen Autorität bei 20 bis 28 Jahren; über dem studentischen Durchschnittsalter. Mitscherlich (Lit. 70) hat das in seinem Buch »Vaterlose Gesellschaft« gezeigt. So entstehen die Massen von Chaoten mit irrealen Heilssehnsüchten, Gesellschaftsveränderung, die als Selbsthypnose mit äußerster Heftigkeit, aber ohne klares wirkliches Ziel verlangt werden. Reformen, die immer wieder im Bürgertum mit seinen Vor- und Nachteilen enden.

Das ist in allen Ländern Europas das Studenten-Syndrom: Eine Krankheit, fundamentiert auf der gewaltsamen zeitlichen Verschiebung der Umstellung der pubertären Entwicklungsphase auf plötzliche gläubige Hingabe für die erste Liebe. Die plötzliche Reife zur Stammhirnerzwungenen Fortpflanzung erkrankt an zu langem Studium, zu langer Frustration von den Zwangsneigungen, von der Selbständigkeit.

Die Frustation (die Beraubung um die natürlichen Früchte ihrer Altersstufe) beruht nicht nur auf der Schwierigkeit der Familiengründung unter Studenten. Freien Sex gibt es genug. Sie beruht auf der Beraubung um das Selbstbewußtsein. Jeder ehrliche Student fühlt sich im besten agressionsfähigen, leistungsfähigen Lebensalter als unnützer Schmarotzer, der aus den Taschen anderer lebt, aus Geldern der Familie, aus endlosen Stipendien, aus den Taschen der Steuerzahler.

Die Studenten-Frustation liegt in der Demütigung des instinkterzwungenen Selbstbewußtseins. Der Nichtstudent, schon mit neunzehn selbständig für seinen Lebensunterhalt arbeitend, fühlt diese Erniedrigung seines Selbstbewußtseins nicht.

Dieses künstlich erzeugte Studentensyndrom gibt es praktisch nur in Europa mit seinem viel zu späten Alles-oder-nichts-Abitur.

Dieses Abitur, die Gymnasialzeit bis 19/20 Jahren, diente früher dazu, Kinder höherer Kreise wohlbehütet mit der Scheinbeschäftigung literarischer Bildung über die Umwerfklippen der Pubertät wegzubringen.

Die danach 19- bis 20-jährigen haben damit gar nichts außer meist nur Literatur-Halbbildung gelernt, womit man nicht einmal ein Stück Brot verdienen kann. Es bleibt ihnen nur übrig, nochmals sechs bis acht Jahre ihres Lebens an einer Hochschule zu verlieren oder zu stranden: Als Journalisten, vielleicht Politiker, wenn sie über genügend dialektisches Mundwerk verfügen.

Besser ist das amerikanische System, das nach Abschluß der High School mit 16 bis 18 (was schon eine Reihe von Berufsmöglichkeiten erschließt) drei bis vier Jahre an einem der zahlreichen Colleges mit Internaten einschließt. Auch hier gibt ein Abschluß wieder eine große Zahl von guten Berufen frei. Nur eine kleine Zahl verwendet noch weitere Jahre für ein eigentliches Hochschulstudium mit Abschluß eines Master oder eines Doctor-Degrees. Das Studentensyndrom, die Frustrierung von Instinktzwängen trifft so nur eine kleine Zahl von Studenten, die sich wirklich interessieren und den Frustrationspreis dafür bewußt in Kauf nehmen.

Man wird in Europa daraus lernen müssen. Das Monstrum des heutigen Abiturs wird man fallen lassen müssen. Man wird auf zwei Jahre deutsches Kulturerbe (das sowieso nicht viel wert ist) auf zwei Jahre Germanistik, auf Ladenhüter und Ähnliches verzichten müssen, auch wenn dadurch einige Kompagnien zuviel gezeugter Germanisten arbeitslos werden. Man wird die Jungen mit sechzehn bis achtzehn auf eine Zwischenstufe Sachwerte-College von drei bis vier Jahren unterbringen müssen. Man wird so eine mit zwanzig bis 22 endgültig beendete Ausbildung für einen breiten Fächer von Berufen schaffen.

Ein Student kann bis zu seinem vierten Hochschuljahr mit Wissenschaft nicht in ernstliche Berührung kommen. Denn solange dauert es, in mühsamer Arbeit auch nur an die Grenzen des heute bekannten Wissens vorzudringen. Bis dahin hilft nur reine Schulung. Erst an dieser Grenze kann neues Wissenschaffen anfangen.

Mitarbeiten von Studenten an neuen wissenschaftlichen Fragen ist eine groteske Übersteigerung der arroganten Illusion »allegleich«, nach der Faulenzer den wirklich Suchenden gleichgestellt werden.

Die zerstörende Pest der Mitbestimmung durch Inkompetente.

Nur 5 bis 10 % aller Studenten, scharf nach Neigung und Eignung ausgelesen, sollten an eine wirkliche Forschungsuniversität gehen. Das soll nicht ausschließen, daß auch Angehörige der unteren Stufen wissenschaftlich forschen können, wenn sie Neigung und Eignung haben.

Das gibt ungefähr die Unterschiede der Erziehungslinien und ihre Folgen in Europa und Amerika wieder. Die Einzelheiten sind differenzierter.

Studenten sind in jedem System die oberste respektierte Sozialstufe. Viele werden von Familien oder Steuerzahlern zehn Jahre lang im angenehmen Stadium erhalten, unter dem Vorwand der »Freiheit«, zwei Drittel ihrer wachen Zeit als Nichtstuer verbringen zu können. Die Universitäten als Spielwiese für pubertären Idealistenschwachsinn.

In kommunistischen Staaten (das ist ihr Vorteil) wird Hochschulausbildung streng reglementiert. Kein Wort von freier Wahl. Scharfe Schulexamina nach jedem Semester, scharfe Regelung der Studienzeit, scharfe geistige Terrordisziplin. Sie lassen die in freien Staaten krakeelenden Progressiv-Fanatiker erst gar nicht aufkommen.

Ein Zerrbild der »Freiheit«, das ideomane Chaoten im Westen anbieten.

Jedes Prestigesymbol, das die oberen Klassen (in jedem System) erfinden, sinkt langsam in die tieferen Schichten und endet bei den Kleinen, Schülern, Lehrlingen, Arbeitern, Verkäufern. Wenn das dort jeder hat, verliert es seinen Prestigecharakter, es wird dann von etwas anderem ersetzt, das gerade vom Prestige der Oberen auf die kleinen Niederen herabsinkt.

Das ist die Grundlage aller »Mode« und ihres steten Wechsels. Für Jusos, Jungsozialisten, ist Marxismus ein langsam auf ihr Niveau herabsinkendes Prestigesymbol, das früher den Marx-Papageien, studentischen Nichtstuern aus den höheren Sozialklassen reserviert war. In dem Maß, wie oben die Mode verblaßt, wächst sie unten bei den sozialen Zweitköpfen.

Ein wesentliches psychisches Element der pubertären und anschließenden Periode sind Ideale. Wunschtraumbilder einer verehrungswürdigen, unrealen Modellwelt, wie sie als Parallele zum geträumten Idealbild einer Partnerin entstehen müssen, oberflächenvergoldete Scheinwelt.

Idealismus ist ein geistiges Turngerät der Pubertätszeit, der Jugend, bevor Jünglinge durch Zusammenstoß mit harten Tatsachen belehrt werden, daß jedes Ideal nur eine kurze Strecke gilt. Manche finden aus dem Idealismus zeitlebens nicht heraus. Das sind die manchmal gefährlichen idealistischen Narren, die für ihre Illusionen Millionen Menschen opfern, wenn sie mächtig werden — willensstarke, schwachsinnige Perfektionisten.

Alle großen Idealistenbewegungen haben bei ihrer Umsetzung in die Wirklichkeit, nachdem machtlüsterne Kräfte in dieses Idealistenhemd geschlüpft waren, Millionenopfer verursacht (für Gott, für das Wohl der Menschen, für Marxismus und so fort). Angefangen von dem kindlichen Idealisten Jesus, dessen von Paulus für seine Moses-Religion zurechtgemachtes Programm (Lit. 2) zu jahrtausendelangen Leichenserien, den Kreuzzügen, zur mittelalterlichen Inquisition geführt haben — weiter zum Idealisten Luther, der mit seiner Intoleranz am Dreißigjährigen Krieg mitverantwortlich ist — die Blümchenideen des charakterlich labilen Idealisten Rousseau, die zu den Intoleranzopfern der französischen Revolution geführt haben — weiter die Ideale des Karl Marx, des Dialektikers, die von Lenin und Stalin »realisiert« wurden — weiter die gutgemeinten Kinderideale der deutschen Jugendbewegung und patriotischer Idealisten, realisiert durch Hitler, die zu den seit Dschingis Khan blutigsten Massenmorden an Juden und Polen geführt haben — eine ununterbrochene (und sich weiter fortsetzende) Galerie mordender Idealisten und Weltheil-erfinder.

Die Lenin und Hitler haben jeder zwischen fünf und zehn Millionen Menschen umgebracht. Stalin hat nur noch geschlachtet; etwa zwanzig Millionen, unter Verzicht auf Ideale. Und sind die Roosevelt, die Eisenhower, leider auch Churchill von der gleichen Sorte; die Millionen Menschen nach dem Hitler-Krieg an Stalin zur Vernichtung ausgeliefert haben?

Aber die Millionen Leichen der weißen Rassen, bisher still in ihren Gräbern, stehen langsam auf. Sie heben stumm anklagend ihre Arme und warten auf Sühne. Auf Sühne, die nur noch in Verachtung ihrer Mörder und der physischen Beseitigung ihrer ausgestopften Kadaver bestehen kann.

Es gibt keinen Schutz davor, daß plötzlich willensstarke, suggestiv erfolgreiche charismatische Ideomane auftreten, die aus Fanatismus für angeblich ewigen Frieden bereit sind, Millionen Menschen umzubringen. Denn ewigen Frieden gibt es nur unter Toten.

Vielleicht sind die Massenopfer, die als Ausführung auf jeden erfolgreichen Idealisten folgen, das Eintrittsgeld für den »Fortschritt« der folgenden Generation. Fortschritt in Richtung auf das alle-gleich, die genormte Massendummheit, das christliche und sozialistische Ideal. Eine Gesellschaft, in der es kein unten und oben mehr geben soll, wenigstens auf dem Programm. Wo jeder nur noch stumpf ergeben am laufenden Band der sozialistischen Staats- und Weltmaschinerie steht und die marxistischen Schreier auf hochbezahlte Führerposten. Das Ideal des schwedischen Sozialstaates und des Kommunismus (s. Huxley: Brave new world, Lit. 47).

Eine aus Messias-Versprechungen der Bibel entstandene Idealistenillusion ist die der Sehnsucht nach einem Übermenschen. Diese Traumillusion gibt es nur bei den weißen Rassen mosaisch-christlicher Religion. Sie wurde als eine Art geistiger Homunculus, von Goethe im »Faust« ausgebaut, von Nietzsche zum Traumideal der Menschheitsentwicklung ernannt, von einem Theatermusiker namens Richard Wagner zum Pensionistenidol erhoben, und von Hitler in die Praxis umgesetzt. Sonst hat diese Pennälerillusion bisher nicht viel geleistet. Der faustische Drang hat aber als einer der Hauptfaktoren am Suchdrang zur Wissenschaft mitgewirkt: das Wissenwollen, die Wahrheitssuche um jeden Preis, die der weißen Rasse die bisherige überlegene Weltbeherrschung gebracht; und alle anderen Rassen zurückgelassen hat, denen — biologisch gesünder — die Übermenschenillusion fehlt.

Nietzsches Sehnsucht nach einer männlichen Übermenschenbraut.

Das traumhafte, als Lektüre schöne Schweben des Übermenschen über Höhen und Täler kann leicht böse Folgen auslösen, wenn es in handgreifliche Formeln gebracht wird; siehe Hitler. Das hat noch jedesmal mit einer Bruchlandung geendet. Keiner kann aus der physiologischen Zwangsmechanik seines Körpers entrinnen. Höhenflüge sind schön, aber sie enden in Idealistenschwachsinn. Man denke an die Adlerflüge der Nietzsche, Hölderlin, Stefan George. Sie landeten alle unsanft wieder auf der Erde. Nur der kluge Goethe hat es fertiggebracht, Adler und Erde zusammenzuhalten. Und den Heinrich Heine, der immer mit den Flügeln schlug und Adler sein wollte, hat seine erfreuliche jüdische Nüchternheit auf der Erde festgehalten.

Es gibt keine Möglichkeit zu Übermenschen. Die Erde muß froh sein, wenn es genügend sachliche kluge Übersichstmenschen gibt. Übermensch ist ein romantischer ästhetischer Rausch mit Katerfolge. Begeisterung ist etwas Schönes, genau wie echtes Pathos. Aber man muß das Progressivstudenten überlassen, bis sie einsehen, daß Ideale nur kurze Strecken gelten und Himmesstürmen ohne Fallschirm tödlich ist, bis sie das pubertäre Klettergerüst der Ideale überwunden haben (Seite 221).

Seltene menschliche Hirne sind in ihren Umwegleistungszwängen mit den Ergebnissen der Normalkultur (aus Veranlagung oder Vererbung) nicht zufrieden. Sie plagt die anspruchsvolle Frage: Was die Welt innerlich zusammen hält. Längst vorbei sind die Zeiten, wo man solche Fragen durch Religionen, durch Offenbarungen kranker Propheten beantworten konnte. Man hat gemerkt, daß es keine Globalantwort gibt, daß vielmehr eine Antwort nur durch immer weitergehende Aufteilung in kleinere Stücke, Beantwortung der Teilfragen und Rekombination zum komplizierten Ganzen möglich ist. Die Punktstruktur des Bewußtseins zwingt zur Auflösung in aufeinanderfolgende Einzelerklärungsschritte.

Von Hippokrates stammt der Satz: »Phänomene kann man nicht erklären. Daß wir sie nicht erklären können, liegt nicht an den Phänomenen, sondern an uns.« Welch geniale Einsicht, die das ganze zwingende Suchen der heutigen Wissenschaft schon ahnt. Und trotzdem, unerklärbar, der folgende tödliche Absturz, für fast zweitausend Jahre, in die Nacht des mosaischen Christentums.

Neue, grundsätzliche Erkenntnis hat selten direkte Nutzanwendung. Deswegen nehmen fast alle Menschen neue Erkenntnisse nicht gleich an, selbst, wenn sie einsichtig genug sind, ihr eigenes, bisheriges »wahr = unwahr« zu durchschauen. Neue Erkenntnis stört alte, durch Gewöhnung leicht gewordene Gebräuche (s. Planck, Seite 1).

Jeder muß seine Vorteile, seine Selbsterhöhung in den Umwegleistungsbögen, in den derzeit gültigen Illusionsmaßstäben seiner Umwelt suchen. Diese Illusionen sind ihrerseits vielfach aus Instinktzwängen entstanden. Ausbruch daraus ist schmerzhaft und isoliert.

Allgemeiner Fortschritt im Denken ist nur möglich, wenn Illusionen aussterben. Das dauert bei der Vorderfront derer mit kritischem Hirn mindestens eine volle Generation (s. Einleitung), bei der Masse der geistigen Nachschlepper, lokal abgestuft, mehrere bis viele Generationen.

Ein Zitat aus Conradt (Lit. 16): »Neue Erkenntnisse pflegen sich nicht dadurch durchzusetzen, daß man die wissenschaftliche Führerschicht überzeugt, sondern dadurch, daß man sie überlebt«.

Ein Vorgang, bei dem sowohl nationalsozialistische, wie marxofaschistische Regierungen, etwa Rußlands, nachgeholfen haben.

Wissenschaft ist gefräßig. Sie nährt sich vom Verzehr von Illusionen, von Religionen, vom lieben wärmenden Glauben.

Auch der Wissenschaftler hat Dogmen, aber er legt ihnen nur zeitlichen Zweckmäßigkeitswert zu. Er ist ständig bereit, seine Dogmen einzuschränken oder sogar wegzuwerfen, wenn er etwas Besseres, weitere Bereiche Umfassendes findet, wenn er findet, daß seine Dogmen als vorläufige Erklärung hohl oder zu klein geworden sind. Wenn er das nicht merkt, wird er unsanft von anderen korrigiert. Nur an dieser ständigen Kritik und Korrektur geht das Wissen weiter.

Das ist der prinzipielle Unterschied zwischen Wissenschaftlern und Theologen oder Marxisten. Sie können nicht ehrlich, logisch forschen, weil ihre dogmatischen Fundamente sachlich unkontrollierbare leere Wolkengebilde sind, nicht nachprüfbare Offenbarungen oder dialektisch (wahr = unwahr) zubereitete, bewußte dogmatische Lügen, wie die von Karl Marx.

Zwischen harter logischer Rechenehrlichkeit und Betrug gibt es keine Brücke, auch keine Diskussionsmöglichkeit.

Wissenschaftler, wenn sie ernst sind, haben nicht genug von der göttlichen Gnade des Verzichts auf Logik. Es ist ihr Beruf, Wissen immer weiter zu treiben, um jeden Preis, mit Zorn, Neugier, Ausdauer und Liebe. Sie haben das Recht, jeden zu verachten, der sagt, er wisse etwas, was nicht erobert ist, sondern ihm — wie ein billiger Suppenschleim — als Offenbarung, als Dogma, geliefert wird.

Kein seriöser Wissenschaftler wird die derzeit mögliche Erklärung seiner Ergebnisse für endgültig halten. Er weiß, daß hinter jedem Resultat noch kompliziertere Dinge stecken können. Aber er kann sicher sein, daß die Ergebnisse seiner (etwa biologischen) Fragen nach dem molekularmechanischen Funktionieren des Lebenden dann endgültig gelöst sind, wenn sie bis zum Verhalten des Einzelmoleküls seiner Untersuchungsobjekte vordringen. Denn das sind die Grenzen des heute denkbaren.

Grundlagenwissenschaftler haben keine moralische Verantwortung für die Folgen dessen, was sie herausbringen; wenn nur das, was sie an Wissen schaffen, wahr, das heißt mit zeitbedingt möglichen Mitteln nachprüfbar ist.

Immer wieder rasend auf die Wände losrennen, die den Blick verstellen. Wissen wollen, was dahinter kommt; ohne Rücksicht auf die Honigtöpfe anderer, die dabei umfliegen.

Das völlig von Moral befreite unbedingte Recht auf hemmungslose Neugier. Selbst, wenn einer sein Wissen für sich allein behalten muß; wie in Herrschaftszeiten des dogmatischen Massenpöbels; früher des intoleranten Christentums, heute des Marxismus.

Jeder Fortschritt, jede Zerstörung von Idolen, Glauben, Sakramenten, geht unbeirrbar weiter, unerbittlich, als Folge der unersättlichen menschlichen Neugier, des grundsätzlichen Suchens, Folge des instinkterzwungenen Machtwillens.

Der Wissenschaftsweg ist mühsam. Auf jeder Stufe müssen neue Annahmen, neue Forschungstechniken (auch bei Geisteswissenschaftlern, sofern sie seriös sind) neue Einfälle kommen. Die alten Wege, die sich bei früheren Stufen bewährt haben, sind für neue Stufen oft unbrauchbar, in ihren möglichen Erträgen eingeschränkt. Das ist eine schwerwiegende Entscheidungsfrage bei der (meist sehr teuren) Gründung neuer Forschungsinstitute: wir müssen das einem erfahrenen Wissenschaftler anvertrauen, der schon Großes geleistet hat.

Jedoch: Jeder heute bekannte große Wissenschaftler hat mit seinen geistigen und experimentellen Fähigkeiten schon eine frühere Stufe erfolgreich gemacht. Aus Analogie wird er das neue Institut nach seinen Erfahrungen einrichten. Aber für die neue Fragestellung sind seine Denk-

und Sachmethoden nur noch bedingt brauchbar. Seine Hirnmöglichkeiten zum Neulernen sind bereits ausgebucht: Fehlinvestitionen.

Denn nach Popper (Lit. 76): Es gibt keinen Königsweg zum Erfolg. So ist es fast niemals einem erfolgreichen Nobelpreisträger mit seinem in der Vergangenheit erfolgreichen Wissen und Können gelungen, nochmals etwas grundsätzlich Neues, einen neuen Preis zu erzielen. Das ist in den immer rasender werdenden Vorwärtsstufen der Experimentalwissenschaften heute für ein einziges Hirn nicht mehr drin.

Von Schopenhauer stammt der Satz: Ideen hat man bis 35. Die Zeit nachher muß man dazu verwenden, sie zu beweisen.

Aber wie schwer ist das, nur bis an die Grenzen des heutigen Wissens vorzudringen, von wo aus erst Beweise neuer Ideen möglich sind; sich das Instrumentarium für den Nachweis einer Idee zu schaffen.

Wissenschaftliche Ideen werden von seltenen fähigen Einzelköpfen gemacht. Wissenschaft im guten Sinn als Suchen nach Wahrheit ist aristokratisch. Wissenschaftliche Resultate sind nicht durch demokratische Abstimmungen zu erzwingen.

Könner sind selten. Könner kann man nicht durch demokratische Auswahl finden, womöglich noch durch unerfahrene studentische Nullen. Eine Auswahl von guten Köpfen kann, etwa bei der Ergänzung einer Hochschullehrer-Besetzung, nur durch ein Gremium bester Könner erfolgen. Studenten sind zu sachlicher Beurteilung unfähig. Sie sollen das ja erst bei den älteren erfahrenen Könnern lernen.

Hochschulen, soweit sie seriöse Forschung betreiben, müssen Eliten an Können und Leistung vorbehalten bleiben.

Universitäten, die für jedermann zugänglich sind, sind in Wirklichkeit Gewerbeschulen, an denen Laboranten mit Doktortitel ausgebildet werden.

Das Problem der Schaffung von Eliten scheitert oft an der Frage: Wer ist so überlegen, daß er Eliten auswählen kann? Das frühere deutsche Ordinariensystem war ein wohl optimales, trotz der Gefahr der Versteinerung und trotz der Gefahr von einigen Prozent Nieten. Das jetzt übliche Verfahren der Auswahl ist rein negativ. Es schreckt Eliten ab.

Eine spezielle, für Wissenschaft gut geeignete Rasse sind wegen ihrer (leider nicht immer) sachlichen Nüchternheit die Juden. Sie sind in ihren klugen Exemplaren nicht nur nüchtern, sondern haben sich in Generationen durch jahrhundertelange Prügel aus ihrer Umwelt langsam von Illusionen gelöst. Christlich erzogene Wissenschaftler sind (siehe Einleitung) dadurch oft an nüchternem Denken gehindert.

Der Referent kannte unter den jüngeren, aus Hitler-Deutschland emigrierten, jüdischen Wissenschaftlern Amerikas und Englands viele, die um ihr Handicap des überall in der Welt latent vorhandenen Antisemitismus wußten. Aber manche besaßen die asketische Härte zu wissen: Entweder maximales leisten oder untergehen. Manche haben mit heller Nüchternheit auf den Gewandzipfel des vorbeilaufenden Schicksals gelauert — und zugegriffen, wenn sie ihre Stunde erkannten. Fast ein Dutzend Nobelpreise waren, verdient, für sie das Resultat. Sie haben hohe Achtung bekommen, aber sich mehrfach durch nachfolgende Eitelkeit so lächerlich gemacht, daß sie alle Sympathien verloren.

In der Nachkriegszeit des ersten Weltkrieges gab es in Berlin eine religiöse Sekte, die Weissenbergsekte. Ihr Führer heilte, wie früher angeblich Jesus (heilen ist für Propheten obligatorisch) mit der blossen Hand, hier, tatsächlich durch Auflegen von verschimmeltem Käse, schwere Hautinfektionen, mit viel Gotteshokuspokus. Er wurde von der Ärztekammer als Scharlatan vor die Paragrafen-Kettenhunde der Justiz geschleppt und ohne Nachprüfung verurteilt. In dem Schimmel war Penicillin oder eine ähnliche Substanz; neben Toxinen. Hätte nur ein einziger junger deutscher Forscher mit eigenem Hirn das untersucht, dann wäre Penicillin zwanzig Jahre früher isoliert worden. Millionen, die im Zweiten Weltkrieg an Infektionen starben, hätten überlebt.

So hat ein unter Hitler emigrierter junger Jude, Ch. als Emigrant in England aus den Schimmel-Pilzzuchten Flemings und Floreys Penicillin rein isoliert und verdient den Nobelpreis bekommen.

Der Zuwachs an Wissenschaftsqualität, den die USA, England, teilweise auch Rußland aus der deutschen Emigration, ob jüdisch oder nichtjüdisch gezogen hat, ist gleichzeitig die Minusbilanz Deutschlands und in vielen Fächern nicht mehr nachzuholen, besonders, seit sich an vielen deutschen Universitäten marxistische Nieten in leitende Stellungen einschleichen.

Im letzten Buch des mutigen Physiko-Chemikers Havemann, (aus Russisch-Berlin) der sich als einziger (trozdem er überzeugter Kommunist ist), gegen den bornierten Dogmatismus der in Ostdeutschland herrschenden, von Moskau ausgewählten Klasse auflehnte, sind interessante Briefe einiger seiner marxistischen Kollegen abgedruckt (Lit. 36).

Havemann, von der herrschenden marxistischen reichen Klasse dogmatischer Funktionäre im Pseudostaat Ostdeutschland seines Instituts beraubt, degradiert, vom marxistischen Pöbel beschimpft, mit Fußtritten versehen. Alle veröffentlichten Briefe, etwa zehn, haben ungefähr denselben Wortlaut.

Wenn rein marxistische Professoren, gelenkte Papageien dergleichen schreiben, dann ist es eben so. Darunter war aber auch ein in seiner Frühzeit einmal seriöser Biochemiker (R.).

Das ganze wiederholt sich jetzt nochmals: regime-servile russische Intellektuelle, die den mutigen Dichter Solschenizyn beschimpften.

Was für eine Meute von feigen, menschlich erbärmlichen Figuren, die einem Unterlegenen noch Fußtritte geben. Sie können der allgemeinen Verachtung sicher sein.

Ein Resultat der Zwangserziehung zum sozialen Menschen, zum kleinköpfigen, schulmeisterlich aufdringlichen Sozialkretin, künstlich geistig auf dem Niveau von Kleinkindern festgehalten. Und dieses Marxismus-System eines levantinischen Betrügers, in die Praxis umgesetzt von zwei Massenmördern, Lenin und Stalin, soll das Zukunftssystem der Menschheit sein?

Dummköpfe brauchen Berufung auf Autoritäten, die nicht an Logik gebunden sind, auf Propheten, auf Bibeln, auf Marx, Mao oder Philosophen, die über Sein und Sinn ohne Sinn reden, oder Fluchtwege, wie Parapsychologie, oder gar Astrologie. Die Flucht in schummrig Geheimnisvolles, in die Gnade der Befreiung von der Logik.

Das hohe Prestige, das die Naturwissenschaften dem Titel Professor (übersetzt Bekenner) verliehen haben, wird an anderen Fakultäten dazu mißbraucht, Falsches glaubhaft zu machen. Bei Marxisten und Theologen.

Das in Amerika aufgekommene Wort »Christian-Science« ist ein direkter Täuschungsversuch. Im Rahmen des Christian gibt es keine Möglichkeit zu seriöser Science.

Ebenso sind marxistische »Wissenschaften« bewußter Betrugsversuch. Katholische Universitäten sind ein Widerspruch in sich, religiöse Schulen sind eine logische Schande (s. Einleitung).

Aber ein pädagogischer, sicher kein intellektueller Vorteil (vielleicht sind das sogar unvereinbare Gegensätze) katholischer Schulen mag darauf beruhen, daß die cölibatären Lehrer, ungestört durch eine Frau, sich ganz ihren Schülern hingeben können (um dabei zu bleiben).

Ein besonders wissenschaftsfeindliches Element (man braucht Wissen gar nicht zu schaffen, man hat ja die »Wahrheit« als Marxdogma bereits fertig) ist der Meinungsterror.

Studentische, arme kritikunfähige Massenhirne, die Angst haben, einer könne sie durch Logik von ihrem einzigen inneren Halt, papageienartigen Glaubensdogmen ablösen, ihnen die Gnade des Verzichts auf Logik wegnehmen.

Da sie in dogmatischer Erstarrung weder Hirn noch Lust haben, ihre angelernten, vorgekauten, als Reflexe erstarrten Marx-Illusionen kritisch zu überdenken (also das zu tun, was für seriöse Wissenschaftler selbstverständlich ist), bestehen sie, aus Angst vor der Selbstblamage des Umdenkenmüssens, darauf, daß auch ihre Lehrer den gleichen konfusen

Marxismus nochmals vor ihnen wiederkauen. Daß als Professoren nur noch gläubig dumme Marionetten angestellt werden und nicht sachlich kritische, die sie eventuell unsanft aus ihren dumpfen Glaubensillusionen aufwecken könnten.

Wie verheerend sich sozialistische Marxdogmatiker auf wissenschaftliche Leistung auswirken, mag man an einigen deutschen Kleinstaaten sehen. Dort haben zum Regieren hochgekommene Gewerkschaftssekretäre, um sich an den angeblich arroganten (ihnen überlegenen) Professoren zu rächen, marxistische Dogmatiker zu Kulturministern gemacht. Durchweg wissenschaftliche Nieten, haben sie die meist sorgfältig auf Qualität ausgewählten vorhandenen Wissenschaftler ihrer Universitäten bewußt erniedrigt, indem sie ihnen eine Flut von Progressiv-Nullen gleichstellten, um die Könner so in einem Meer von Nichtskönnern zu ertränken.

Einer hat gleich fünfhundert Stück von seinesgleichen zu Professoren gemacht. Jeder, der Freud kennt, hätte ihm sagen können, warum: weil eine Null, zur Macht gekommen, instinktgezwungen das Bedürfnis hat, sich mit Gleichwertigen zu umgeben, damit er in diesem Meer von Mittelmäßigkeit noch immer der Erste ist. Daß an solchen »Universitäten« das wissenschaftliche Niveau für Generationen herabgedrückt ist, selbst wenn gegen den Zerstörungswillen des Ministers auch einige noch unerkannte Wissenschaftler von Niveau dabei sind.

Er hat aus der Berufung für Wissenschaft, die ein faustischer innerer Zwang für wenige ist, einen schäbigen Massenberuf für »allegleich« gemacht.

Wie dialektisch verlogen, wahr = unwahr, das ganze sozialistisch-kommunistische System ist, mag man an den (im sachlichen Kern oft seriösen) Archäologen der aus Moskau regierten deutschen Zone sehen. Sie müssen ihr Studienobjekt, die Antike, als Sklavenhalterzeit beschimpfen, Verbeugungen vor der dogmatischen Lüge des Maxismus. Keiner darf aussprechen, daß das Leben in kommunistischen Staaten eine der schlimmsten Sklavenhalterzeiten der bisherigen Menschheit ist, in der für alles, was dem allein seligmachenden Levantinerdogma des Marx widerspricht, Sklavenschweigen herrscht.

Grundlagenwissenschaft muß völlig frei sein. Sie darf keinem Dogma, keinem Meinungsterror der Umwelt unterworfen sein. Denn dann verliert sie das Recht auf Vertrauen, »wahr« zu sein.

9. Soziales, Ethik, Recht

Aus den Zufallsmutationen von vielleicht hundert Millionen Generationen unserer Voreltern seit den ersten Primitivzellen, aus den dabei entstandenen Geboten haben sich Gewohnheitsregeln ergeben. Jeder muß sie einhalten, wenn er mit anderen zusammenleben will: Der CONTRAT SOCIAL Rousseaus.

Als Grundlage ist soziologische Forschung nötig. Sie kann nur zeitbedingt pragmatisch betrieben werden.

Aber sie ist in den meisten ihrer Köpfe keine sachlich abwägende pragmatische Regelwissenschaft. Sie ist vielfach zu einer dogmengeschwollenen Arena herabgesunken. Zahllose kranke Weltverbesserer, religiöse Illusionisten, oder gar die Marxisten, tummeln sich hier mit ihren intoleranten Ansprüchen alleinseligmachender Religionen.

Eine emotionsgeladene Bekenntniskirche ideomaner Missionare.

Wenn es dauerhaft definierbare Menschentypen mit definierbaren Bedingungen gäbe, könnte eine daraus konstruierte Soziologie Sachwert haben.

Leider gibt es nur zwei sachliche und unabänderliche Grundlagen von Menschen: Drang und Zwang zu aggressiver Erwerbung von Eigentum, von Frauen, von Machtbesitz mit Streit und Mordlust; und zweitens den Instinktzwang zur Erhaltung, zur Verteidigung eines einmal erworbenen Besitzes, zur Ordnung, zum Konservativen; dazu, allen Besitz mit Zähnen und Nägeln zu verteidigen. Alle anderen vermeintlichen Grundlagen der Soziologen (und Volkswirtschaftler) sind zeit- und umweltgebundene stets wechselnde Mode-Illusionen. (Seite 205/206).

Diese Inkonstanz verbietet es, Soziologie als Sachwissenschaft anzusehen. Bis sie jeweils »sicheres« Wissen geschaffen haben, ist es schon wieder falsch, weil die Modegrundlagen sich geändert haben.

Soziologen, Politiker, Ethiker laufen ständig, ohne ihn zu erreichen, hinter einem golden leuchtenden Kinowagen voll Idealisten-Schwachsinn her.

Versuche der Macher der französischen Revolution, eine soziale Ethik auf sachlich-logischer Basis aufzubauen, scheiterten.

Als Extrakt hat dann wenigstens der sachliche Kaiser Napoleon seine Gesetzesbücher (den Code Napoléon) ausarbeiten lassen. Darin wurde zum ersten Mal versucht, das ganze ethische Gerümpel der mosaisch-christlichen Bibel aus Gesetzesbüchern wegzufegen. In Deutschland ist das heute, nach fast zweihundert Jahren immer noch nicht gelungen.

Man soll sich keine Illusion hingeben, daß irgendeine dieser Suggestionen »Bibel«, »Koran«, »Mein Kapital«, »Mein Kampf« erledigt sei.

Alle Probleme, die nach diesen Büchern scheinbar lösbar sind, sind unlösbar. Die darin propagierten Wünsche laufen weiter. Darin liegt ihre Gefährlichkeit für die Zukunft.

Es ist fast unerklärbar, daß solch unsagbar primitive Bücher von ungezählten Millionen als wahr, als Lebensleitlinie, als Ideal für eine bessere Zukunft angenommen werden. (Seite 232).

Auf der Bibel, dem Koran, auf Marxbüchern müßte eigentlich als Titel stehen: Denken leicht gemacht. Eigenes nicht mehr nötig.

Das ist nur durch suggestive Hypnose erklärbar, die den logischen Denkapparat unwirksam macht.

Der Referent hat 1932 einmal eine der Brandreden Hitlers in vorderster Reihe aus zwei Meter Entfernung angehört. Hingegangen mit der Meinung: Mit diesem Schmierenkomödianten intellektuell innerlich leicht fertig zu werden. Aber, schon nach wenigen Minuten von der geschrieenen Kraftausstrahlung bedingungslos hingerissen (ohne zu wissen, für was) kritiklos der Suggestion erlegen, mit dem Gefühl, das man heute durch Rauschgifte zu erreichen versucht, »high« zu sein, in Zonen der großen Momente der Geschichte zu schweben, Ziele zu sehen (ohne zu wissen, welche), »überzeugt« zu sein. Im suggerierten Zustand des Begeisterungsschwachsinns unter Ausschaltung der Hirnkontrolle, ein Zustand, den der Referent noch aus der deutschen Jugendbewegung und von heutigen kindlichen Progressisten kennt.

Erst, als man anderen Tags die Rede in der Zeitung las, wenn die persönliche Suggestion weg war, die Logik wieder funktionierte, kam das Erschrecken. Doch die wenigsten Menschen kontrollieren noch, wenn sie einmal suggestiv »überzeugt« sind.

Diese Bücher sind so wirksam, weil sie väterlich primitiv, psychologisch geschickt, oft mit dialektischer Gerissenheit von Teppichhändlern und mit Pathos, göttlich herrliche Luftburgen an Zukunftsparadiesen aufbauen.

Wie sie, in unschädlicher Form, der ideomane König Ludwig realiter als Schlösser aufgebaut hat, heute noch, auch für kommende Zeiten bewunderter Mittelpunkt Bayerns, als Kitsch verketzert, aber für Millionen Maximum an heerer Schönheit.

Solche Bücher liefern der nicht denkfreudigen Menge ein programmiertes Korsett, wie man mit dem komplizierten Leben scheinbar mühelos fertig wird. Die Primitivität der Anweisung zum Glücklichsein. Alle hantieren mit nie realisierbaren Versprechungen, salbungsvoll göttlich geheimnisvoll oder hart autoritär, als sei das ewig gültig. Ethik für geistig Unterprivilegierte.

Ein Irrtum. Es gibt keine ewigen Wahrheiten.

Die Menge merkt das oft erst nach vielen Generationen, wenn aus den scheinbar hilfreichen Offenbarungen, sichtbar drückender Schwindel wird.

Ethische Maximen sind in nie endenden Variationen von Philosophen als Hauptthema behandelt worden, obwohl das mit der Aufgabe der Philosophie (suchen, was die Welt zusammenhält) nichts zu tun hat.

Alle ethischen Prinzipien sind Wortwolken, Relikte der religiösen Kindheitserziehung (s. Einleitung). Es gibt keine absolute Ethik. Sie kann nur pragmatisch sein. Sie kann nur sagen(Kant hat das ähnlich formuliert): Verhalte dich gegen deine Umwelt so, wie du willst, daß sich andere dir gegenüber verhalten.

Aber schon Lichtenberg bemerkt: Sollte nicht manches von dem, was Herr Kant lehrt, Folge des Alters sein, wo Leidenschaft und Neigungen ihre Kraft verloren haben und die Vernunft allein übrig bleibt? (Lit. 64).

Alle Lügen der derzeitigen Ethik, die Scheingrundlage der weißen Rasse beruhen auf zwei dialektisch mit Teppichhändlertalenten ausgestatteten Illusionisten, hochintelligente, suggestive, scheinwahre Levantiner, Künstler des wahr = nichtwahr. Die beiden wohl verderblichsten Gestalten der Weltgeschichte: Die Apostel Paulus und Karl Marx.

Das hat nichts mit Antisemitismus zu tun. Der Referent hat von jeher jedes perfekte Zauberkunststück bewundert, was auch Haß gegen Betrug einschloß.

Nietzsche hat den Standpunkt (im trunkenen Lied) gut formuliert. »Was bliebe vom europäischen Verstand übrig, wenn man das jüdische davon abzüge.«

Nietzsche ist ästhetischer Antisemit, aber intellektueller Philosemit, wie wohl die meisten Nichtjuden der weißen Rasse, wenn sie nicht propagandistisch verhetzt sind. Die weißen Rassen brauchen die Juden. Man soll sie pflegen, als nüchterne, kostbare Instrumente, aber als Angestellte.

Nur die intelligenten, emanzipierten. Denn die anderen, die frommen, rufen durch ihr abstoßendes Gebaren instinktiv Antisemitismus hervor.

Ethiker versuchen seit langem, den elementaren Rassenhaß jedes Einzelnen durch Einpflanzung von Prinzipien zu überwinden. Das ist als Zweckmäßigkeit nötig, weil auf der enger werdenden Erde immer mehr unverträgliche Rassen zusammenleben müssen.

Der Antisemitismus, der sich in Europa und Amerika gegen die Juden richtet, ist vordergründig nur ein Antiminoritarismus.

In vielen Ländern des Vorderen Orients richtet sich der Rassenhaß gegen alle intelligenten Minoritäten, gegen Armenier, Griechen, Juden gleich. Alle intelligenten Minoritäten, aus Neid ständig bedrängt, und von den Regierungen der betreffenden Länder bevorzugt am Geldbeutel gezwickt, haben dagegen nur ein Mittel: Noch intelligenter zu sein, noch gerissener, noch skrupelloser auch die letzte Möglichkeit für ihre Zwecke auszunutzen; wie die Chinesen in Indonesien, die Inder unter Afrika-Negern. Sie müssen, um nicht unterzugehen, ihre Wirtsvölker an Können, gewußt wie, überragen. Leider werden sie dabei oft arrogant, und machen sich über ihre Wirtsvölker lustig. Da die Majorität das nicht verträgt, kommt es zu generellem Minoritätenhaß. Es ist ein Zufall, daß es in Europa, und teilweise in Amerika, andere, wesentlich intelligentere, als Rasse sichtbare Minoritäten als Juden nicht gibt.

So ist der Antisemitismus eine Spezialsparte eines generellen Anti-Minoritarismus. Da, wo Minoritäten zu stark zur Unterdrückung sind, entwickeln sich unerbittliche und unlösbare Rassenkämpfe, immer geschürt von Religionen, Priestern, siehe Indien-Pakistan, Cypern, Irland, Israel und andere.

Der Neidantisemitismus, meist kleinbürgerlicher Herkunft, muß und kann bei gutem Willen überwunden werden.

Den ästhetischen Antisemitismus (Begründung siehe bei Freud, Lit. 26a). zu überwinden, oder beizubehalten, ist Gefühlssache des Einzelnen.

Jede beliebige Minderheit wird irgendeinmal als Sündenbock präsentiert, beschimpft und verfolgt.

Als nächste Minorität, der man alle Schuld zuschiebt, werden wahrscheinlich die Wissenschaftler drankommen.

Das gleiche gilt für die Minderheit der Intelligenten, eine Minderheit, die trotz »allegleich« und »Bildung für alle« in jedem Sozialsystem automatisch aus denen entsteht, die Hirn geerbt haben, oder sich durch eiserne Askese hochgeschafft haben. Die nicht einfach Echo charismatischer Propheten oder Betrüger sind.

Auch das Problem des Antisemitismus wäre unter weißen Rassen längst gelöst, wenn die Juden, was früher die meisten taten, solange sie noch unterprivilegierte Zuwanderer aus Galizien und dem Balkan waren, durch Unterheirat mit dem Wirtsvolk in zwei bis drei Generationen als Rasse verschwanden, wobei oft wertvolle Mischlinge entstanden. Leider sind ihre fanatischen Rabbis dagegen, sind selber schlimmere Rassenfanatiker als die Antisemiten, aus Arroganz. Antiarismus.

Seit dem Mißbrauch des Rassebegriffs durch den Ideomanenmörder Hitler, für seine aus Wagner und ähnlichen abgeleiteten blonden, blauäugigen (meist ziemlich dummen) Germanenvölker ist jede Rassendiskussion als faschistisch diskreditiert.

Der Referent möchte den fanatisch überzeugten Marxisten, Antifaschisten, Antirassisten sehen, der plötzlich entdeckt, daß sich seine Schwester, seine Tochter mit einem Neger eingelassen hat. Spontan, und als gesunde Reaktion würde aus dem Antirassisten plötzlich ein scharfer

Rassist (s. Frankreichs marxistische Gewerkschaften und die nordafrikanischen Halbneger).

Marx hat den Versuch gemacht, aus dem von ihm geschürten Klassenhaß der Sozialschichten einen Rassenhaß zu machen, weil er wußte, daß Rassenhaß viel intensiver sitzt und wirksamer ist als der verschwommene Klassenhaß. Er hat, ausgespuckt sowohl von seiner Rasse wie von seiner bürgerlichen Herkunftsschicht, den Versuch gemacht, aus seiner Lügenkonstruktion »Arbeiterklasse« rassische Bundesgenossen zur Hebung seiner Eitelkeit zu machen.

Denn künstlicher Klassenhaß verschwindet, wenn einer durch Leistung und Intelligenz in höhere Sozialschichten kommt. Was eben Marx für seine Truppen fürchtete. Rassengrenzen sind unüberschreitbar, wie er es wünschte.

Jede Rasse hat andere Fähigkeiten, andere Mentalitäten. Man kann im Zuge der nötigen Entwicklung Hosen, Hüte und Schulsysteme anderen angleichen. Es ist aber unmöglich, rassenbedingte Mentalitäten, Traditionen in der Frist einiger Generationen zu ändern. Diese angeborenen Rassenmentalitäten entscheiden über Fleiß, über geistige Kapazitäten, über Wissensneugier, über den fundamentalen Forschungsdrang.

Selbst durch generationslange Sondergewohnheiten, wenn sie in die Chemie der Genetik eingreifen, können aus einheitlichen Rassen lokale Sonderstämme entstehen.

So gibt es in Deutschland Stämme, die durch jahrhundertelangen Gebrauch von Alkohol und Katholizismus ihr Großhirn soweit gemindert haben, daß jetzt ihre Instinktmechanismen überwiegen. Sie sind so natürlicher, biologisch gesünder; unter Verzicht auf zuviel unnötige Intelligenz. Sie importieren in ihrer Hauptstadt Geist und Kultur von auswärts und lassen den Narren völlige Freiheit, ohne daß sie das stört.

Bier und Katholizismus sind vielleicht eine solidere Sozialgrundlage, als die antikapitalistischen Rachegesänge des selbst kapitalunfähigen Levantiners Marx.

Biologischer Wert mißt sich ausschließlich an der Fortpflanzungsfähigkeit der aufeinanderfolgenden Generationen. Je mehr Kinder, desto größer die Chance des Überlebens. So sind primitive Negerrassen unter den Menschen die biologisch wertvollsten, weil sie mit hemmungslos gesteigerter Nachkommenszahl biologisch mehr leisten.

Biologisch am wertvollsten, als letzte Reserve lebender Zellen überhaupt, sind primitive Einzeller, die sich normalerweise nicht geschlechtlich wie alle höheren Tiere, sondern durch einfache Zellteilung fortpflanzen. Bei einer optimal alle 20 Minuten erfolgenden Zellteilung und Verdoppelung, alle 20 Minuten eine neue Generation, und einem auf geringste Nahrungsbedürfnisse eingestellten Verbrauch, ist ihre Überlebenschance die größte.

Es ist bekannt, daß bei allen Wildtieren, wenn sie Haustiere werden, bei der Domestikation, das Hirngewicht um 15 bis 25 % abnimmt.

Ist das auch das Schicksal der Menschen? In dem Maß, wie sie zum sozial allseits geschützten sozialistischen Idealmenschen degenerieren. Zum gehorsamen, problemlosen, nicht dynamischen Kleinbürger, zum allegleich Sozialkrüppel, der allversorgt, viele Funktionen seines Hirns nicht mehr braucht. Der dann nur noch marxistische Konsum-Ideale hat, und auf weitere Bezirke des Hirns verzichtet. Man überlege sich auch, wie die an vielen Tiergesellschaften gewonnenen Ergebnisse von Konrad Lorenz (Lit. 66 a, b, c, 45) sich auch bei Menschen auswirken.

Vielleicht ist der heutige Mensch, mit seiner zu groß gewordenen Wucherung Hirn eine Sackgasse der Entwicklung, eine durch Selbstzerstörung endende Letalvariation. Eine mögliche Weiterentwicklung geht dann nicht über Nietzsches geträumten Übermenschen. Sie muß, wenn solche Zwischenglieder noch als Erbreihe leben, von früheren Untermenschen mit besser ausbalanziertem Verhältnis Stammhirn-Großhirn abzweigen. In (unbekannter) Richtung vor den primitiven Steinzeit-Menschen, vielleicht sogar zurück von den Ur-Hominiden.

Marx hat seine Bücher vor hundert Jahren unter anderen sozialen Voraussetzungen geschrieben. Sicher hatte vor hundert Jahren der Privatkapitalismus, vor allem in England, viele Züge von skrupelloser Ausbeutung. Die zu nichts als Handarbeit brauchbare Menge verelendete teilweise. Andere, Klügere, nicht durch heutige soziale Rücksichten Gehemmte wurden reich.

Das stimmt heute nicht mehr, wenigstens nicht unter den weißen Rassen. Die große Masse der 90 %, mag man sie Arbeiter oder Bürger nennen, ist heute am Maximum dessen angekommen, was je an Einkommen aus irgendeiner Produktion gewonnen werden kann. Gleichgültig ob im Privat-Kapitalismus oder im Staats-Kapitalismus.

Seine krampfhafte Erfindung der Arbeiterklasse, eine heute in nichts mehr begründete Behauptung, hat zur Weltzerstörung wesentlich beigetragen, vor allem, weil sie in ihrer dogmatischen Verblendung und Maßlosigkeit ebenso üble Gegendiktaturen wie die Hitlers hervorrief und weitere hervorrufen wird. Seine Glaubensdogmen über die Struktur der menschlichen Gesellschaft halten keiner seriösen Untersuchung stand. Sie können wie alle zu absoluter Gültigkeit umgelogenen Offenbarungen nicht Gegenstand einer ernst zu nehmenden Wissenschaft sein. Marxistische Wissenschaften sind Täuschungsversuche auf der Scheingrundlage gelogener Offenbarungen und der daraus abgeleiteten Dogmen.

Mit gerissener Dialektik wurden Wunschillusionen zu Tatsachen umgelogen; der sozial unterste Teil als »Arbeiterklasse« (der kein Arbeiter angehören möchte) zu sozial Höchstwertigem umgelogen.

Das unabwendbare biologische Prinzip der Ungleichheit der Menschen wurde hinausgelogen, zum »Un«, zum Tabu. Dem aus mangelnder Initiative untengebliebene Teil wurden Führerrollen zuerkannt, damit Marx mit ihrer Massenflut das Bürgertum seiner Herkunft ertränken konnte.

Er schuf das Leichentuch des Marxismus, unter dem alles Liberale erstickt, bewohnbar nur noch für technische Roboter, servile Staatssklaven; erlaubt ist nur kriecherische Demut, lebenswert für die, die sich im Mief sozialistischer Zwangsgemeinschaften wohlfühlen, bewohnbar für gelenkte Denunzianten-Kreaturen — so wie vor fast zweitausend Jahren das Leichentuch des Christentums alles erstickte, was in der antiken Welt einmal groß und frei war, erstickt im Mief christlicher Zwangsgemeinschaften, in kriecherisch niedriger Demut.

Marx verlangt die Expropriation der kapitalistischen Expropriature. Das gelingt heute immer besser durch die sozialistische Methode der Enteignung durch Mitbestimmung durch ungelernte Partei-apparatschicks; ohne daß die arbeitende »Klasse« den mindesten Vorteil davon hat.

Die Parole kann heute, in Anlehnung an Marx, nur sein: Expropriation der marxistischen Expropriateure.

Ideomane, für die ja alles durch die sturen Dogmen, die ewigen Wahrheiten des Marx-Jehowa bereits klar ist. Weitere sachliche Kritik wäre Sakrileg, Verleumdung.

Der jugendliche Rausch zum Höhenflug, der nur im System der Dialektik möglich ist, unter Weglassung der verachteten Logik, die als Bleigewicht die Gerne-Ikarusse schwer machen würde.

Dort in der Höhe ist die Wahrheit, der Meister hats gesagt, der Jehova-ähnliche Marx. Er weiß bestimmt alles; lernt nur eifrig seine Werke auswendig. Da gibt es Widersprüche? Lerne erst ordentlich Dialektik. Dann gibt es keine Widersprüche mehr. Dann hast du endlich das beruhigende Marxistenbrett vor dem Kopf, wie es sich gehört.

Wie, du zweifelst? Abweichler, Aufweichler, Revisionist, Schurke. Was, du willst selber denken? Wo doch alles schon gedacht ist? Du Verräter, Faschist, Maoist.

Es gibt nur eine ewige Wahrheit und nur einen Gott: Marx. Du mit deinem Arbeiterklassenverstand hast zu glauben; in Ehrfurcht — Und der Gott Marx war ein Betrüger. Ein so gescheiter Betrüger, daß das nicht einmal marxistische Studenten merken, von Jusos ganz zu schweigen.

Er benutzt das Zwiedenken (Lit. 75), die Fähigkeit, eins zu sagen, und gleichzeitig zwei zu meinen, ohne das als Widerspruch zu empfinden, wie es der allmächtige große Bruder will, der Chef der selbsternannten dialektischen Elite. Es ist die Mafia des Denkens, wie sie heute in allen kommunistischen Ländern herrscht.

Die lohnabhängige Menge ist im liberalen Privatkapitalismus 90 %, im Staats-Kapitalismus 100 %. Aber das freie liberale System bietet den 10 %, den »tüchigeren« Chancen, höher zu kommen, läßt aber (mit biologischer Berechtigung) die Dummen, Faulen absinken. Der Anreiz zur höheren Leistung fällt in der stumpfsinnigen Gemeinschaftsmentalität marxistischer Staaten weg, zu ihrem Nachteil.

Genau so, wie heute die weißen Rassen anfangen, sich gegen die Demuterniedrigungen des Christentums zu wehren, wird auch die gewollte Erniedrigung durch Marx keine Dauer haben. Beides widerspricht allen biologischen Gegebenheiten, daß der, der mehr kann, mehr Rechte haben soll, es widerspricht der Sinnlosigkeit des demütigen »allegleich«.

Der Referent hat nie eingesehen, warum gerade der dümmste Teil eines Volkes, Proletarier, das schwerste Geschäft dieser Erde, die Verwaltung öffentlicher Dinge besser können soll, als die, die das sachlich gelernt haben. Selbst wenn dieses Geschäft von Ideologien abhängt.

Marxistische oder humanitäre Ideomane, Kinder gut situierter Familien, bei denen, aus ihrer christlichen Grundlage von Sünde und Reue eingeimpft, Scham für den Wohlstand ihrer Eltern steckt. Unfreie Dogma-Puppen, die jetzt glauben, sie müßten ihre verkrampfte unnatürliche Scham mit möglichst (imitiertem) proletenhaftem Getue gegen ihre Elternschicht kompensieren. Ein heute statuswürdiger Zeitvertreib von studentischen Nichtstuern.

Manche Studenten, mit ausgeliehenen Phrasen von Mao, Marx und ähnlichen, die sich über die noch nicht getrockneten Pubertätspickel ihrer Kindergesichter Bärte wachsen lassen, damit man sie für älter und weise hält. Mit großen hehren Sprüchen über das Wohl der angeblichen Arbeiterklasse, die von den naiven Studenten nichts wissen will.

Marxismus der Studenten, ein Kinderkreuzzug gegen die Vernunft.

Das menschliche Gesicht ist die einzige Fläche des Körpers, die sich im gemäßigten Klima unbedeckt zur freien Beurteilung eines Menschen darbietet. Grenzhaut zwischen innen und außen.

Bart tragen verhindert das.

Vielfach bei Menschen, bei denen im nackten Gesicht keine Individualität zu finden wäre.

Es sind die Verdecker, nicht unähnlich den Verdrängern.

Barttragen ist inzwischen auf der Prestigeleiter von Studenten auf junge

Arbeiter, Lehrlinge, Handlungsgehilfen abgesunken. Sie wollen (nach der Illusion Bildung für alle) auch ein wenig wie Intellektuelle aussehen; aber dafür nichts an intellektueller Leistung bezahlen. Denn der Bart wächst von selber.

An der geistigen Schmierwand einer deutschen Universität las der Referent: Arbeiterklasse und studentische Intelligenz, vereinigt euch. Törichte Bläh-Studenten unterstellen hier der angeblichen (gar nicht existierenden) Arbeiterklasse, daß die keine Intelligenz besitze, daß sie aber Intelligenz von unausgegorenen Pennälern ausleihen müßte.

Sie schreien nach Systemveränderung. Sie sind von ihrem eigenen Selbsthypnosegeschrei so geblendet, daß sie es nicht sehen wollen, wie in kommunistischen Staaten ihr Ideal praktisch aussieht. Statt liberalem Kapitalismus, der jedem die Freiheit des Aufstiegs nach seiner Energie und seinem ererbten Denkkapital läßt, jetzt Staatskapitalismus, ohne Streik- oder Protestrecht. Statt freier Menschen, die ihr Schicksal nach eigenem Können selbst bestimmen, frei ihre Meinungen nach ihren Launen sagen können, jetzt gedemütigte Roboter, von oben gelenkte Sozialidioten ohne erlaubte Freizügigkeit, Leibeigene. Terrorisiert von selbsternannten Apparatschiks; statt mit Geist mit dialektischen Phrasen aus Marx, Engels und Lenin zwangsgefüttert. Wenn sie frei werden wollen, werden sie an den Grenzen der Marx-Paradiese erschossen.

Alles für die Hälfte des Lohns, den sie in liberalen Staaten bekommen. Die andere Hälfte des gestohlenen Lohns geht an die unkontrollierte monopolistische Machtkamarilla von hochgeschwemmten Bürokraten. Die sich daraus für ihre aggressive Verteidigung eine riesige Militärmacht zugelegt haben. Angeblich zum Schutz der russischen Arbeiterklasse. Tatsächlich im unbegrenzten Machtrausch, ihre Herrschaft der ganzen Welt aufzuerlegen.

Wann werden Kommunisten aufwachen? Nicht mehr russische Leibeigene sein?

Keiner der Systemveränderer, der marxistischen Progressivnullen und ihrer Zweit-Verdauer, der Jusos will das sehen.

Eine wesentliche Unfreiheit marxistischer Kleinbürgerstaaten liegt im nicht mehr zugelassenen Risiko, genau in dem Risiko, dem Aktivitäts-Aggressionsdrang, den die Instinktmechanismen von jedem gesunden Menschen verlangen.

Längst überholt sind die Prophezeiungen des Marx, daß im Kapitalismus eine kleine Schicht ultrareich würde, und die große Masse ausgebeutet verelende. Nicht einmal in Entwicklungsländern stimmt das, soweit es sich nicht um primitive, rassisch stupide Völker handelt.

Längst haben sich die Einkommen verschiedener Sozialschichten einander weitgehend genähert. Soweit es noch sonstige Sozialklassen gibt, sind die Unterschiede kultureller Art.

Längst sind alle großen Industrien nicht mehr Eigentum Einzelner, sondern Anteileigentum von Millionen Mitinhabern.

Längst werden, von wenigen absterbenden Ausnahmen abgesehen, alle großen Industriebetriebe von Angestellten, Managern geführt, ob in kapitalistischen oder kommunistischen Betrieben.

Manager, die mit berechtigt hohen Gehältern im Kapitalistensystem riskant leben: wenn sie sich als ungeeignet zeigen oder Pech haben, fliegen sie unbarmherzig. Nicht so in sozialisierten Betrieben, wo durch Freundschafts-Mißbrauch hochgeschwemmte Beamten-Apparatschicks auch dann nicht fliegen, wenn sie unfähig sind. Zum Schaden des Werks.

Längst gibt es, wenigstens in kapitalistischen Ländern mit hohem technischen Niveau keine Arbeiter mehr, sondern nur noch Bürger, mit gutem Verdienst.

Es soll nicht beschönigt werden, daß im System des dynamical state, liberaler Kapitalismus auch heute seine bösen Seiten von Mißbrauch und schwerer Korruption hat. Aber es gibt einen fundamentalen Unterschied. In marxo-faschistischen Staaten besteht strenges Kritikverbot am System und seinen Herrschern. In liberal-demokratischen Systemen kann offen kritisiert werden, wenn das System seinen Namen verdient. Dann kann korrigiert und verbessert werden.

Das mit calvinistischer Intoleranz, auf Marx und Lenin dogmatisierte System ist nicht reformierbar. Wenn man seine Dogmen änderte, bräche das ganze zusammen; so, wie heute unter wachsender Kritik die Dogmenfundamente der Religionen zusammenbrechen. Fehler verhärten. Sie werden unheilbar krank; und gehen irgendwann, spontan zugrund.

Am Kapitalismus, am liberalen System muß mit zunehmender Weltbevölkerung, mit zunehmender Menschendichte, mit zunehmender Durchschnitttsbildung manches geändert werden, wenn er gegen die Massenneid-religionen des Sozialismus, des Marxismus Bestand haben soll.

Es muß unmöglich werden, daß maximales Vermögen des Ersterwerbers an faule kulturdegenerierte Nichtstuer-erben übergeht, wenn sie nicht selbst hart daran arbeiten. Höchste Erbschaftssteuern sind hier nötig.

Staatliche Banken- und Geldüberwachung wird unvermeidbar, wenn dort die Selbstdisziplin erlischt, und Sparer um ihr Geld kommen. Daß man auch Boden-spekulation einengen muß, ist ebenfalls nicht zu umgehen.

Das alles kostet enorme Steuererhöhungen. Denn jeder verstaatlichte

Betrieb wird erst einmal zu einer Defizitlast; sobald nicht mehr der in seinem Interesse arbeitende Kapitalist, sondern ein Beamter ohne besondere Fähigkeiten, ohne persönliches Risiko herrscht. Solche Betriebe müssen durch hohe Beträge aus Steuergeldern gestützt werden.

Die Grenze ist da, wo, wie in Schweden für Sozialisierung, für Wohlfahrtsluxus die Steuern auch der Ärmsten 50 % des Einkommens übersteigen.

Das gleiche gilt für kommunistische Staaten, wo von vornherein die Kaufkraft um 40 bis 60 % niedriger gehalten wird, als in liberalen Staaten. Wo der Staat den »Mehrwert«, den er seiner »Arbeiterklasse« gestohlen hat, für sinnlose Rennomierprodukte, Militär, und für eine Luxusbeamtenklasse verwendet; ohne daß die bestohlene Arbeiterklasse den leisesten Einfluß auf die Verwendung der Gelder hat. Eine mühsam mit dialektischen Phrasen verdeckte Sklaverei.

Es ist so schwer, das liberale System zu empfehlen weil es zwar pragmatisch nüchtern, als das kleinste Übel, nicht aber ideologisch-emotionell unterbaut ist. Es bietet keine Luftschlösser für pubertäre Idealisten.

Die (unkorrigierbare) soziale Ungerechtigkeit ist ein physiologischer Fehler des »Schöpfers«, daß er dem einen Hirn, dem anderen bloß Glauben zugeteilt hat.

Marxisten haben in ihrer blinden Wohlstandsillusion für die untersten, dümmsten und leistungsunfähigsten Schichten das Ende aller Erdvorräte, an Energie, Erzen, Wasser übersehen. Keiner von ihnen hat an die kommenden Ausrottungskämpfe der Rassen durch die Überbevölkerung gedacht. Die kommen, ob im Kapitalismus, Sozialismus oder Kommunismus. Und wehe den Schichten, Völkern, die sich durch Pazifismus, Humanität für fremde Rassen selbst entmannt habe.

Trotz aller dogmatischen Ideomanen ist das (gegen Auswüchse und Mißbrauch reformierbare) liberalkapitalistische System das auf die Dauer allein mögliche Welt-Ökonomiesystem.

Es ist das kleinste Übel, in dem sich wirtschaftliche Fehler von selbst bestrafen und korrigieren, wenn man Großmacht-Mißbrauch verhütet. Nirgends in der Welt geht es Arbeitern besser als in liberalen Wirtschaftsbezirken.

Die Illusion, man könne sozialistische Paradiese schaffen, indem man den (prozentual nur wenigen) Reichen ihr Geld wegnimmt, und an die (ungeheuer vielen) Durchschnittsköpfe verteilt, endigt in Sozialbankrottstaaten.

Die Illusion, man könne die Armen von Steuern entlasten, indem man die Reichen zahlen läßt, scheiterte. In Schweden sind die wenigen Reichen bereits leer geplündert; und jeder Arbeiter muß jetzt dort für krankhaft übertriebene Sozialprojekte mehr als 50 % seines Lohnes an Steuer zahlen. Die Fähigen müssen auswandern.

Sie verlangen auf Grund ihres Könnens mit Recht mehr als die Faulheitsprämie der allegleich-Bezahlung.

Ein kluger Politiker, den man um Geld für neuen Sozial-nonsens plagte, hat das lapidar gesagt: Sie können schwedischen Sozialluxus haben, aber nicht für schweizer Steuern.

Entweder eigene Verantwortung, oder degenerierende Sozial-abhängigkeit, die auch dem letzten noch gutes Leben geben soll.

Marx arbeitet mit der infantilen Heils-Annahme, wenn nur der private Kapitalismus abgeschafft sei, dann gehöre ja alles dem »Volk«; ohne daß er je definiert hat, was das sei, und welche Vorteile der Lohnempfänger davon habe.

Marxistische Ideomane wollen nicht zugeben, daß ihr Gott Marx ein falscher Prophet war. Sie erfinden groteske Entschuldigungen für seine Irrtümer. Die ganze Welt wird so umgelogen, daß auf alle Fälle die Rache-Hirngespinste des Marx richtig sind. Nur das Dogma des heiligen Marx stimmt. Was früher die Religion Christentum war, das ist heute der Marxismus: Opium fürs dumme Volk.

Jeder brave Marxist trägt in seinem Rucksack einen Teufel mit sich, seinen Zwillingsbruder, den Faschisten, sein genaues Ebenbild, dem er alles zuschieben kann, was ihm nicht paßt.

Wenn wieder faschistische, hitlerähnliche Zustände kommen (sie werden wegen der Übertreibungen der Marxisten kommen), dann wechseln einfach die Zwillingsbrüder. Marxismus und Faschismus sind identisch. Der Referent hat außer Phrasen und sturen Glaubensbekenntnissen nie einen Unterschied gesehen. Leider scheint es nötig zu sein, daß sie sich in Perioden gegenseitig ablösen.

Jeder Marxist haßt seinen (nur minimal verschiedenen) Rechts- oder Links-Abweicher oder Aufweichler, mehr als einen Kapitalisten. Denn den ersten kennt er persönlich, den zweiten nicht.

Sie kämpfen für die Reinheit der Lehre. Aber jede reine Lehre ist Idealisten-Schwachsinn, geboren aus Verdauungsstörungen von Leuten, die ihre Pubertät nicht rechtzeitig losgeworden sind. Die unvermeindliche menschliche Differenzierung in marxistischen Staaten wird alle religionsähnlichen Friedhofssysteme sozialistischer Art des allegleich sprengen.

Die Möglichkeit einer politischen Demokratie ist an eine viele Generationen lange Erziehung und an die Rassenmentalität geknüpft. Sie hängt davon ab, daß die überwältigende Mehrheit eines Volkes, einer Rasse aus möglichst vielen Nicht-Individualisten mit nicht zu verschiedener Bildungsstufe und einer abgewogenen Einsicht von Pflichten und

Freiheiten besteht. Auch so ist Demokratie nur das mühsamste kleinste Übel.

Es sind zahlreiche Bücher über ideale Demokratie geschrieben worden. Das letzte ist ein Buch von Szczesny (Lit. 99a). Sie stammen alle von Angehörigen der weißen Rasse; die durch jahrhundertelangen Gebrauch der mosaisch-christlichen Ethik im Denken weitgehend einheitlich geworden sind. Sie gehen alle von der humanistischen Illusion aus, daß Mensch gleich Mensch sei. Sie sind in selbstgefälliger Eitelkeit der Ansicht, daß die eigenen rasse- und traditionsbedingten Illusionen für alle anderen Rassen auch gültig seien. Sie reden und programmieren ohne Rücksicht auf die verschiedenen und für Weiße oft undurchschaubaren Mentalitäten, Illusionen, Denkmöglichkeiten der Hirne anderer Rassen. Sie setzen den nicht dynamischen, nicht aggressiven Durchschnittbürger voraus, dessen Aggressivität sich nur noch im gesetzlich sexualgeregelten Kindermachen austoben darf. Sie heucheln sich absolute »Werte« vor (die es nicht gibt). Sie träumen von »ewigen« Wahrheiten (die es nicht gibt). Sie verlangen den gehorsam-demütigen (und angeblich auch noch »freien«) Menschen (den es nicht gibt). Zusammen sind sie lokal, für die oder jene Gegend von einheitlicher Rassementalität anwendbar; universell unbrauchbar. Sie scheitern meist am Teufel im Detail.

Das schließt nicht aus, daß manches grundlegend wichtige, zum Beispiel Schonung des Lebens anderer und ihres individuellen Eigentums ungefähr für fast alle Systeme identisch sein kann.

Für Mittelmeervölker, oder gar für Primitiv-Völker ist jede Regierung, jede staatliche Autorität automatisch ein Feind. Der einzelne kann sich gegen diktatorische Führung nicht wehren, das kann nur die Großfamilie, der Clan. Die Familie ist in solchen Ländern auch der einzige politische und soziale Schutz gegen die Willkür der Herrscher. Für den Clanführer, das Haupt von Familie und Sippe ist jeder Betrug am Staat nicht nur selbstverständlich, sondern wird vom Clan verlangt. Humanität, die über den Familienkreis, über die Sippe hinausgeht, ist Verrat am fest geschlossenen Clan, ist Stärkung der drohenden Feinde.

Bei Negerstaaten, die aus amerikanischen Illusionen nach dem Krieg als sogenannte Demokratien geschaffen wurden, ist jede Art Staat nach euro-amerikanischem Muster (one man, one vote) unmöglich. Weil auch beim besten Bildungswillen die geistigen Möglichkeiten von Negern zu gering sind.

Sie können noch auf viele Jahrhunderte nur durch feste Diktaturen regiert werden, die durch physische Unterdrückung ihrer Gegner für Ruhe und Ordnung sorgen, durch harte Unterdrückung von ideomanen Studenten mit von außen eingeschleppten Dogmen. Denn in Individualisten-Ländern artet Demokratie rasch in (selbstverständliche) Korruption demokratischer Politiker aus. Weil diese Länder meist zu arm sind, um ihre Angestellten wenigstens bis zur unteren Korruptionsgrenze zu bezahlen.

Die aufdringlichen Gouvernanten-Belehrungen, speziell schwedischer Sozialisten, in deren Land und in deren Köpfen es sechs Monate des Jahres dunkel ist: »an unserem Wesen soll die Welt genesen« (hat man das nicht schon einmal vom seligen Kaiser Wilhelm gehört?) sind für Portugiesen, Spanier, Griechen, Türken, Perser nur Brechmittel. Nach dem letzten Krieg haben regierende schwedische Sozialisten tausend baltische Flüchtlinge wieder an Stalin ausgeliefert, mit dem bekannten Erfolg.

Dafür haben sie jetzt hunderte von amerikanischen Deserteur-Feiglingen aus dem Vietnam-Krieg liebevoll aufgenommen. Sozialistische Heuchelei.

Schwedische Sozialisten haben nie wieder das Recht, anderen Vorwürfe zu machen.

Sozialisten, Marxisten leiden immer noch an den Folgen christlicher Arroganz, ihre Lebenssysteme für allgemein gültig, für absolut zu halten. Sie sind krank an »ewigen« Wahrheiten.

Es gibt kein für alle Rassen und Klimata gleichmäßig brauchbares ewig gültiges System, wie man mit den siebzig Lebensjahren optimal fertig wird. Es gibt keines, trotz der Ideomanen, die das Christentum gemacht haben, trotz des Narren Marx.

Jede hochentwickelte, alterfahrene Demokratie verfeinert mit der Zeit die Rechte des Einzelnen durch immer engere Gesetze.

Sie arten so langsam aber sicher in eine Querulanten-Demokratie aus. In der alle, für das ganze nötigen, von der Mehrheit gebilligten Projekte durch (legal zulässige) Einsprüche systematisch auf viele Jahre blockiert werden können. Besonders, wenn noch eine träge Justiz rasch nötige Entscheidungen scheut. Die Querulanten-Demokratie macht solche Länder unregierbar. Dafür ist die öffentliche Kontrolle besser.

Alles entstandene Geordnete ist nach dem Wärmesatz ständig vom Chaos bedroht. Alles Leben kann nur in ständigem Kampf mit der überwältigenden Wahrscheinlichkeit der Chaos-Zerstörung eine Zeitlang kämpfen, vorübergehend für Ordnung triumphieren. Alles Lebendige verfällt nach dem Tode dem unentrinnbaren Chaos.

Zur wenigsten vorübergehenden Bändigung, zur Bewahrung des eroberten gibt es im Stammhirn neben dem Aggressionszwang einen entgegengesetzten Instinktmechanismus: den Zwang zur Ordnung, zum Beharren, zu Frieden.

Das ist die zwangsläufige Grundlage aller Kämpfe zur Erhaltung der Ordnung, zum Beharren auf einmal geordneten Zuständen, zum Beharren jeder sozialen Ordnung. In der komplizierten Zellmaschinerie eines tierischen oder menschlichen Körpers ist Ordnung mit ± 30 % möglicher Abweichung der Individualität verankert: die Persönlichkeit.

Zwischen der automatieverankerten Ordnung, und der vom selbständig gewordenen Großhirn verlangten Illusion Freiheit, das heißt ungehemmte Erfüllung von Instinktzielen, pendelt menschliches Handeln hin und her.

Beim Tier sind die beiden gegenläufigen Tendenzen des Stammhirns noch harmonisch ausbalanciert. Beim Menschen ist es nie sicher, welche der beiden konträren Tendenzen das mächtige Werkzeug des Großhirns für sich benutzen kann. Zwei Gegner, die sich um Dynamit streiten.

Die Frau kämpft ihrer physiologischen Natur nach für Ordnung ihrer Umwelt, denn nur so kann sie den Schutz ihrer aufwachsenden Brut erreichen. Der Mann kämpft, instinktgezwungen für Aggression, für Dynamik, denn nur in der Veränderung kann er die Zukunftsaussichten seiner Nachkommen erhöhen. Halbweibliche Zwischenfiguren, Idealisten, Pazifisten kämpfen aggressiv für das, was nach ihren Gefühlen zu ewig geordneten Friedhofs-Zuständen führt (Seite 192, 220).

Alle im Stammhirn aus uralter Entwicklung vorhandenen Zwänge zu Aggressionen, Mordlust, Raublust, zu tierischer Brutalität jeder Art sind in jedem Menschen als Fundament da. So, wie in jeder der Milliarden Zellen der volle Chromosomensatz der Nucleotide als biochemische Katalysatoren vorhanden sind. (Seite 35).

An den Nucleinsäureketten werden durch spezifische Hemmungsproteine nach Monod, Jacob, Lwoff (Lit. 48, 71) unerwünschte Genteile gehemmt, und dadurch funktionell verschiedene Zellen aufgebaut. Genau so sind im sozialen Gesamtorganismus der Menschheit lokal verschiedene Repressoren gegen unerwünschte Zwänge des Stammhirns nötig, und vielleicht genetisch vorgeplant. Sie schwächen durch Umwelterfahrung, auch durch gewollte Erziehung. Solche angelernte, gerade gültigen Repressoren gehen beim Kind, Schüler, Studenten, bis etwa 25 Jahren, in die Reflexe über. Sie müssen zu unwidersprechbarem Glauben, zu Überzeugungen erstarren.

Zu erinnern ist an eine Aussage Goethes, daß es kein noch so brutales Verbrechen gibt, das er nicht einmal in Gedanken, im Traume, begangen hätte.

Brutalität, Aggressivität, Dynamik, ist praktisch immer an das männliche Geschlecht, das heißt an das männliche XY-Paar von Sexual-Chromosomen gebunden. Man weiß heute, daß manchmal überbrutale Männer eine Trisomie der Geschlechts-Chromosomen zu XYY haben. Sie haben zuviel männliches Y, während Trisomie mit XXY, Überschuß an weiblichen X-Chromosomen zu Eunuchen führt (Lit. 92, 98).

Die unlösbare Dissonanz zwischen den Zwängen der verschiedenen menschlichen Willenszentren — Aggression und Ordnung — erfordert Kompromiß-Regelungen. Ein solcher Versuch ist die Einführung von traditionsmäßig gesprochenem und schriftlich niedergelegtem Recht.

Recht ist ein aus vergangenen Grundlagen konstruiertes System, um das, was in der Vergangenheit gestört hat, in Zukunft zu verhüten. Recht ist fast immer ein historischer Irrtum, denn in der Gegenwart gibt es ununterbrochen neue entwickelte Störungen, neue Situationen, gegen die das vergangene, noch immer gültige Recht, sinnlos und wirkungslos ist. Die alte Institution Gott, der zugehörige Ausführungskodex und die aus der brutalen mosaischen Bibel kopierten Gesetzesbücher der weißen Rassen sind zum Leben unbrauchbar geworden.

Recht ist erstarrte Tradition geworden.

In der immer enger werdenden, von Menschen besiedelten Welt, mit immer dichter werdender Gesetzesblockierung der natürlichen Neigungen, ist jeder ununterbrochen gezwungen, Gesetze jeden Tag zu brechen und immer vorsichtiger und mißtrauischer zu werden, nicht unter die plumpe Walze der Justiz zu geraten. Darüber hinaus muß er sich und anderen vorlügen, daß er Gesetze eingehalten habe.

Im immer enger werdenden Zusammenleben der Menschen ist ein Minimal-Katalog der Rechts-Limitierung der Freiheit nötig. Aber alles, was darüber hinaus geht, muß weg.

Recht und Gesetz, die das regulieren, dürfen nichts mehr von der mosaisch-christlichen Sexualmoral enthalten. Sie dürfen nichts mehr enthalten, was sich auf der Lüge einer unsterblichen Seele aufbaut, etwa in der Abtreibungsfrage, oder der Frage der frühzeitigen Beseitigung von unheilbaren Idioten- oder Krüppelkindern. Über den Grenzen des rechtlichen Minimal-Katalogs darf es nichts geben, was den Pluralismus der Illusionen der Freiheit hindert.

In seinem Buch »das sogenannte Gute« formuliert Gerhard Szczesny so: (Lit. 94):

»Daß es oberhalb der politischen, rechtlichen und zivilisatorischen Konventionen keine allgemeinverbindlichen Werte geben darf, ist der Kern einer demokratischen Verfassung«.

Leider ist der Hinweis auf Konventionen zeitbedingt und gummiartig.

Ähnlich noch etwas weicher, hat es der mutige Schriftsteller Solschenizyn formuliert »staatliche Gewalt auf jenes Maß einschränken, daß sie nicht stärker ist, als es die Notwendigkeit zum Schutz der Mitbürger verlangt«. Aber der Satz: Notwendigkeit zum Schutz, ist schon wieder gefährlich dogmenabhängig.

Recht kann nur in einem möglichst kleinen Minimalkatalog von Beschränkungen bestehen, unter Verzicht auf Schutz aller zeitbedingten Tabus. Unter dem Toleranzzwang für jeden, beim Nachbarn Dinge zu ertragen, die ihn in seinen ästhetischen Ekeln stören, in seinen aus der Bibel anerzogenen oder selbst erworbenen »Überzeugungen«.

Alle Diktaturen, leider meist auf willensstarke, charismatische Träger von Idealisten-Schwachsinn aufgebaut, überschreiten diese Grenze.

Jede Ausführung von Instinktzwängen, von Launen, auch von zu Reflexen gewordenen Überzeugungen, wird von Hirnzentralen, vermutlich über Hormonausschüttungen, mit Glücksgefühl belohnt. Jede Verweigerung der Ausführung von Instinktzwängen, von Launen, mit Unglücksgefühl bestraft. Jede Hinderung wird als Unfreiheit empfunden.

So stehen sich der Katalog der Beschränkung menschlicher Dränge, genannt Recht und der unbeherrschbare Zwang der Stammhirnzentrale zu Aggression, zu unbeschränkter Ausführung der Instinktzwänge, der Überzeugungen, der Launen, als ganzes genannt »Freiheit«, unversöhnlich gegenüber.

Man kann die Faustregel aufstellen:

»Die Summe aus Freiheit und Gerechtigkeit ist konstant«.

Erhöht man Freiheit, dann muß automatisch Gerechtigkeit kleiner werden. Das Extrem ist rechtsfreie Zügellosigkeit.

Erhöht man die Illusion der Gerechtigkeit, dann muß entsprechend Freiheit vermindert werden.

Oder anders ausgerückt: Aus den beiden wesentlichen Zwangsillusionen in allen menschlichen Köpfen gibt es eine Resultante: Aggressionszwang plus Ordnungszwang sind konstant. (Seite 205/206; 220).

Wehe, wenn die Freiheiten zu sehr ausgedehnt, mißbraucht werden. Dann pendelt automatisch das Gleichgewicht von einem Extrem zum anderen. Besonders bei einem innerlich so unsicheren Volk, wie den Deutschen.

Einige Gesetze, die (Herkunft Christentum) immer noch Gesetzesbücher der weißen Rassen schänden, die im Minimalkatalog nie mehr vorkommen dürfen, werden kurz besprochen:

Eine wichtige Frage ist die der Schwangerschaftsunterbrechung. Der meist gehörte Einwand gegen Abtreibung ist der christliche. Es wird behauptet, daß im Moment der Vereinigung der beiden Halb-Chromosomen aus männlichen Spermatozoen und weiblichem Ei im Eileiter der Frau in das Resultat eine Seele hineinfahre. Sei es aus unbekannten himmlischen Quellen, sei es eine der seit Beginn der Menschheit vor etwa einer Million Jahren verstorbenen, aber nach einer anderen christlichen Illusion unsterblichen 5000 Milliarden gestorbenen arbeitslosen Seelen.

Der Einwand ist grotesk. Die durch meiotische Spaltung in den väterlichen Hoden und den Eierstöcken der Mutter entstandenen Halbzellen sind ja lebend schon aus unzweifelhaft lebenden Körperzellen entstanden. Bei der Vereinigung von einem Halbei mit einem Spermium gehen hundert Millionen doch ebenfalls seelenartige Spermien zugrunde. Durch die Vereinigung entstehen nur neue Impulse zur Schaffung eines neuen Exemplars derselben Rasse, zur geordneten Weiterteilung der ersten Zelle, aber nichts grundsätzlich Neues. Und wie ist es, wenn zwei Vollidioten ein sicher vollidiotisches Kind zeugen? Entsteht in solchen Wesen auch eine Seele? Und wo bleibt dann die Grenze zu den höheren Tieren, die wir zur Verspeisung schlachten, und denen wir vorsichtshalber keine Seelen zubilligen? Obwohl manche davon sicher intelligenter sind, als menschliche Vollidioten.

Und wie ist es mit den unbefruchteten 390 Halbeiern von den 400, die eine Frau im Lauf ihres Sexuallebens produziert? Gehen absterbende Spermien, und absterbende nicht befruchtete weibliche Eier, die ja zweifellos auch lebend sind, als Halbseelen auch ins stumpfsinnige Christenparadies? Eine der vielen Nonsens-Konsequenzen jeder Religion. Die Folgen der Seelenillusion überlassen die skrupellosen Kirchen den Frauen.

Die ganze Frage ist eine Folge der mosaisch-christlichen Bett-Ethik, daß Sexualverkehr eine Sünde, und Schwangerschaft eine Strafe, eine von Gott verhängte Strafe sei, die die Sünderin auf alle Fälle bis zum bitteren Ende demütig anzunehmen habe. Das Kind, wenn es nicht in der auf »Heiligkeit« umgelogenen Formalehe geboren wird, ist aus dem gleichen Grund verlogener christlicher Ethik lebenslänglich mit dem Makel behaftet, es sei »unsittlich« geboren.

Die cölibatäre Priesterschaft hat leicht opponieren: ihr drohen keine unehelichen Kinder; falls sie ihr Cölibat einhält.

Es ist unzweifelhaftes Recht jeder Frau, über den Inhalt ihres Bauches zu verfügen, der ihr schließlich von einem Mann eingeimpft wurde, der nicht den leisesten Schmerz und oft nicht einmal die Verantwortung übernimmt. So, wie sie das Recht hat über ihren Blinddarm zu verfügen. Gegner der Abtreibung tun immer so, als ob bei freier Abtreibung jede abtreiben müßte. Wer nicht will, wer sich Kinder wünscht, ist auch dann vollkommen frei, abzutreiben oder nicht.

Durch Freigabe der Abtreibung wird die Kinderzahl nicht wesentlich vermindert. Legal abgetriebene Kinder würden meist sowieso illegal abgetrieben.

Es ist einfach Dogmatiker-Anmaßung, generell Abtreibung zu verbieten, auch für die, die von Christentum und seinen Illusionen längst nichts mehr wissen wollen.

Den universellen Geltungsanspruch christlicher Dogmatiker-Frechheit zu brechen, ist sowieso eine Aufgabe der nächsten Zeit. Ebenso wie die marxistische Dogmatiker-Frechheit und die Entlarvung des Betrugs Dialektik.

Die Kehrseite soll nicht verschwiegen werden: durch die Pille ist es gelungen, das höchste menschliche Glück, die sexuelle Lust, von der automatischen Schaffung der nächsten Generation zu trennen. Seither führt das Prinzip: immer mehr Lustkonsum für immer weniger Leistung zum Rückgang der weißen Rassen (auch im kommunistischen Rußland), die dann in einigen Generationen von fruchtbaren Rassen überwältigt werden.

Ein weiterer historisch-dogmatischer Paragraf betrifft die sogenannte Gotteslästerung. Noch immer nehmen die Drahtzieher des Christentums (auch mancher anderen Religion) Richter dafür in Anspruch, daß ausgerechnet ihre nie gesehene, nie bewiesene Illusion Gott wie ein Warenzeichen geschützt wird, während dieser Schutz allen anderen Illusionen mit Recht verweigert wird. Die Priester tragen das Symbol Gott, den einzigen Scheinkredit, von dem ihre überflüssige Ernährung abhängt, so vor sich her, wie törichte Studenten ein Plakat. Sie verlangen, daß Richter vor diesem provozierenden Gessler-Hut in die Knie gehen. Was ist das für eine Übermenschenfigur, die sich von Polizisten schützen lassen muß?

Ein weiterer Paragraf muß verschwinden, denn er stammt ebenfalls aus den Ergüssen des vor 3000 Jahren gelebten Scheichs Moses. Das Gesetz gegen Inzest. Das Gebot ist biologisch sinnlos. In altägyptischen Herrscherfamilien haben viele Generationen hintereinander Bruder und Schwester geheiratet, ohne böse Folgen. Man weiß heute, daß das Gebot nur dann gerechtfertigt ist, wenn in den Herkunftslinien beider Eltern Erbkrankheiten vorkommen.

Das Gesetz wird täglich millionenfach übertreten: In abgelegenen Bauernhöfen, in Slums, wo Familien zu nahe zusammenleben müssen, die keine andere Wahl als den Inzest haben. Trotzdem wird vielleicht jeder Zehntausendste, wenn überführt, von einer christlichen Justizwalze zerdrückt; von Richtern, die wider besseres Wissen dressierte Diener des Moses sein und ihre Opfer sinnlos zerdrücken müssen, wie das Gesetz es stur befiehlt.

Weiter verschwinden müssen alle Paragrafen gegen Homophile und die damit untrennbar verbundene Knabenliebe.

Noch immer gibt es Länder der weißen Rassen mit mittelalterlich zurückgebliebener Gesetzgebung; die für Sexualverkehr mit Frauen eine Grenze von 16 Jahren haben; für Homosexualität sogar 20.

So daß auf Befehl mosaisch-christlicher Ethik-heuchler die Polizei den Menschen unter das Hemd spionieren muß.

Junge Frauen, von frommen Gesetzgebern unten liebevoll zugehalten, werden so erst an ihrem sechzehnten Geburtstag der Öffentlichkeit zugänglich gemacht.

Fortschritttliche Länder haben 14 als Grenze oder wollen das einführen. Für Mädchen dürfte 13 das richtige Alter sein; wobei bloße Berührungssexualität, wenn sie ohne Widerstand geduldet wird, frei sein sollte. Nur durch Geburten unter 13 können eventuell Schäden entstehen.

Für Homosexualität liegt überhaupt kein Grund zu einer Altersgrenze vor, da kein anatomischer Schaden entstehen kann. Die Behauptung, es entstehe »moralischer« Schaden, ist aus der Gerümpelkammer der mosaisch-christlichen Sittlichkeitsethik. Wenn heute von zehn Jahren ab in den meisten Schulen Sexualkundeunterricht gegeben wird, ist jede Grenze darüber reine Muckerheuchelei.

Seit die schwere Krankheit Christentum vor 1800 Jahren auftauchte und in wenigen Jahrhunderten die ganze weiße Rasse infizierte (die gelben Rassen blieben gesund) sind schätzungsweise fünfzig Milliarden Angehörige der weißen Rassen gestorben. Darunter waren etwa hundert Millionen Gesetzeskundige, Juristen.

Unter den hundert Millionen toter Advokaten und Richtern ist nie einem aufgefallen, daß vor allem zahlreiche Sexualgesetze der weißen Rassen gegen alle natürlichen Menschenrechte verstießen (falls es die gibt), daß diese Gesetze nur Kopien der brutalen Religion waren, die vor 3000 Jahren, unter ganz anderen Voraussetzungen ein Scheich Moses für einen gleichgültigen levantinischen Nomadenstamm aufgestellt hatte.

Die dann vor zweitausend Jahren von levantinischen Aposteln und Propheten der Bibel mit dialektischer Frechheit den weißen Rassen als »Offenbarungen« angezwungen wurden.

Hat keiner der hundert Millionen Juristen der weißen Rassen in ihrer selbstgefälligen christlichen Verblendung gesehen, daß in den Gesetzesbüchern der gelben Rassen, der islamischen und indischen Völker Paragrafen, etwa gegen Abtreibung oder Homophile nicht vorhanden waren, oder, wo vorhanden, von vernünftigen Richtern einfach unter den Tisch gewischt wurden? Obwohl diese nicht christlich verdorbenen Völker deswegen nicht weniger moralisch leben?

Sind die Hirne von Juristen der weißen Rassen durch zu vieles Auswendiglernen von Paragrafen so betoniert, daß sie nicht mehr fähig sind, die Grundlagen ihrer Systeme als zweifelhaft zu erkennen?

Aber der Fortschritt der Mentalitäten, der nur gegen die Religionen jeder Art möglich ist, niemals mit ihnen, braucht (der Referent aus eigener Erfahrung) nicht Jahrzehnte, sondern Jahrhunderte, fünf bis zehn Generationen. Die nötige Zerstörung des Christentums ist heute, nach

60 Generationen noch nicht gelungen. Die Zerstörung des Marxismus ist noch in weiter Ferne.

Ein juristisch-medizinisches Gebiet ist nach Wissen des Referenten bisher nur einmal seriös behandelt worden: Die »Freigabe der Vernichtung lebensunwerten Lebens«, durch den Frankfurter Juristen Binding und den Freiburger Psychiater Hoche, 1920 (Lit. 6).

Das ganze ist durch die Brutalität Hitlers diskreditiert, der auch Kranke, die nach heutigen Methoden heilbar wären, wahllos umbringen ließ. Die Frage, sie wird immer dringender, ist, unberechtigt, in Verruf gekommen, zum Un-, zum Tabu geworden. Keiner, der die Pflicht dazu hätte, will sich die Finger verbrennen.

In Krankenheimen Deutschlands, oder als mühsame Bürde in Hinterzimmern von Familien mitgeschleppt, gibt es etwa 50 000 mongoloide Idioten, unheilbar genetisch krank. Soll man sie nur wegen der christlichen Seelenillusion am Leben erhalten, während man sie doch besser, weil prinzipiell unheilbar, und auch ohne mehr Bewußtsein wie ein Tier, mit einer segensreichen Spritze frühzeitig entfernt?

Und wieviele der verkrüppelten Contergankinder werden, wenn sie geschlechtsreif werden, ihren Eltern vorwerfen, daß sie es aus christlichen Bedenken versäumt haben, das Kind im bewußtlosen Zustand der ersten beiden Jahren wegzuschaffen (was viele heimlich taten).

Ein schwerwiegendes Problem werden langsam die zunehmenden Zahlen von zu lange lebenden, unbrauchbar gewordenen Alten. Immer neue Altersheime mit teurem Pflegepersonal für die ständig zunehmende Lebenslänge werden nötig.

Nur physiologische Lebensverlängerung ohne gleichzeitige Leistungsverlängerung ist für die Menschheit wertlos. Dann werden Altersheime zu Ruinen-Garagen.

Simone de Beauvoir (Lit. 5) hat darüber ein kluges Buch geschrieben. Sie gibt einen gründlichen Bericht, wie viele arme Völker (selbst heute noch) ihre zu lang lebenden Alten beseitigen. Aber sie stellt als dogmatische Marxistin die groteske Behauptung auf, am ungelösten (und bisher unlösbaren) Altersproblem sei der Kapitalismus schuld.

Das Altersproblem ist physiologischen Ursprungs, es ist, wenn die leibliche Not gestillt ist (was heute in allen Ländern der weißen Rassen der Fall ist) in jedem System dasselbe. Ob kapitalistisch, sozialistisch oder kommunistisch.

Die Gründe des Alterns sind vorerst unbekannt. Es scheint, daß Altern und Tod schon vor der Befruchtung unentrinnbar genetisch als Methode eingeplant sind. Das Wann und Wie hängt von späteren nur wenig bekannten Faktoren ab.

Man kann isolierte menschliche, tierische, selbst pflanzliche Zellen bis zu etwa 60 bis 80 maliger ungeschlechtlicher Zellteilung über Jahre hin züchten. Aber dann ist es trotz bester Ernährung aus. Analog werden alle Zellen im lebenden Tier jeweils in 3 bis 20 Monaten einmal durch zugeführte Nahrungschemikalien voll in ihrem chemischen Bestand ersetzt. Nur die Form bleibt. Sollte die Zellteilungsgrenze von 60 bis 80 mal, und die menschliche ungeschlechtliche Zellerneuerung (20 bis 200 mal in 70 Jahren je nach Organ) parallel sein? Und ist die kurzfristige Aufputschung alter Menschen durch Frischzellen-Therapie ein Versuch, die sterbende ungeschlechtliche Erneuerung durch eine Art Zufuhr von geschlechtlicher Teilung zu heilen? Das sind experimentell sehr schwierige und vorerst unbeantwortete Fragen.

Wer soll die Alten ernähren, wenn schon die heutige nötige Ausbildungszeit von der Geburt bis zur Selbständigkeit auf 20 bis 28 gestiegen ist? Wenn dann unverantwortliche Gewerkschaftssekretäre noch das Pensionsalter auf 55 und 60 herabsetzen wollen, dann muß jeder, der arbeitet, zwei oder drei Nichtarbeiter mit ernähren.

Sicher ist das Altersproblem viel schwerer zu lösen (wenn überhaupt) als das Idioten-Krüppel-Problem. Jeder weiß, daß er einmal ein arbeitsunfähiger Alter wird. Es wäre doppelte Todesangst, wenn er nach dem Buch von Huxley (Brave new World Lit. 47) wüßte, daß er bürokratisch genau zu einem bestimmten Datum mit einer Jenseits-Spritze rechnen muß.

Aber wird es in zukünftigen, vielleicht wirtschaftlich schlechten Zeiten soweit kommen, daß Altersheime, mit ihren unnützen Essern gestürmt und die Insassen erschlagen werden? Unter der Devise: wer nichts mehr leistet, nimmt uns Nahrung weg.

Diese Probleme müssen von dieser oder der nächsten Generation von sachlichen Ärzten und Juristen, ohne Dogmen gelöst werden. Keiner der meist hochbezahlten Spitzenköpfe hat das Recht, sich davor zu drücken.

Wenn nichts an langsamer Evolution geschieht, dann kommt unvermeidbar wieder eine Brutalitätslösung à la Hitler.

Die weißen Rassen haben sich 60 Generationen im wärmenden gläubigen Kleinbürgermief des Christentums geduckt. Sie sprengen die Fesseln jetzt explosionsartig. Wie lange werden die besten kommenden Köpfe den wärmenden Kleinbürgermief des Marxismus ertragen? Wird nicht auch hier instinkterzwungener Kampfgeist, gesunder Egoismus, das ganze doch wieder in einen dynamical state umwandeln; Freiheiten, die nur im liberalen System des Kapitalismus und des Bürgertums möglich sind? Muß nicht die Erziehung zum sklavenhaften Sozialmenschen, zum faulen immer mehr Konsumfreßgeld für immer weniger Leistung, zum allegleich scheitern?

Noch sind die christlichen Gebote in den Gesetzbüchern der weißen Rassen drin. Aber so wie bisher, daß sich stumpfe und gleichgültige Richter und Hochschuljuristen bloß als Ausführer der mosaischen Bettmoral verstehen, kann es nicht weitergehen.

Der Kommunismus war zum Hochkommen eines sozial primitiven, durch Zarenprügel disziplinierten leibeigenen Volks der Russen zu einem teilweisen Industrie- und Militärstaat erfolgreich. Das Disziplinierungsresultat einer Masse, die seit Urzeiten in einem sklavenartigen Zustand lebte. Sie haben in ihrer Geschichte nie die Freiheit gehabt, ihre Launen, ihre Einfälle, ihre Gedanken frei spielen zu lassen, falls sie überhaupt eine Idee von der Möglichkeit von »Freiheit« hatten.

Die dogmatisch dummen heutigen Lenker Rußlands sehen nicht ein, daß zum weiteren Aufstieg nur kapitalistisch-liberale Freizügigkeit führen kann, daß man das nicht mit gedemütigten braven Sozialidioten erreichen kann, sondern nur unter Ausnutzung der Kräfte, die im gesunden Egoismus des Einzelnen liegen.

Sie haben nicht kapiert, daß man alte, an eine gewisse Gedanken»freiheit« gewohnte Kulturvölker, Balten, Polen, Tschechen, Ungarn nicht auf die Stufe von gehorsamen Kindern zurückzwingen kann, besonders wenn sie den Russen geistig überlegen sind. Für Russen mag Kommunismus gut sein. Für Kulturvölker ist er Gift.

Der russische Kommunismus geht weitgehend auf jüdische Intellektuelle zurück: Marx, Trotzki, Sinowjew, Radek, Jagoda, Beria, Bela Kun, Luxemburg.

Es ist die Tragik der Juden, daß sie nie die Grenze merken, bei der in ihren Wirtsvölkern die Bewunderung für ihre guten geistigen Fähigkeiten, wegen ihrer mit der Bewunderung steigenden Arroganz in ästhetische Abneigung umschlägt und daraus in generellen Antisemitismus.

Sämtliche jüdischen Propheten des Lenin-Marxismus wurden in den Folgejahren erschlagen, meist durch ihre eigenen Parteifreunde. Es war eine weltgeschichtlich falsche und tragische Weichenstellung. Denn unter Trotzki und seinen Juden wäre der Kommunismus vermutlich intelligenter geworden, und nicht in die Kleinbürgeröde heutiger Moskaustaaten abgesunken.

Vermutlich ist auch der bäuerliche Kommunismus Chinas eine Folge des jahrtausendelangen strikten Gehorsams fast aller Chinesen gegenüber Traditionsangeboten.

Es scheint unmöglich, System und Denken einer seit Jahrtausenden homogenen und traditionsgewohnten gelben Rasse auf weiße Rassen mit ganz anderer Mentalität und anderer historischer Entwicklung zu übertragen.

Vielleicht wird es der liberalen Welt noch gelingen, die (angeblich marxistische) Imperialisten-Macht Moskau auszuschalten. Aber dahinter taucht, durch Moskaus Niederlage gestärkt, die Macht China aus lauter glänzend technisch-nationalistisch und ideologisch geschulten Robotern von 900 Millionen Menschen auf.

Das Resultat? Churchills resignierte Feststellung, als man, nötig, Hitler-Deutschland wegen seiner Maßlosigkeit niederschlug und dahinter die noch bösartigere Imperialisten-Macht Rußland auftauchte: wir haben den falschen Feind besiegt.

Schluß

Die ersten Versuche, Denken, Erkenntnis, Seele und ihre Abläufe als Mechanik aufzuzeigen, hat der Physiker Ernst Mach und nach ihm praktisch der Psychiater Freud vor 70 bis 90 Jahren gemacht. Als Urenkel von Demokrit, Diderot, Hume und Spencer.

Viele Funde von Freud sind heute überholt. Aber er hat die Genialität gehabt, dem Seelen-schleim, den vorher die Religionen als ihr unwidersprechbares a-logisches Eigentum betrachteten, ein mechanisch-logisches Rastergitter unterzulegen.

Heute wissen wir mehr, daß sich alles Seelische, alles Erkennen, als molekularer Zellablauf mit elektrischer Vermittlung in den zwölf bis fünfzehn Milliarden Neuronenzellen unseres automatischen Stammhirns und des Großhirns abspielt.

Noch wissen wir wegen der außerordentlichen Komplexität nicht, wie das Zusammenarbeiten der sehr großen Variationsmöglichkeiten im einzelnen abläuft. Aber wir haben in hirn-analogen Computern, in der Kybernetik Norbert Wieners (Lit. 109) und in deren Weiterentwicklung gute elektro-mechanische Beispiele, die dem Hirn immer ähnlicher werden. (Lit. 9, 25, 28, 52, 56, 72, 74, 91).

Als sicher können wir annehmen, daß dazu weder ein Schöpfer, noch vitalistische Pseudokräfte nötig waren.

Die Frage: Hat das Leben einen Sinn, ist sinnlos. Die Frage ist nicht erlaubt, weil es prinzipiell darauf keine Antwort gibt. Sie nimmt den Glauben, es habe einen Sinn, in der Frage schon voraus.

Zu sagen, unser Leben habe einen Sinn, ist menschliche Selbstüberschätzung, eine instinkterzwungene Eitelkeit — die von den Automatenzentralen erzwungenen Illusionen eines »Ichs«.

Das schließt nicht aus, daß sich jeder einen privaten »Sinn« seines Lebens hält; eine Religion, eine Überzeugung, wenn er sie für sich pflegt, und nicht missionarisch arrogant anderen aufzuzwingen sucht.

Das gehört zur bürgerlichen »Freiheit« (Seite 110); so, wie man sich einen Kanarienvogel oder ein Klavier hält. Aber im Käfig, unter Verschluß, damit man sie jederzeit wegwerfen kann, wenn man am Spiel keinen Spaß mehr hat.

Das menschliche Leben hat, wie alles zellorganisierte lebende einen einzigen Zweck: sich hemmungslos zu vermehren und alle Widerstände zu überwinden, die sich der hemmungslosen Vermehrung entgegenstellen, blind und ohne Überlegung. Räuberische Existenz.

Im Kampf bis an den Rand maximaler Möglichkeiten der begrenzten

Erdoberfläche. Der in jeder Rasse, Erbreihe, liegende Zwang zum Kampf zur Dynamik aller gegen alle, dessen scheinbare Bändigung durch humanistische Illusionen, Selbstüberschätzung ist.

Ein Mensch ist keine Rarität.

Wenn einmal nach Milliarden Jahren Zufallsentwicklung der Mutationen in den Chromosomen ein Rezept da war, aus dem gerade ein Mensch und nichts anderes werden mußte, dann können beliebig viele Menschen entstehen. Als rasch vermehrte Masse müssen sie wie jede Tier- und Pflanzenart Nahrungsmöglichkeiten bis zum letzten Winkel dieser Erde ausnützen. So, wie auch primitive Einzeller, wenn ihr Genmuster einmal festliegt, räuberisch in beliebigen Mengen jeden möglichen Raum bis zur Erschöpfung ihrer Nahrungs- und Raummöglichkeiten ausfüllen, spielend Milliarden gleiche Exemplare machen, bis sie auf limitierende Feinde stoßen.

Es ist wie mit dem Drucken eines Buches: Wenn einmal unter vielen Mühen das Manuskript geschrieben, der Satz in die Druckmaschine gegeben ist, kann die Maschine ohne Mühe beliebig viele Exemplare drukken, soweit der Satz, der Papiervorrat und der Strom reicht.

Die Vervielfältigungsmaschine für Druck wie für Mensch oder Tier oder Pflanze läuft ohne Mühe, wenn einmal das Muster da ist, bis ans Ende limitierender Möglichkeiten.

So ist auch das Suchen von der Erde weg, nebelhaft Platz außerhalb der Erde zu finden, ein Zwang der Instinkt-Automatien, neue Vermehrungsmöglichkeiten zu finden, die auf der Erde schon bald nicht mehr möglich sind.

Der biochemische Apparat um das »unsterbliche« Muster der Chromosomen, in Hoden und Eierstöcken, wird Mensch genannt.

Der stirbt, wenn er seinen einzigen Daseinszweck erfüllt hat, Nachkommen zu machen.

Von der Durchgangsstufe einer jeden Generation bleibt nachher nichts.

Alle Rassen von Tieren sind vermutlich am meisten an den Organen krankheitsanfällig, die ihnen als Mutationen als letzte zugewachsen sind. Denn hier ist das plus oder minus der Auslese noch nicht sicher entschieden. Beim Menschen ist es das Großhirn. Es ist in seiner heutigen Form und Größe bestenfalls 10 000 Generationen alt. Im Gegensatz zu Stammhirn und Rückenmark, den Automatiezentren, die, wenn auch in einfacherer Form, zehn bis dreißig Millionen Generationen alt sind. Unser Großhirn hat noch nicht seine endgültige stabile Form erreicht. (Luria: Leben, das unvollendete Experiment, Lit. 66 d).

So ist es wahrscheinlich auch zu erklären, daß das alterfahrene Stammhirn den unerfahrenen Neuling Großhirn und seine gefährlich destruktive Logik mit antilogischen Zwangsillusionen zwingt, auf alle Fälle den einzigen menschlichen Körperzweck zu erfüllen: die nächste Generation zu machen; und dann zu verschwinden.

Der Mutationsunfall Großhirn verursachte die Illusion des übertierischen menschlichen Ichs.

Eine Lüge, die nun fortdauernd eine nicht enden wollende Kette von neuen Illusionslügen erzeugt. Damit sich die Menschen ja nicht die nackte Tatsache eingestehen müssen, nur durch Mutationszufälle ein biochemischer Apparat um den einzigen Lebenszweck zu sein. (Lit. 71)

Die Illusionen nennt man Glauben (jeder Art). Die unendlichen Fantasiespielereien darum herum nennt man Kultur.

Das menschliche Wunschtraumkind »Freiheit« ist, wie an anderer Stelle zeigt, identisch mit dem Drang und Zwang, instinktverlangte Reflexhandlungen, anerzogene Überzeugungen ohne äußere Hemmungen durchzuführen (die Launen). (Seite 111).

Wo das unmöglich ist, bestrafen die Zentralmechanismen mit dem Unglücksgefühl, man sei eingeschlossen, habe keine Freiheit.

Mit enger werdenden menschlichem Zusammenleben werden Normen nötig, die jede »Freiheit« auf das beschränken, was dem Nachbarn seine Freiheit möglichst wenig stört.

Man kann solche Normen Moral nennen, oder hochgestochen als Eitelkeitsillusion Ethik.

Solche sachlichen Normen können weder die des sexuell verklemmten Levantiners Paulus und seiner Geistesahnen sein, noch die fantastisch-kindischen Geld- und Kapitaldichtungen des arroganten Märchenerzählers Karl Marx.

Ist es nicht erschütternd, daß die brutale Bettmoral eines Judenscheichs Moses vor 3000 Jahren als Grundlage diente, auf der vor 2000 Jahren levantinische »Apostel« mit Frechheit sich selber zu Propheten ernannten? Die, ohne jeden Beweis, arrogant behaupten, sie hätten Auftrag von einem unsichtbaren, nie in Erscheinung getretenen, nie bewiesenen Gott, diesen Moses verzuckert mit Christus als ewige Wahrheit einzuführen.

Die mosaisch-christliche Ethik, die dann stumpfe Juristen der weißen Rassen aus dem gerissen-infantilen Dogmenbuch der Bibel ohne Kritik in die Gesetzesbücher übernahmen. Daß wir heute noch so leben müssen, wie es Moses und seine Rabbiner uns vorschreiben?

Ist es nicht erschütternd, daß als Spätlingsmißgeburt eines altersschwach gewordenen Christentums nochmals ein arroganter Levantiner Marx der weißen Rasse seine Dogmen aufgedrängt hat?

Die Interessen der heute lebenden Einzelmenschen und die Interessen der ganzen Menschheit laufen kraß gegeneinander.

Der Einzelmensch, im Wissen seiner begrenzten Lebenszeit, will sein kurzes Leben so angenehm, so reich mit maximalem Konsum bei minimaler Leistungsverpflichtung haben. Ohne Hemmungen vor Verschwendung, deren Schäden erst spätere Generationen spüren.

Die Zukunftsinteressen der Menschheit sind entgegengesetzt. Im Wissen um die bald restlos erschöpften Erz-Brennstoff-, lokal sogar Wasser- und Luftvorräte (Lit. 68) wäre asketische Härte zur Sparsamkeit nötig, mit Konsumverzicht, mit sachlicher, emotionsfreier Eugenik, mit Verzicht auf den Selbstmord durch zuviel Humanität, mit höchster Leistungssteigerung individueller Köpfe zur Erhaltung. Denn an weiteren Fortschritt ist auf lange Sicht nicht mehr zu denken.

Kann die Menschheit (biologisch unentrinnbar Tiere und auf die tierischen Körpermechanismen angewiesen) ohne die Ausmerzung der Schwachen, weiterexistieren?

Kann die Menschheit die humanitären Illusionen, alle hätten gleichen Wert, die Herabdrückung aller fähigen wertvolleren in den marxistischen erzwungenen Gemeinschaftsmief ertragen, mit dem chronischen Verbot eigener Denk- und Kritikmöglichkeit? Ist das möglich, ohne daß, wie beim Übergang von Wildrassen zu Haustieren zehn bis zwanzig Prozent des Hirns als überflüssig verschwinden?

Kann man mümmelnde Pazifisten, mit ihrer christlichen Illusion des sanften Schwächlings, des widerstandslosen demütigen Dulders, zur Menschen-Standard-Figur machen?

Oder ist nicht vielmehr Streit, Kampf unter Menschen ein unverzichtbares biologisches Element nicht nur der Entwicklung, sondern auch des Bestandes?

Der Pan-Humanismus, durch den eines der unentbehrlichsten biologischen Prinzipien, die Auslese unwirksam wird.

Kommende Kriege, die man in einer lächerlichen Friedensforschung verhüten will, werden nicht mehr der klassischen Vorstellung folgen; sondern erbitterte Bürgerkriege, Rassenkriege, Meinungskriege und Total-Vernichtungs-Kriege sein.

Der Ablauf der menschlichen Geschichte zwischen Ordnung und Chaos geschieht in Wellen, in disharmonischen Kampf zwischen dem Aggressionszwang der automatischen Hirnzentren und anderen, zur Ordnung zwingenden Zentren (Seite 192, 205/206).

Zeiten großer geistiger »Freiheit« arten nach einigen Generationen in Überfreiheit, in Zügellosigkeit aus. Sie schreien zwangsläufig nach Ordnung, Disziplinierung.

So die Prometheus-Zeiten der griechischen Antike, die in die Zügellosigkeit des römischen Weltreiches ausarteten. Sie wurden diszipliniert, geduckt durch die Terrorreligion des Christentums, in engste kleinbürgerliche Denkschemen gepreßt.

Dann, nach mehr als tausendjähriger Disziplinierung und Erstarrung unter dem Christentum, vor dreihundert Jahren ein neuer Prometheus-Ausbruch, zu den Natur-Sachwissenschaften, zu einer überbordenden Freiheit der Launen, die heute schon wieder in hemmungslose Zügellosigkeit ausartet.

So kommt wahrscheinlich wieder eine Periode der Disziplinierung zum Sozialisten-Ideal, zum kleinbürgerlichen allegleich, die Unterdrückung der Denkfreiheit, die Terrorherrschaft irgendeiner Art des Marxismus oder des Faschismus, denn es macht für die betroffenen Menschen nicht den kleinsten Unterschied, welche Ideologie dafür verwendet wird.

Denn sie sind auf alle Fälle nur Kanonenfutter für kranke Ideale von Spinnern.

Zwangsdisziplinierung, aus der unter unendlichen Mühen, unter Scheiterhaufen (wie aus der christlichen Kirche des Mittelalters), die allegleich-Menschheit sich doch wieder in Extreme teilen wird, in Nobelpreisträger und marxistische Urproleten. In Könner und in sozialistische Diebe, die von dem leben wollen, was die Könner durch Fleiß für sich an Eigentum geschaffen haben.

Solche Disziplierungssysteme haben dann Erfolg, wenn bei der großen Mehrheit der Menschen der Horror vor zuviel Freiheit die Angst vor der Unfreiheit übertrifft. Wenn der Minimalkatalog an Recht aus dem Gleichgewicht kommt.

Viele Generationen lange stumpfsinnige Kleinbürgerperioden, wie sie Christentum und Marxismus erzwingen, sind vielleicht nötige Verdauungszeiten, in denen allzuschnelle geistige oder andere Fortschritte physiologisch verarbeitet werden müssen, bevor weitere Entwicklungen möglich sind.

Mit dieser auf allegleich reduzierten Massendisziplin kann dann, wenn plötzlich »Freiheit« ausbricht, viel geleistet werden.

Der hektische Wiederaufbau Deutschlands nach der Katastrophe 1945 wäre ohne die in die Massen hineingeprügelte Zwangsdisziplin, die nachwirkte, nicht möglich gewesen. Aber diese disziplin-geprügelten Elternmassen begingen den kindlichen Fehler: unsere Kinder sollen es einmal besser haben. Sie haben es besser gehabt. Sie sind »unautoritär« ohne Disziplin in »Freiheit« ihrer ungezügelten Launen aufgewachsen. Mit dem heutigen chaotischen Resultat, das wieder nach Zwangsdisziplin schreit. Und so weiter in immer neuem Wechsel.

Alles das ist immer vorläufig, in einer nie endenden, von Generation zu Generation wechselnden Wellenbewegung zwischen den im Menschen liegenden Extremen, der gen-erzwungenen Ordnung und der ebenfalls gen-erzwungenen Aggression.

Das, was ein Mensch »mehr« ist als ein Tier, beruht auf Zwangsillusionen. Aus dem riesigen, und beliebig vergrößerbaren Illusionsgebiet, das man Kultur, Kunst und zahlreiche andere Überzeitbeschäftigungen nennt. Das logisch unbegründbar, aber fantasiemäßig unergründlich ist.

Das, was als Abwehr des uralten Stammhirns, der Instinkte, aus dem zu groß gewordenen Neuling Großhirn an Illusionen erzwungen wurde. Damit der einzige Zweck jeder Menschengeneration, die nächste zu zeugen, nicht an zuviel Großhirn und seinen Einsichten in die Sinnlosigkeit aller lebenden Existenz verloren ging.

Das Menschliche ist eine erzwungene Bändigung des zu kritisch, weit über die Zwecke des Stammhirns hinausgewachsenen Großhirns.

Denn gegen Hirn helfen nur Illusionen, Kultur oder Hallelujah oder Karl Marx.

Die gefährlichste Sekte der heutigen Menschheit sind die Idealisten, wie sie sich vor allem bei schwachsinnigen Studenten finden (Seite 185).

Ideale sind eine vorübergehende Krankheit der Pubertät. Sie sind ein hübsches seelisches Turngerät. Zu einer Gefahr werden sie, wenn Idealisten nach der Pubertät davon nicht mehr los kommen. Besonders wenn sie später an die Schalthebel der Macht geraten. Dann werden Idealisten kriminell: die Calvin, Lenin, Hitler.

Die einen heben die rechte Faust, und sind der Meinung, das Glück der Menschheit beginne, wenn man alle erschlage, die die linke Faust heben oder krumme Nasen haben, wie der Massenmörder Hitler.

Die anderen heben die linke Faust, und sind der Meinung, das Glück der Menschheit beginne, wenn man alle erschlage, die die rechte Faust heben, wie der Massenmörder Lenin und sein Nachfolger, der Henker Stalin.

Niemand, außer hoffnungslos Kranken und Leidenden, stirbt gern. Von der Wissenschaft erwarten sie eine möglichst weitgehende Lebensverlängerung. Im Stillen hoffen sie auf wirkliches ewiges Leben.

Was wären die Folgen menschlicher Unsterblichkeit? Platz für neue Menschen gäbe es praktisch nicht mehr. Man müßte alle Menschen zwangsverpillen. Per Zufall noch nachkommende Kinder müßte man ertränken. Das Riesenheer der überflüssigen Lehrer, Pädagogen könnte man als Ersatz bei der Müllabfuhr einsetzen, ebenso Priester, da ja Trost dann nicht mehr gefragt wäre. Das Heer von Lyrikern, Schriftstellern, Theatikern, bei denen 90 % ihrer Tätigkeit heute in der komplizierten

Beschreibung besteht, wie man zwei Heterosexuelle endlich in dasselbe Bett bringt, könnte man als Gärtner benutzen, in den Parks, die aus den dann überflüssigen Friedhöfen entstehen. Und wie soll man die gesicherte, ewige Sozial-Langeweile töten, wenn der einzige Pfeffer des Lebens, Sexualität wegfällt? Die unerträgliche Konsequenz des christlichen Paradieses.

Es wäre der Tod der Menschheit, wenn Menschen unsterblich würden.

Man sieht, alt geworden, nicht gern die eigene Zerstörung im Spiegel der Gesichter anderer. Man zieht sich, wie jedes instinktsichere Tier, zum Sterben in die Unsichtbarkeit der eigenen Höhle zurück. Die Sorgen der folgenden Generation werden gleichgültig.

Eine volle Verständigung zwischen den Stufen der verschiedenen Altersgenerationen ist fast unmöglich. Jede Stufe wächst langsam und unbemerkt in die nächste. Die Ansichten der vorhergehenden Altersschicht werden verdrängt, als infantil hingestellt.

Jede Generation ist nur eine Durchgangsstufe. Alle kennen ihre Eltern, die meisten ihre Großeltern. Aber schon die Urgroßeltern kennen nur noch wenige. Wer pflegt schon ihre Gräber? Jede Generation kennt ihre Kinder, und vielleicht ihre Enkel. Aber kaum noch eine die Urenkel. In denen steckt nur noch ein Achtel des eigenen. Das ist zu wenig, als daß man sich darum noch Sorgen machte. Eine Grundlage der menschlichen Gleichgültigkeit für die Zukunft, auf die man rasse- und vererbungsmäßig nur noch so wenig Einfluß hat.

Das macht Futurologie der menschlichen Beziehungen, Gesellschafts-»Wissenschaft« fast unmöglich, besonders wenn sie noch durch Dogmen religiöser oder marxistischer Art falsch erzwungen ist.

Von zahlreichen Futurologen hat wohl Toffler (Lit. 96) und später andere mit ihm (Lit. 96a) sich mit den Möglichkeiten weiterer Menschheits-Entwicklungen und der nötigen Änderung und Neuschaffung aller Werte auseinandergesetzt. In dem zweiten Buch ist auch (auf der 240sten Seite) der Beitrag eines russischen Knall-Propagandisten. Der Referent gesteht, daß er nie in seinem Leben soviel marxistische Borniertheit auf so wenigen Seiten gesehen hat.

Aussagen über irgendeine Zukunftsentwicklung werden umso unsicherer, je weiter sie voraussagen wollen. Es sind immer Analogieschlüsse aus Vergangenem, die man auf die Zukunft prolongiert, das, was die Historiker aus ihren Vergangenheitsforschungen bisher vergeblich abzuleiten versuchten. Solange das Kommende sich an die Regeln des Vergangenen hält, hat Futurologie begrenzten Wert. Aber sie ist immer dem Zufall neuer Komponenten unterworfen, neuen Wunschträumen.

Marx kennt keine Futurologie. Seine Ideologie kennt nur heute, immer mehr Konsumgeld für immer weniger Leistung. Wenn die Klügeren, die Fleißigeren, die Bürger, die Kapitalisten um ihr Eigentum bestohlen sind, dann bricht nach Marx für alle das Paradies an. Wenn die Zwangserziehung zu stumpfsinnigen, ohne eigene Denkmöglichkeit technisch-geschulten Sozial-Robotern gelungen ist, braucht man keine Futurologen, alles geht dann, im Kasernentempo, glücklich ewig so weiter. Kein Gedanke an die nur noch kurzfristigen Weltvorräte an allem. Kein Gedanke an die verschieden schnell wachsenden Rassen der Erde; mit ihren unvermeidlichen Hunger-machtkämpfen, die automatisch kommen; in denen Kapitalismus und Marxismus nur noch Objekte für Lustspiele sind. Kein Gedanke, daß die Vorräte an ausplünderungsfähigen Kapitalisten, von deren gestohlenem Eigentum man ja sozialistisch gut leben wollte, noch schneller zerstört sein könnten.

An sich haben es marxofaschistische Staaten wie Rußland leichter, Futurologie zu treiben. Sie brauchen nur von ihren als ewig konstant betrachteten Wirtschafts- und Illusionsregeln auf die Zukunft zu extrapolieren. Aber die Katastrophe des völligen inneren Zusammenbruchs wird umso heftiger kommen, wenn daraus unerträgliche Folgen entstehen.

Law and order, Zivilisation, sozialer Frieden lassen sich nur auf Zeit durch mehr oder weniger Gewalt durchsetzen. Irgendwann wird das immer durch stammhirnerzwungene Aggressivität gesprengt. Als Folge der Leugnung biologischer Grundlagen durch humanitäre und soziale Illusionen. (Lit. 20 a; Eibl-Eibesfeldt: Liebe und Haß).

Tatsächlich haben sich in staatskapitalistischen, sozialistischen und kommunistischen Staaten, die wirtschaftlich den gleichen Regeln von Angebot und Nachfrage unterworfen sind, sofort Elemente aus der Hefe selbst zu kapitalistischen Führern ernannt. Mit einem großen Aufwand an Dialektik als Mitglieder der Arbeiterklasse getarnt. Sie sind direkt in die leeren Mäntel der alten Kapitalisten geschlüpft: Luxus, Jagdreviere, in der Ostzone die alten Schlösser Görings, als klassenlose Gesellschaft. Und für die Arbeiter-Sklaven, die Bauern-Sklaven hat sich nichts geändert, nur Phrasen. All diese Versprechungen sind falsch.

Das heißt nicht, daß man auf gründliche mögliche Forschungen für die Zukunft verzichten soll. Sie müssen nur der ständigen Kritik und der Umwertung durch neue Faktoren unterworfen sein.

Sozialismus, der Kollektiv-Machtwille der unfähigen, aus Dummheit und mangelnder Energie unten Gebliebenen, die das, wozu der Einzelne unfähig ist, durch Massendruck zu erreichen suchen. Eine Masse, die sich charismatische Demagogen für ihre Geltungszwecke hörig machen.

Wenn der Massendruck Erfolg hat, wie in kommunistischen Staaten, sind es doch wieder nur Einzelne, Fähigere, die hochkommen. Meist nicht einmal die Demagogen selbst, die als idealistische Fantasten dann rasch von Pragmatikern verdrängt werden, die wie an einer Stange an ihnen hochgeklettert sind. Als Clique erstarren sie rasch und igeln sich aus Angst vor Entlarvung gegen die nachdrängende Masse in einer dogmatischen Terrorfestung ein. Sie bilden eine neue herrschende Klasse, aber ohne das Können der alten herrschenden Schicht. Von gar niemand, nicht einmal vom Markt kontrolliert, noch unsicherer und korruptions-anfälliger, als die beschimpfte frühere herrschende Schicht.

Es hat sich nichts geändert. Und die dummen Massen, die geopfert wurden, sehen, daß ihre Revolution nur Steigbügelhilfe für Neureiche war. Die dummen Massen müssen unten bleiben, denn der vorhandene Kuchen reicht vorher und nachher nicht für mehr.

Es gibt kein »Recht« auf Arbeit, es gibt keinen »gerechten« Lohn, es gibt kein Recht auf die sogenannte »Lebensqualität«. Ja es gibt nicht einmal das sichere Recht auf Altersversorgung und Pension. Denn das setzt voraus, daß es dann noch genügend Leute gibt, die die horrenden Pensionssummen für unproduktive Alte verdienen und per Steuer bezahlen können. Das sind alles fiktive Propagandagrößen, mit der politische Ideomane die große Masse betören. Das bedeutet nicht, daß man es nicht versuchen soll. Das läßt sich kurzfristig, auf Kosten anderer, für ein zwei Generationen aufbauen und stürzt dann durch äußere Zwänge in nichts zusammen.

Durch Zwänge, die in den kranken Idealisten-Systemen einfach nicht vorkommen dürfen, denn das wäre ja gegen die heilige Dialektik. Das eigensinnige Beharren, daß nicht sein kann, was nicht sein darf.

Das eigensinnige Beharren auf Illusionen, wie es Jeanne Hersch (Lit. 41) bereits für viele Philosophien festgestellt hat. Die physische Unmöglichkeit, einmal im Hirn verankerte »Überzeugungen« später wieder los zu werden.

Langsam bemerkt, aber unheimlich rasch verschieben sich die Menschenzahlen der Rassen, und damit ihre Ansprüche an den nicht vermehrbaren Kuchen der Erdoberfläche. (Lit. 68, 68 a).

Der heute schon untergründig beginnende Streit um Öl, Wasser, Luft, Anteil am lebenswerten Klimaraum, wird zu Ausrottungskämpfen ohne Gnade führen, ohne pathetische Kriegserklärungen.

Vielleicht auch das Unbewohnbarwerden der gemäßigsten und kalten Zonen der Erde, wenn keine wärmeliefernde Energie mehr zur Verfügung steht, weil alle in vielen Jahrmillionen aufgebaute Öl-Kohlen und die in früheren Supernovae-Ausbrüchen von Vorläufern unserer Sonne entstandenen Vorräte an Uran und Thorium in wenigen Jahrhunderten verschwendet und vernichtet wurden.

Schon zu Zeiten der germanischen Völkerwanderungen aus dem kalten Norden in den warmen Süden Europas sind wahrscheinlich Massenmorde und Ausrottungen größten Stils geschehen. Wir wissen nichts davon, denn fast alle Beteiligten waren Analphabeten. Nichts Geschriebenes überkam auf uns. Von den Völkern Nordeuropas dieser Zeit wissen wir nur aus Feindbeschreibungen der Römer. Noch um das Jahr 800 konnte der deutsche Kaiser Karl der Große (so wird behauptet) weder lesen noch schreiben.

Was würde geschehen, wenn als Folge der Weltübervölkerung und von Kälteperioden wieder Zwangswanderungen nach dem wärmeren Süden nötig würden? Alles ist bereits mit zuviel Menschen besetzt. Die Bevölkerung im Süden wird durch unsere Entwicklungshilfe noch verdoppelt, verzehnfacht. Nur durch Massenausrottungen der einen oder anderen wäre Platz zu schaffen. Man überlege sich die Folgen, die schon die unnötige Gründung eines eigenen jüdischen Nationalstaates in Palästina in einem schon dicht besiedelten Gebiet hervorgebracht hat, obwohl es sich nur um eine lokale kleine Region handelt. Aber, wie würde es, wenn 800 Millionen Weiße (aus USA, Europa und Rußland) gezwungen würden, im wärmeren Süden Lebensmöglichkeiten zu suchen? Wäre da noch Platz für Humanität, für Pazifisten?

Ist es nicht selbstmörderischer Wahnsinn, wenn heute ideologische Spinner, Südafrika, das letzte freie Refugium der weißen Rasse, an Neger verschenken wollen, ja wenn christliche Ideomane den Negern Waffen kaufen, damit sie in Südafrika auf Weiße schießen können?

Der Referent, selber 34 Jahre in einem heute modernen Entwicklungsland (Lit. 107) betont es nachmals, daß man Traditionsmentalitäten nicht in einer, auch nicht in drei Generationen ändern kann, Rassenmentalitäten wahrscheinlich überhaupt nicht.

Versuche dazu von ungeduldigen Idealisten scheitern immer. Die grotesken ideologischen Erziehungsversuche in Moskaus Kolonialstaaten, denkende Menschen in gehorsame Sozialidioten mit streng geregelter Denkrichtung umzuerziehen, scheitern jeden Tag mehr. Sie scheitern an der elementaren gesunden Eigenschaft des menschlichen Egoismus, am Willen, unter dem Vorwand der Freiheit das zu denken, was die Instinktmechanismen, die »Launen« jedem individuell vorschreiben.

Die letzte Eiszeit ist erst vor etwa 10000 Jahren gewesen, in der ganz Europa bis zu den Alpen unter einem dicken Eispanzer war, wie heute Grönland und der Südpol-Kontinent. Noch vor zweitausend Jahren war Nordafrika eine blühende Gegend. Heute ist es unfruchtbare und regenlose Wüste, die sich weiter ausbreitet.

Ganz Europa hängt von der Erwärmung durch den Golfstrom ab. Der fließt, niemand weiß warum, aus dem Golf von Mexiko über die enge Barriere zwischen Florida und Kuba Richtung Nordeuropa. Ohne das wäre Nordeuropa unbewohnbar.

Solche Ströme sind unberechenbar. Der Humboldtstrom, der aus dem Pazifik die Küsten Perus zu den fischreichsten Gewässern der Welt machte, bleibt zeitweise ohne sichtbaren Grund aus. Die Gewässer veröden.

Ein ernstes Beispiel der ungewollten Selbstzerstörung gibt Horst Schäfer in seinem Buch »Automatik des Lebens« (Lit. 84).

Portugiesische Seefahrer setzten 1513 auf der reichbewaldeten Insel St. Helena Ziegen aus, um auf Hin- und Rückfahrt jeweils frisches Fleisch zu jagen. Die Ziegen vermehrten sich, fraßen Pflanzen, mit den Wurzeln und Baumrinden ab. Pflanzen und Bäume starben ab, die Ziegen verhungerten. Der Regen wusch das nicht mehr durch Pflanzenwurzeln festgehaltene Erdreich weg. Große Teile der Insel sind heute Wüste.

Die heute auf der Erde vorhandenen 100 000 Atombomben werden (unaufhaltsam nach eigenen Regeln) eines Tages losgehen.

Von den heute lebenden vier Milliarden Menschen werden möglicherweise drei Milliarden und 999 Millionen zugrundegehen. Vielleicht eine Million, vielleicht nur tausend werden überleben. Sei es per Zufall, sei es, daß es strahlenresistente Rassen sind. Auch bei Bakterien gibt es Rassen, die bis zum zehntausendfachen der für andere tödlichen Strahlung aushalten. In Hiroshima sind viele trotz tödlicher Bestrahlung am Leben geblieben. Wir wissen darüber noch zu wenig. Die wenigen Übriggebliebenen werden in fünfzig bis hundert Generationen (die Erde hat noch 6 Milliarden Jahre Sonnenleuchtzeit vor sich) wieder so viele Menschen machen, wieder mit Entwicklung von Kultur und 100 000 Atombomben, wieder mit Endkatastrophe, wieder mit neuem Anfang. In beliebig oftmaliger Wiederholung.

Wenn morgen durch ein geophysikalisches Ereignis das dünne Leben auf der Erdoberfläche lokal oder endgültig ausstürbe, so würde sich weder für unser Sonnensystem (allein unsere kleine Milchstraße hat 200 Milliarden Sonnen), noch für die Milchstraßensysteme das geringste ändern. Dann muß irgendwo im Universum in Myriaden von Jahren diese unwahrscheinliche Entwicklung zu einem Hirn oder einem anders strukturierten Rechenapparat und seinem Träger von neuem mit unzählbaren, unzweckmäßigen »Fehl«-Seitenwegen durch Zufall wieder entstehen, aller Wahrscheinlichkeit nach nie wieder zu etwas führend, was man heute Mensch nennt.

Weil die sehr große Summe von übereinander gelagerten Mutationsfolgen, die zum Zufallsgebilde Mensch geführt haben, sich nach jeder berechenbaren Wahrscheinlichkeit nie wieder so wiederholt.

Die Büchse der Pandora, in der alles Übel verschlossen war, hat sich mit der Entdeckung der Atomspaltung 1938 durch Otto Hahn (der, ein friedlich humaner Mensch, bis zu seinem Tode darunter gelitten hat), und durch die Aufdeckung der chemisch-genetischen Mechanik der Vererbung 1953 durch Watson-Crick irreversibel geöffnet. Die Frage ist jetzt: wird der Inhalt mit uns Menschen fertig: Oder werden wir (eine inkonstante, zersplitterte Menschheit) damit fertig?

Watson (Lit. 103), der Entdecker der Funktion der chemischen Genketten in den Chromosomen, versucht neuerdings, durch moralische Appelle das vielleicht menschheits-zerstörende Arbeiten an Gen-veränderungen zu stoppen. Umsonst. Man kann einzelne Forscher durch Moral, sogar durch Gesetz stoppen. Aber nicht die heute tausenden, die dazu expermimentell fähig sind. Man müßte neben jeden in ihren lautlosen Laboratorien einen mindestens ebenso hoch qualifizierten Fachmann als Polizisten stellen. Das ist heute unmöglich; es sei denn in Huxleys (Lit. 47) Intelligenz-klassenwelt.

Moralappelle hat es reichlich auch nach der Atomspaltung und der Wasserstoffkondensation gegeben. Umsonst. Bis zur resignierten Feststellung Weizsäckers: mit der Atombombe leben.

Noch viel schwerwiegender für die ganze Menschheit sind mögliche synthetische Chromosomen-änderungen im code des Zellkerns; mit davon abhängigen Protein-veränderungen.

Proteine mit bis zu 60—80 gezielt eingesetzten Aminosäuren sind heute schon synthetisch zugänglich. Viele Enzyme, die nach dem genetischen code in den Chromosomen von jeder Zelle selbst hergestellten Katalysatoren, haben häufig diese Größenordnung an Aminosäuren. (Seite 24, 39)

Auch Stücke des genetischen codes (Variationen aus nur vier Nucleotiden) sind teils chemisch, teils enzymatisch zu Nucleinsäure-ketten von 10 bis 100 Gliedern künstlich hergestellt worden.

Erbitterte Menschheitskämpfe werden (wenn dann Religionen und Marxismen längst vergessen sind) um die Frage entstehen:

Wer darf wem an den Chromosomen flicken?

Trotzdem: Totale Weltuntergangsstimmung (ein heute von Literaten bevorzugtes Thema) ist nicht berechtigt; auch wenn es heute mehr um grundsätzliche Fragen geht, als in der bisherigen Geschichte, die als einzige Plage Krieg, Krankheiten kannte. Vielleicht geht als »Untergang des Abendlandes« die weiße Rasse aus ihrer heutigen beherrschenden Stellung weg. Auf ewig läßt sich das im Rahmen des dynamical state sowieso nicht halten. Unzählige Katastrophen haben die Menschheit schon in der kurzen Zeit dezimiert, seit wir Geschichte kennen. Das füllte sich in wenigen Generationen wieder auf.

Napoleon, als man ihm Vorwürfe machte, daß sein gescheiterter Rußlandfeldzug eine Million Tote gekostet hatte, meinte: ein schöner Frühling holt das wieder ein.

Und ganz natürlich: Alle dreißig Jahre sterben auf der Erde sowieso zwei Milliarden Menschen.

Für die ganze Menschheitsentwicklung gibt es nur ein Ziel: den vielleicht wertvollsten Organismus des Universums aus unserem Sonnensystem hinauszubringen und auf geeignete Planeten (falls es die gibt) anderer Sonnen zu verpflanzen, vor dem Tod der Erde. Aber auch nur bis zum Feuertod des Universums. Wenn bis dahin nicht Millionen Menschen (unter riesigen Verlusten) versucht haben, mit allen Mitteln möglicher Technik aus unserem Sonnensystem zu entkommen (heute noch aussichtslos), dann war die ganze außerordentliche und in ihren Stufenwahrscheinlichkeiten extrem seltene, aber doch realisierte Entwicklung zum Hirn des Menschen mit seinem Träger- und Ernährungsapparat Körper vergeblich.

Auch in dem Buch von A. C. Clark »Unsere Zukunft im Weltall« (Lit. 15) wird als einziges mögliches Ziel der heutigen Menschheit die Eroberung anderer, vielleicht lebensmöglicher Planeten bezeichnet. Darüber, ob bei anderen Sonnen, überhaupt solche Planeten existieren, weiß man heute nichts, nur Science Fiction. Aber Science Fiction, Fantasie, macht den Acker fruchtbar, auf dem Hoffnung, und später eventuell Resultate gedeihen.

Die Dimensionen solcher Aufgaben sind ungeheuer. Man sehe sich die räumlichen Abstände auf den Abbildungen Seite 11 und 18 an.

Zwar ist es gelungen, zum Mond zu kommen, aber schon die Entfernung Erde — Sonne ist 500 mal größer, als die Entfernung Erde — Mond. Und allein die Entfernung von der Erde bis über die äußersten Planeten unserer Sonne, hinaus aus der Anziehungskraft dieser Sonne ist etwa 20 000 mal größer als die Entfernung Erde — Mond.

Die Entfernung zum nächstliegenden Stern ist etwa vier Lichtjahre (= 2 102 400 Lichtminuten). Die Entfernung Erde — Sonne ist 8,5 Lichtminuten.

In dem gründlichen Fachbuch dazu, Hörner, Schaifers, Handbuch des Weltalls (Lit. 43) sind die physikalischen Möglichkeiten erörtert. Mit heutigen Mitteln ist die Aufgabe unlösbar.

Lohnt sich die ganze Wissenschaft bis zur Aufklärung der letzten Molekularmechanik aller lebenden Abläufe? Wenn »wir«, das vermeintliche »Ich« trotzdem nicht aus dem Rahmen der Körpermechanistik entweichen können? Gezwungen sind, eines der Stücke Mensch zu bleiben, zwar alles Glück, aber auch alles Leid mitzumachen, und am Schluß doch mit der Einsicht ins Nichts zu verschwinden, daß alles sinnlos war, daß beliebig viele Bakterien, Pflanzen, Tiere, Menschen entstehen und wieder verschwinden können.

Dem unermüdlichen sachlichen Suchen, isolierten Sammeln von Wissen, durch mühsame Arbeit zahlreicher »Fachidioten« liegt still (mit Hoffnung und stiller Hoffnungslosigkeit) ein Wunsch zugrunde, einmal universal alles wesentliche Wissen auf wenige Sätze konzentrieren zu können, weil nur so in unserem monologischen, armen Bewußtsein ein Alles-Verstehen möglich ist. Wird es solche Universalköpfe geben, werden sie aus unseren Ur-Ur-Enkeln herauswachsen? Oder sind sie schon tot, bevor sie gezeugt werden?

Ein Suchen, das aus Denkermüdung zu den Scheinkausalitäten eines »Gottes« eines »Steins der Weisen« und in ähnliche tote Sackgassen geführt hat, und in weitere führen wird. Auf die Beseitigung von Irrtümern, besonders wenn sie auf der Scheinlogik der Dialektik beruhen, muß zehnmal mehr Hirnenergie verwendet werden, als auf den durch Leichtfertigkeit, durch Offenbarung entstandenen Irrtum. Es ist oft generationslange Arbeit nötig, um aus den toten Löchern wieder herauszukommen. Im unermeßlichen Labyrinth der emotionalen Irrgänge einen neuen Ausweg zu finden. Mit naiver Hoffnung auf einen nichtexistierenden Ariadne-Faden.

Jede Aufklärung eines Schrittes, wie Lebendes mechanisch funktioniert, ist ein Sakrileg, das die lebensnötige Illusion einer übermechanischen Existenz zerstört. Die Zahl der aufzuklärenden Schritte ist prinzipiell begrenzt, denn die Zahl der an einem menschlichen Körper beteiligten Atome ist bekannt, ungefähr 4,5 mal 10^{31} Atome von einem Durchschnittsatomgewicht von 10, bei 75 Kilo Gewicht. Der Schrecken nach der Entschleierung des Schiller'schen Bildes von Sais. Nicht das »auri sacra fames« Vergils, sondern das »scientiae sacra fames« ist vielleicht für die Menschheit tödlich.

Sachliche Wissenschaft lebt von Sakrilegen, von der Zerstörung von Heiligtümern. Während umgekehrt das kulturelle Leben unter Menschen vom Aufbau von immer höheren, immer verzwickteren, fundamentlosen Illusions-türmen lebt, als instinkterzwungene Selbstbetäubung.

Trotzdem werden Forschungen, Diskussionen darüber menschliches Denken begleiten, solange es existiert. Man vergesse nicht die positiven Seiten: daß nur die rastlos forschenden Naturwissenschaftler unzähliges Menschenleid, früher hoffnungslose Krankheiten besiegt, und, ob Glück oder Unglück, das menschliche Leben und die Genußfähigkeit auf das Doppelte verlängert haben. Wissenschaft ist trotz ihrer vielleicht negativen Seiten nicht mehr stillzulegen.

Man soll nicht glauben, daß das Forschen in den Naturwissenschaften im heutigen Umfang linear so weitergeht. Wir sind in einer Menschheitsphase, in der auf fundamentale Erkenntnisse eines Newton, Darwin, Liebig, Einstein, Planck, Heisenberg, Watson-Crick und anderer eine stürmische Entwicklung eingetreten ist. Die wahrscheinlich in fünfzig Jahren zu einem vorläufigen Ende kommt.

Ernst zu nehmende Wissenschaftler, Heisenberg, von Weizsäcker vermuten, daß die theoretische Physik bis zum Jahr 2000 endgültig ausgebaut ist, alle Grundphänomene in Formeln faßbar sind. Daß es dann, abgesehen von Sekundärem, der technischen Anwendung, da nichts Neues mehr zu forschen gibt. Über die Richtigkeit dieser (vorerst plausiblen) Prognose muß die Zukunft entscheiden. Vor Forschung und Lehre wird dann nur Lehre bleiben, weil ja die Aufgabe, das ungeheure angesammelte vergangene Wissen an die nachfolgende Generation weiterzugeben, immer schwieriger und umfangreicher wird.

In nur 3—4000 Jahren hat sich das Denken der Menschen ungeheuer entwickelt. Die Anatomie unseres Hirns hat sich (nach dem an alten Schädeln meßbaren Inhalt) in dieser Zeit nicht verändert. Das deutet darauf hin, daß die Kapazität dieses Hirns schon seit Jahrtausenden durch Spontanmutationen in der heutigen Größe fertig war; ein guter leerer Kasten; bevor wir entdeckten, wozu dieses Hirn fähig ist.

Wir sind mit unserem menschlichen Hirn an einer Schwelle angelangt, wo alles vergangene mystische Denken, alle Religionen, alle Offenbarungen als Irrtümer versinken. Eine Stufe, von der aus wir uns selbst, unsere ganze erfaßbare Welt als mechanistische Abläufe in den komplizierten Gemischen von Atomen und Molekülen erkennen. Die sichere Einmaligkeit der chemischen Zellabläufe »Leben« auf der Erde in unserem Sonnensystem; vielleicht sogar im ganzen Universum. Und, nach den Einstein'schen Regeln, die sichere Unmöglichkeit, jemals zu erfahren was »gleichzeitig« mit uns in entfernteren Galaxiesystemen passiert.

Allen diesenAnsichten, die als Positivismus auf Hume, Spencer, Mach, Mises und andere zurückgehen, wird vorgeworfen, sie veröden das menschliche Leben. Das stimmt.

Wahrheit ist schön, wenn man sie sucht; das Finden gibt Glück. Wenn man sie hat, ist sie langweilig. Man tut sie in eine Literaturschublade und macht zu. Denn alles Glück, alle Befriedigung im menschlichen Leben liegt im Gestrüpp des seelischen, im Urwald der Illusionen, der Überzeugungen; im ewig rotierenden Karussell Kultur.

Sachliche Wissenschaft besteht eben darin, das menschliche Gestrüpp des seelischen, emotionellen, kulturellen wegzuräumen, um die zugrunde liegende Gehirn-mechanik der Herkunft dieser Ansichten und Täuschungen sichtbar zu machen.

Alles seelische, alle Mystik, jede Lügentechnik, alles aufgeregte Geistesgetue um das hübsche Karussell des menschlichen Glücks wird einmal als Neuronen-mechanik des Hirns aufgeklärt werden.

Daran arbeiten Hirnelektriker, Molekularchemiker und Biologen, Kybernetiker, Physiologen, Psychologen und Psychiater (in abnehmender Exaktheitsmöglichkeit). Aus unzähligen sachlichen rechenbaren Einzel-resultaten wird man (spätere Generationen) das ganze zusammensetzen und verstehen können.

Das ist Inhalt und Ziel des Positivismus. Es gibt keinen anderen Weg zum Verständnis der Zufallsexistenz der Menschen.

Alles, was Sachwissenschaftler forschen und finden, baut sich zu einer geraden Sprossenleiter ins unbekannte zusammen. Als Resultat des rasenden Wissenswollens; zum »Fortschritt«.

Alles, was Kultur heißt, Kunst, Seele, Religionen, Sinn, Wesen, Überzeugungen gehört zu dem Karussell, gefüllt mit lauter menschlichen Problemen; das sich in einer oder vielen Generationen einmal um sich selber dreht. (Seite 103).

Ein nie endendes, mit immer neuen Aspekten des alten gespicktes unentrinnbares Illusionskarussell, in dem allein befriedigendes menschliches glückliches Leben möglich ist.

Im Gegensatz zur kalten, geradlinigen Forschung, aus der unbezähmbaren Aggression menschlicher Neugier, die nichts an menschlicher Gefühlsbelohnung im warmen Mief der Gemeinschaft kennt.

Die beiden nebeneinanderliegenden Bereiche von pfeilförmig gezielter Wissenschaftsneugier, und der in sich ringförmig geschlossenen Kultur greifen teilweise ineinander über. So gibt es außer dem Nobelpreis für Sachleistungen, auch einen Nebelpreis für Literatur; für das heute gelesen, morgen gewesen.

Was nun? Die große Masse braucht handfeste Dogmen, primitive pädagogische Vorschriften zur autoritären Einordnung der rasch heranwachsenden Jugend in die nun einmal vorhandenen äußeren Bedingungen: Vorschriften, die selbst zu schaffen, junge Menschen aus Mangel an Lebenserfahrungen nicht fähig sind, wie bisher alle Versuche mit unautoritärer Erziehung gezeigt haben (das Dilemma der Einleitung).

Dazu reichen für 90 % aller Menschen primitive religionsartige Vorschriften. Für die intelligenteren muß etwas Seriöses, wenigstens scheinbar Begründetes da sein, als stumpfsinnige Bibel- oder Koranzitate, oder die noch plumperen Dogmen des Marxismus und des Kommunismus. Die Intelligentesten brauchen Selbstwertsteigerungen in den Leistungsbögen, Illusionswolken der Kultur zwecks Vortäuschung einer nichttierischen Existenz. Alle, die unzähligen Illusionisten des schön, die die nötigen Erholungspausen zwischen dem Gebot der Fortpflanzung mit Kultur ausfüllen, die Propheten, die Schriftsteller, die Künstler, die Wort- und Bildzauberer sind nötiges Begleitwerk der langdauernden, rasend kurzfristigen Einzelperiode der Frequenz von 30 bis 50 pro Jahrtausend der Menschenfolgen. Sie sind Begleiter wie schöne Leuchtraketen in der Nacht, die Licht und Herrlichkeit vorzaubern, die sich rasch in nichts auflösen und immer wieder neu für den Illusionsbedarf geschossen werden müssen. Ebenso rasch verlöscht und vergessen, wie die verfaulten Körper und Pseudoseelen der vergangenen Schnellfrequenzen der Ahnen.

Aber sie sind für gerade jetzt lebende Menschen allein wichtig. Wissenschaftliche Ergebnisse sind enttäuschend, weil sie den stillen Wunsch nach unendlicher Lebensdauer nicht erfüllen konnten (und hoffentlich nie werden).

Die Quintessenz dieses Referates ist, daß es sich allen Tendenzen widersetzt, die Menschheit zu nivellieren, sie mit gelogenen Dogmen, Illusionen dem Terror des »alle-gleich« zu unterstellen, alle natürlichen Aggressionskräfte, deren Entfaltung jeder zum Wachsen braucht, bis auf winzige Lokaleffekte zu reduzieren, damit ja niemand gestört wird, alle ohne Rücksicht auf Können und Fleiß gleichberechtigt zu machen, alle Minoritäten, die mehr leisten oder anders reagieren, zu diffamieren, zu unterdrücken.

Der erbitterte Widerstand gegen alle, die menschliches Denken (das nicht »frei« ist, die Denklaunen, Seite 111/112) einem Dogma unterstellen wollen; vorschreiben wollen, was der einzelne denken darf.

Gleichgültig, ob das die Erniedrigung des Christentums, oder jeder anderen Religion, zu einem demütig kriecherischen Gläubigen ist; oder die Erniedrigung des Marxismus zu demütig gläubigen Papageien, Nachbetern, zu geistigen Sozial-krüppeln.

Der Haß gegen jede Bindung, Knebelung, soweit sie nicht zum menschlichen Zusammenleben unbedingt nötig ist.

Die heute in der Politik unentbehrliche Verlogenheit der Argumente fing vermutlich an, als der Versuch zu klarem logischem Denken der Antike durch die logik-feindlichen Offenbarungen arroganter hebräischer Bibelapostel ersetzt wurden. Mit den Vorposten der scheinlogisch legitimierten unsauberen Lügen der Hegel und Marx bis zum höchsten Betrügergipfel Lenin; mit seiner Forderung bewußter Parteilichkeit durch eine »revolutionäre Arbeiterklasse«. Eine angebliche Klasse, deren aktiver Teil unreife Pubertärstudenten sind. Während die nicht existierende Klasse nur ein Ziel hat: zufrieden als Bürger zu leben.

Am klarsten und saubersten hat wohl Heisenberg (Lit. 39a) das Dilemma zwischen Wissen und den Instinktzwängen definiert:

»daß die große Mehrheit der Menschen kaum jemals eine wohl begründete Meinung über die Richtigkeit bestimmter allgemeiner Ideen oder

Glaubenssätze haben kann. Daher kann das Wort »Glauben« für diese Mehrheit niemals bedeuten »die Wahrheit von etwas erkennen«, sondern sie kann nur aufgefaßt werden als »etwas zur Grundlage des Lebens« zu machen. Man kann leicht einsehen, daß ein Glauben dieser zweiten Art sehr viel fester und starrer ist, als der erste. Er bleibt selbst gegen unmittelbar widersprechende Erfahrung unbeirrbar, und kann daher auch durch zusätzliche Kenntnisse nicht erschüttert werden«. (s. Einleitung)

Man soll den Referenten nicht falsch verstehen. Er hat nichts gegen den derzeitigen praktischen Wert und (je nach Geschmack) ästhetischen Poesiewert der Religionen jeder Art, für die sowieso denkunwillige Masse. Sie sind zwar falsche, aber für 90 % aller Menschen zweckmäßige Leitlinien zum Herunterleben der 70 physiologischen Jahre brauchbar, die die Zellmaschine Mensch durchhält.

Man muß zwischen der Zweckmäßigkeit dogmatischer Ethiken der Religionen, Sozialismen und ihrer logischen Richtigkeit unterscheiden. Sachlich sind Religionen, Marxismen nach dem heutigen Stand der Forschung reiner Unsinn. Praktisch sind sie als eine Art sozial-therapeutisch, universell brauchbares Aspirin zum unreflektierten Ableben der 70 Jahre als Zweckmäßigkeitsregeln anwendbar.

Wenn sie auf missionarische Arroganz, auf Propaganda, auf ethischen Terror zu »ewigen« Wahrheiten verzichten.

Die aufdringliche Missionsarroganz christlicher Evangelisationssekten. Ihr wird bald, bezahlt aus Ölmilliarden, eine ebenso aufdringliche islamische Missionspropaganda folgen. Mit Erfolgen. Dummköpfe gibt es in Milliardenzahlen.

Der Referent wehrt sich energisch dagegen, daß dieser zeitlich zweckmäßige Nonsens Kindern und Studenten als absolut gültig, als sogen. ewige Wahrheiten ideologisch-dogmatisch in ihre leeren Hirne eingetrichtert wird.

Daß Illusionen, die auf nichts als Offenbarungen geistesgestörter und arroganter Propheten beruhen, mit Dialektik als ewige Wahrheiten verkauft werden. Denn das ist glatter Betrug. So endet dieses Referat wieder bei seiner Einleitung.

Das heißt: Es bleibt dir nichts anderes übrig, lebe mit Zwiedenken. Kauf dir von irgendeiner gerade in deiner Umwelt gültigen Illusionsrichtung ein Stück Seele, ein Bündel Überzeugungen und schau, wie du mit deinem feinen Apparat Körper möglichst lange, möglichst angenehm, und durch Leistungsbögen möglichst hoch durchkommst.

Trotz der Einsicht in die Sinnlosigkeit (die nicht Zwecklosigkeit bedeutet) lassen sich hier die unzähligen Illusionsfreuden unterbringen, die das Leben verschönern: Liebe, Lyrik, Pornografie, Gottesanbetung, Sport, Kunst, Morden, Literatur, Mystik, Humanität, Tierschutz, Systemveränderung, Ehre und Briefmarkensammeln. Nur Vorsicht: es gibt darunter keine Wertskala.

Denn jedes war in irgendeiner Epoche der Menschheit bei irgendwelchen Gruppen schon einmal höchster »Wert«. Nach dem Absinken in der Prestigeleiter wurde es oben durch einen neuen ewigen Wert ersetzt. Und so immer weiter in endlosem Wechsel.

Sie sind alle Spielereien im Rahmen derselben »Kultur«, als Pausenausfüllung zwischen den animalischen Zwängen, die der Mensch nicht mehr wie ein Tier selig verschlafen kann.

Die Folgen der Einsicht in totale Mechanik sind unheimlich. Sie sind für wenige ertragbar. Die Menge, die ja Glück und Lust, aber keine zerstörende Wahrheit haben will, muß, nach der Einteilung von Heisenberg, illusionäre Leitseile haben. Sie muß daheim sein können, im warmen, hautnahen schützenden Geruch der Gemeinschaft.

Viele der ausgezeichneten Bücher, die zur sicheren Annahme der Mechanistik alles Lebenden führen, zur Einsicht der Sinnlosigkeit der Illusion Seele, verzichten doch nicht darauf, eine Ethik zu empfehlen.

Die einen, weil sie die Folgen humanistischer Bildung ihrer Jugendzeit mit sich tragen, die anderen, weil sie christliche Fundamente nicht überwunden haben, andere, die das als Studenten eingeatmete Gift des Marxismus noch in sich haben (Lit. 13, 39, 71, 105). Einer hat sogar eine vegetarische Ethik versucht (Lit. 37).

Sie ahnen das Urfeuer der menschlichen Selbstzerstörung durch Neugier, durch scientiae sacra fames. Sie wollen es mit Moralpflastern zudecken. Es glimmt, eine Zeitbombe, trotzdem weiter. Jeder hofft, daß es erst bei einer späteren Generation losgeht.

Alle diese Ethiken sind heute Ballast. Vielleicht muß man für eine sachliche Verhaltungsnorm, eine Vernunft »Religion«, mit einem Minimum an Gesetzen, und einem Maximum an »Freiheit« (Szczesny, Seite 207; Lit. 94) auf die französische Revolution zurückgehen. Sie versuchte, eine Vernunftsreligion ohne geistlichen Hokuspokus zu finden. Sie scheiterte leider sofort an ideomanen Perfektionisten. Auf das Christentum hat man heute schon weitgehend verzichtet. Man wird auch auf die tödlich stumpfsinnige Sackgasse des Marxismus verzichten müssen.

Ob eine solche, nur aus dem Großhirn, aus reiner Vernunft geborene Ethik, ohne Mobilisierung der aus dem Stammhirn kommenden Kompromiße aus Aggressions-Ordnungs- und Lustzwängen ohne »seelische« Unterlage möglich ist, wagt der Referent nicht zu entscheiden.

Man vergesse nicht, daß emotional unterfütterte Gebote sehr viel wirksamer sind, als bloß unpersönlich geschriebene.

Jede durch immer engeres Zusammenleben erzwungene Regelung der menschlichen Beziehungen läuft darauf hinaus:

Wieviel von seinen egoistischen Zwängen und Agressionen muß der einzelne an die Allgemeinheit abgeben; damit er gerade in ihrem Schutz möglichst viele von seinen »Launen« durchführen kann.

Gerade soviel Staat und Gesetz, damit er sich maximal sein Glück besorgen kann. (Lit. 94).

Manche werden über das vorliegende Buch lachen. Lachen ist (wie in anderen Bereichen Entrüstung) eine vom Automatenzentrum erzwungene Abwehrreaktion, die durch mechanische Erschütterung des Hirns kritische Einsichten annuliert, von denen lebenswichtige Zwangsillusionen zerstört werden könnten. Kein Tier hat Zwangsillusionen, aber es kann auch nicht lachen.

Wie eine andere physiologische Selbstbetäubung. Die beim Beten nach oben verdrehten Augen; die anscheinend über einen mechanischen Zug an den strangdicken Augennerven auf das Gehirn wirken. Auch beim Schlaf sind bei geschlossenen Lidern die Augen dauernd nach oben verdreht.

Mit Zynismus und Spott läßt sich manches leichter sagen. Es läßt denen, die das nicht annehmen wollen, die Möglichkeit, es »lächerlich« zu finden. Zum Schutz ihrer Illusionen.

Viele werden über das Buch lachen. Wenige (auf die kommt es an) werden sich still sagen: Er hat recht.

Man wird das Buch als öden Materialismus und Biologismus ablehnen. Der Referent möchte den Philosophen, Theologen, Psychologen, Literaten sehen, der ihm eine andere brauchbare Alternative zeigen kann. Etwas anderes als sachliche physikalisch-chemische Molekularbiologieforschung über Entstehung und das Funktionieren der komplizierten, nur aus Atomen aufgebauten Tiermaschine Mensch.

Jede andere Methode muß mit Ganzheit, Seele, Schöpfung und Dialektik arbeiten; und erreicht doch nichts als leere Worttürme.

Der Referent verwahrt sich dagegen, daß er schockieren will. Es scheint ihm aber hohe Zeit, daß zahlreiche Tabus aufgehoben werden, mit denen die Hirne von 99 % aller Menschen verklebt sind. Toffler (Lit. 96) prägt das Wort vom »Zukunftsschocks« der Menschheit. Aber ohne Aufwachen zum Gegenwartsschock hilft das alles nichts für eine vielleicht noch mögliche Zukunft der Menschheit.

Leicht voraussehbar ist die Entrüstung, der Abscheu zahlreicher Bäckermeister, akademischer und nichtakademischer. Weil hier so viele Tabus, so viele liebe Kanarienvögel von schönen Idealen verletzt wurden.

Entrüstung ist ein notwendiges Komplement von Überzeugungen. Entrüstung entsteht dann, wenn Kritik mitten in ein heiliges Tabu getroffen hat. Wenn die versteinerte Unlogik fast aller, von außen übernommenen »Überzeugungen« ins Wanken gebracht wird. Entrüstung ist ein Abwehrmechanismus des Stammhirns gegen Vernichtung von Illusionen. Ein beliebtes Schlachtfeld von Entrüstung sind Leserbriefe an Zeitungen.

Man wird sagen, der Referent sei Nihilist. Irrtum. Denn Bolschewismus, wie Marxismus und Universal-Humanismus sind für ihn Spätlingsmißgeburten eines altersschwach gewordenen Christentums. Man wird sagen, er sei Reaktionär. Er betrachtet gerade Marxisten als schlimmste faschistische Reaktionäre. Er hat unter Hitler genügend Schweres mitgemacht, um zwischen Faschisten und Marxisten keinen Unterschied mehr zu sehen. Man wird sagen, er sei Antisemit — Irrtum. Er hat als Hochschullehrer, Emigrant und Nichtjude mehr als drei Jahrzehnte mit den klügsten jüdischen, aus Deutschland emigrierten Wissenschaftlern zusammengelebt, ihre nüchterne Intelligenz bewundert, ihre Eitelkeiten und ihre manchmal gezeigte Rassenarroganz belächelt, und in endlosen Diskussionen mit einigen von ihnen die Ansichten zu Rassefragen gefunden, die hier vertreten sind (Lit. 107).

Man wird sagen, dem Referenten fehle alles Menschliche. Aber das ist nicht Aufgabe eines naturwissenschaftlichen Referates, auch wenn es auf Menschliches übergreift, das für die Sachforschung nicht tabu sein darf.

Die Gegenfrage: hat Philosophie, von Menschen gedacht, ohne menschliches überhaupt einen Inhalt? Oder hätte das in Form einer Bücherei auch auf dem Mars Platz; niemals von einem Menschen gelesen? Zeit läuft auch dort ab.

Es ist gleichgültig, ob die große Menge das alles begreift, oder nicht. Sie leben mit den Illusionsrechtfertigungen von Seelenkrücken, Christentum, Glauben, Marxismus ihre 70 bis 80 physiologischen Jahre ab. Dann kommen sie unter den Boden. Für immer vergessen. Und von der unsterblichen Seele, die ihnen ihre Priester im eigenen Interesse vorflunkern, bleibt nicht das leiseste Geruchelchen.

Das klingt elitär arrogant. Das ist es nicht. Es ist nur Einsicht in die facts. Die wenigen, die das einsehen, haben nichts davon; sie leben, sterben und verschwinden genau so. Ja, sie haben weniger: Denn die unbewiesene Lebensverzuckerung durch Seele, Glauben, Kultur der 98% müssen sie als bewußte Selbstbelügung verwenden; weil es sie sonst zum Sterben langweilt.

Man wird dem Buch nachsagen, daß es viel kritisiert, aber keine Neukonstruktion anbietet, wie sich das für einen pflichtbewußten Philosophen gehört. Der Referent muß das in der heutigen rasenden und immer kurzfristigeren Umwälzung alles bestehenden dem »dynamical state« dem Zufall zuordnen.

Er sieht alles lebendige zu sehr als ein unentrinnbares, stets wechselndes Chaos, als daß er sich getraute, irgend eine Eintagsfliege von Ethik oder von Worten zu empfehlen. Es gibt so schon zuviel davon.

Ob das alles stimmt, muß der Referent, selbst 72, später kommenden zur Kritik oder Bestätigung überlassen.

Grundsätzliche Wahrheit ist immer destruktiv. Nur Illusionen, nur Unwahrheiten können menschlich verwendet werden.

Nur aus Illusionen und Unwahrheiten, aus fundamentlosen Überzeugungen lassen sich die schönen Wolkentürme aufbauen, die als Kultur, als Seelenwärme menschliches Leben in Gefühlen lebenswert machen.

Das ist kein Buch, das Leitlinien fürs Leben geben will. Aber es gibt die nicht mehr wegzudenkende Mechanistik als Grundlage alles »Lebendigen«. Ein Illusionsverlust, mit dem man in Zukunft leben muß.

Es ist Schluß. Die den Ikarusflug überlebt haben, kehren zurück: Zu der einzigen Lebensaufgabe der Menschheit, die sich jedes Jahrtausend 30 bis 50 mal wiederholt:

Ungefragt aus dem vergangenen Material nach zwingenden molekularmechanischen geerbten Chromosomenplänen geboren zu werden, zu wachsen, Geistesballast aufzunehmen, Kinder als nächste Generation zu machen, die Pausen dazwischen mit Arbeit zur Hungerstillung, und mit der Leistungsspielerei Kultur jeder Art auszufüllen, und dann, laut klagend, gegenseitig gestützt mit den Lügen des Trostes, wieder ins Nichts als Düngemittel für Folgegenerationen unter die Erde zu fahren.

Die fröhliche Erde hat uns wieder. Nichts hat sich geändert.

Literatur:

1) *Atom,* Struktur der Materie, Verschied. Herausgeber, Verlag Chemie, Weinheim (1970)
2) *Augstein, R.,* Jesus Menschensohn, Bertelsmann Verlag (1972)
3) *Baust, W.,* Ermüdung, Schlaf und Traum, Sammelband, Verlag S. Fischer, Frankfurt am Main (1972)
4) *Bavink, B.:* Ergebnisse und Probleme der Naturwissenschaften, Verlag S. Hirzel, Zürich (1948)
5) *Beauvoir, S. de:* Das Alter, Verlag Rowohlt, Reinbeck (1972)
6) *Binding, C., Hoche, A.:* Die Freigabe der Vernichtung lebensunwerten Lebens, Berlin-Leipzig (1920)
7) *Binding, R. G.:* Erlebtes Leben, Frankfurt (1928)
8) *Boschke, F. L.:* Die Schöpfung ist noch nicht zu Ende, Knaur Verlag, München-Zürich (1962)
9) *Brajnes, S. N., Svečinskiy, V. B.,* Probleme der Neurobionik und Neurokybernetik, Verlag Gust. Fischer, Stuttgart (1971)
10) *Breusch, F. L.:* Lehrbuch der gesamten Chemie, Verlag Springer, Heidelberg (1953)
11) *Bresch, C., Hausmann, R.:* Klassische und moderne Genetik, Verlag Springer, Heidelberg (1970)
11a) *Buddecke, E.:* Grundriß der Biochemie, Verlag de Gruyter, Berlin (1970)
12) *Cameron, I. L., Trasker, J. D.:* Molecular renewal of the mammalian body, Academic Press, New York (1971)
13) *Campbell, H. J.:* Der Irrtum mit der Seele, Verlag Scherz, Bern, München, Wien (1973)
14) *Clara, M.:* Entwicklungsgeschichte der Menschen, Verlag Quelle-Meyer, Heidelberg (1965)
15) *Clarke, A. C.:* Unsere Zukunft im Weltall, Verlag S. Fischer, Frankfurt/Main (1970)
16) *Conradt, R.:* Empirische Erkenntnislehre, Akademische Verlagsgesellschaft, Frankfurt/Main (1973)
17) *Delgado, J. M. R.:* Gehirnschrittmacher, Direktinformation durch Elektroden, Verlag Berlin (1971)
18) *Dertinger, H., Jung, H.:* Molekulare Strahlenbiologie, Verlag Springer, Heidelberg (1969)
19) *Ditfurth, H. von:* Kinder des Weltalls, Verlag Hoffmann+Campe, Hamburg (1973)
20) *Eddington, A. S.:* Die Naturwissenschaften auf neuen Bahnen, Verlag Vieweg, Braunschweig (1935)
20a) *Eibl-Eibesfeldt, I.:* Liebe und Haß, Verlag Piper, München (1973)
21) *Einstein, A., Born, M.:* Briefwechsel, Verlag Rowohlt, Hamburg (1972)
22) *Eigen, M.:* Selforganisation of matter and evolution of biological macromolecules, Naturwissenschaften 58, 465 (1971)

22a) *Eigen, M.:* in J. Mehra, Physics conception of nature, S. 594. Verlag Reidel Rell Comp. Dortrecht-Boston (1973)
22b) *Enzensberger, M.:* Gespräche mit Marx und Engels, Insel Verlag, Taschenbuch 19/20, Frankfurt (1973)
23) *Faller, A.:* Körper des Menschen, Verlag Thieme, Stuttgart (1970)
23a) *Fischel, W.:* Grundzüge des Zentralnervensystems des Menschen, Verlag Gustav Fischer, Stuttgart (1972)
24) *Folkers, K., Bowers, C. Y. u. a.:* Hypothalamus-Neurohormone, Zeitschrift für Angewandte Chemie 85, 271 (1973)
25) *Franke, H.:* Kybernetik, Sammelband, Verlag Umschau, Frankfurt/Main (1966)
26) *Freud, S.:* Darstellungen der Psychoanalyse, Verlag S. Fischer, Frankfurt/Main (1904—1939)
26a) *Freud, S.:* Der Mann Moses, Verlag Suhrkamp, Frankfurt am Main (1970)
27) *Friedrichs, K. A.:* Homosexualität im Strafvollzug, Verlag Goldmann Taschenbücher, München (1971)
28) *Fuchs, W. R.:* Buch der Denkmaschinen, Verlag Knaur, München (1972)
29) *Gadamer, H. G., Vogler, P.:* Neue Anthropologie, Verlag Georg Thieme, Stuttgart (1972)
30) *Goldschmidt, L.:* Der babylonische Talmud, 12 Bände, Jüdischer Verlag Berlin (1930)
31) *Gregory, R. L.:* Auge und Gehirn, Fischer Verlag Frankfurt/Main (1972)
32) *Günther, E.:* Grundriß der Genetik, Verlag G. Fischer, Stuttgart (1969)
33) *Haber, E.:* Unser blauer Planet — und zahlreiche andere — Deutsche Verlagsanstalt (1973)
34) *Hadorn, E.:* Experimentelle Entwicklungsforschung, Verlag Springer, Heidelberg (1970)
35) *Harbers, E.:* Nucleinsäuren, Verlag G. Thieme, Heidelberg (1969)
36) *Havemann, R.:* Rückantwort „Ewige Wahrheiten", Verlag Piper, München (1971)
37) *Heim, A.:* Weltbild eines Naturforschers, Verlag Huber, Bern (1942)
38) *Heintz, W. D.:* Doppelsterne, Verlag Goldmann, München (1971)
39) *Heisenberg, W.:* Schritte über Grenzen, Verlag Piper, München (1971)
39a) *Heisenberg, W.:* Physik und Philosophie, Ullstein Verlag, Berlin (1959)
40) *Heitler, W.:* Naturphilosophische Streifzüge, Verlag Vieweg, Braunschweig (1970)
41) *Hersch, J.:* Die Illusionen, Verlag Lehnen, München (1956)
41a) *Hersch, Jeanne:* Die Unfähigkeit, Freiheit zu ertragen, Verlag Benziger, Zürich, Köln (1974)
42) *Hienz, H. A.:* Chromosomenfibel, Verlag G. Thieme, Stuttgart (1971)
43) *Hoerner, S. von, Schaifers, K.:* Meyers Handbuch über das Weltall, Bibliografisches Institut Mannheim (1960)
44) *Hoffmann, M.:* Die Welt der Homosexuellen, S. Fischer Verlag, Frankfurt/Main (1971)
45) *Holst, E. von:* Verhaltensphysiologie bei Tieren und Menschen, Verlag Piper, München (1969)
46) *Hoyle, F.:* Das grenzenlose All, Verlag Kiepenheuer, Köln-Berlin (1957)

47) *Huxley, A.:* Brave new world (1932)
48) *Jacob, F.:* Die Logik des Lebendigen, Verlag S. Fischer, Frankfurt/Main (1972)
49) *Jaspers, K.:* Vernunft und Existenz, Verlag Piper, München (1973)
50) *Jeans, J.:* Physik und Philosophie, Verlag Rascher, Zürich (1944)
51) *Jordan, P.:* Erkenntnis und Besinnung, Verlag Stalling, Hamburg (1972)
52) *Jursa, O.:* Kybernetik, die uns angeht, Verlag Bertelsmann, Berlin (1971)
53) *Kaplan, R. W.:* Der Ursprung des Lebens, Verlag G. Thieme, Stuttgart (1972)
54) *Katz, B.:* Nerv, Muskel, Synapse, Verlag G. Thieme, Stuttgart (1971)
55) *Kinsey, A. C.:* Das sexuelle Verhalten des Mannes, der Frau, (Kinsey-Report) Verlag S. Fischer, Frankfurt/Main (1970)
56) *Klaus, G.:* Wörterbuch der Kybernetik, Verlag S. Fischer, Frankfurt/Main (1969)
57) *Knippers, R.:* Molekulare Genetik, Verlag G. Thieme, Stuttgart (1971)
58) *Koestler, A.:* Sonnenfinsternis, Verlag Scherz, Bern (1960)
59) *Koran,* der übers. v. L. Ullmann, L. W. Winter, Verlag Goldmann, München (1959)
60) *Kruse, W.:* Wissenschaft von den Sternen, Verlag Springer (1954)
61) *Lange-Eichbaum, W., Kurth, W.:* Genie, Irrsinn und Ruhm, Verlag E. Reinhardt, München-Basel (1956 und 1967)
62) *Lehmann, J.:* Jesus Report, Verlag Droemer-Knaur, München-Zürich (1973)
62a) *Lenk, H.:* Wozu Philosophie? Verlag Piper, München (1974)
63) *Lenz W.,* Medizinische Genetik, Verlag G. Thieme, Stuttgart (1970)
64) *Lichtenberg, G. Ch., von M. Rychner,* Verlag Manesse (1947)
65) *Lindner, H.:* Physik im Kosmos, Fachbandverlag Leipzig (1971)
66) *Lorenz, W.:* Vom Weltbild des Verhaltensforschers, Deutscher Taschenbuchverlag, München (1966)
66a) *Lorenz, K.:* Das sogenannte Böse, Verlag Borotha-Schoeler, Wien (1972)
66b) *Lorenz, K.:* Die acht Todsünden, Verlag Piper, München (1973)
66c) *Lorenz, K., Leyhausen, P.:* Antriebe tierischen und menschlichen Verhaltens, Piper Verlag, München (1969)
66d) *Luria, Salvador E.:* Leben, das unvollendete Experiment; Verlag Fischer, München (1973)
67) *Mach, E.:* Die Mechanik in ihrer Entwicklung, Brockhaus Verlag, Leipzig (1933)
68) *Meadows, D. u. a.:* Die Grenzen des Wachstums, Verlag Rowohlt, Reinbeck (1973)
68a) *Meadows, D. L. und D. H.:* Das globale Gleichgewicht, Deutsche Verlagsanstalt Stuttgart (1974)
69) *Mises, R. von:* Kleines Lehrbuch des Positivismus, Verlag von Stockum und Zoon, Den Haag (1939)
70) *Mitscherlich, A.:* Auf dem Weg zur vaterlosen Gesellschaft, Verlag Piper, München (1973)
71) *Monod, J.:* Zufall und Notwendigkeit, Piper Verlag, München (1971)
72) *Moody, H.:* Der Mensch als Maschine, Verlag Müller, Rüschlokon, Zürich (1968)
72a) *Mynarek, H.:* Herren und Knechte der Kirche, Verlag Kiepenheuer und Witsch, Köln (1973)

73) *Nagl, W.:* Chromosomen, Verlag Goldmann, München (1972)
74) *Neumann, J. von:* Rechenmaschine und Gehirn, Verlag Oldenburg, München (1971)
75) *Orwell, G.:* 1984, Verlag Bürger Diana, Zürich (1950)
76) *Popper, Karl, R.:* Objektive Erkenntnis, Verlag Hoffmann und Campe, Hamburg (1973)
76a) *Popper, Karl, R.:* Logik der Forschung, Verlag J. C. B. Mohr, Tübingen (1973)
77) *Rapoport, S.:* Medizinische Biochemie, Verlag Volk Gesundheit, Ostberlin (1969)
78) *Reichenbach, H.:* Aufstieg der wissenschaftlichen Philosophie, Verlag Herbig, Berlin (1951)
79) *Reiners, L.:* Steht es in den Sternen?, Verlag List, München (1951)
80) *Ronner, W.:* Kirche und Keuschheitswahn, Verlag List, München (1971)
81) *Rühle, O.:* Karl Marx — Leben und Werk, Hellerau (1928)
Vorländer, K.: Karl Marx — Leben und Werk, Leipzig (1929)
82) *Russel, B.:* Wisdom of the west, Verlag Macdonald, London (1970)
82a) *Russel, B.:* Warum ich kein Christ bin, Verlag Szczesny, München (1963)
83) *Schadé, J. P.:* Funktion des Nervensystems, Verlag S. Fischer, Stuttgart (1973)
84) *Schaefer, H.:* Die Automatik des Lebens, Verlag Ullstein, Frankfurt-Berlin (1967)
85) *Schatzmann, E. L.:* Grenzen der Unendlichkeit, Verlag S. Fischer, Frankfurt am Main (1972)
86) *Schelsky, H.:* Soziologie und Sexualität, Verlag Rowohlt, Hamburg (1955)
87) *Schindewolf, O. H.:* Jahrbuch preuß. geol. Landesanstalt 49, 716 (1928) zitiert bei Gadamer, Vogler
88) *Schlick, M.:* Gesammelte Aufsätze (1926—1936), Verlag Gerold, Wien
89) *Schönheimer, R.:* The dynamical state of body constituents, Harvard University Press (1946)
90) *Stahl, F. W.:* Mechanismus der Vererbung, Verlag S. Fischer, Stuttgart (1969)
91) *Steinbuch, K.:* Automat und Mensch, Verlag Springer, Heidelberg (1971)
92) *Stern, C.:* Grundlagen der Humangenetik, Verlag Fischer, Stuttgart (1968)
93) *Störig, H. J.:* Moderne Astronomie, Verlag Knaur, München, Zürich (1972)
94) *Szczesny, G.:* Das sogenannte Gute, Verlag Rowohlt, Reinbek (1971)
94a) *Szczesny, G.:* Disziplinierung der Demokratie, Verlag Rowohlt (1974)
95) *Tamman, G. A., Wyler, D.:* Orion, Zeitschrift Schweiz. Astron. Ges. 143, 12 (1973)
96) *Toffler, A.:* Der Zukunftsschock, Verlag Scherz, Bern, München, Wien (1972)
96a) *Toffler, A.:* Kursbuch ins dritte Jahrtausend, Verlag Scherz, Bern, München, Wien (1973)
97) *Topitsch, E.:* Ursprung und Ende der Metaphysik, Verlag Springer, Wien (1958)
97a) *Topitsch, E.:* Logik der Sozialwissenschaften, Verlag Kiepenheuer und Witsch, Köln (1972)
97b) *Topitsch, E.:* Gottwerdung und Revolution, UTB Verlag 288 (1973)
97c) *Topitsch, E.:* Chronique scandalense der Dialektik, Frankfurter Allgemeine Zeitung 12. 1. 1974
98) *Träger, L.:* Einführung in die Molekularbiologie, Verlag Fischer, Stuttgart (1969)

99) *Unsöld, A.:* Der neue Kosmos, Verlag Springer, Heidelberg (1967)
100) *Ursprung, H., Nöthiger, R.:* The Biology of imaginal disks, Verlag Springer, Heidelberg (1972)
101) *Vaihinger, H.:* Die Philosophie des als ob (1911)
102) *Valentine, G. H.:* Die Chromosomenstörungen, Verlag Springer, Heidelberg (1968)
103) *Watson, H. D.:* Molecular Biology of the gene, Verlag Benjamin, New York (1970)
104) *Weidel, W.:* Virus und Molekularbiologie, Verlag Springer (1964)
105) *Weizsäcker, C. F. von:* Die Tragweite der Wissenschaft, Verlag Hirzel, Stuttgart (1970)
105a) *Weizsäcker, C. F. von:* Zum Weltbild der Physik, Verlag Hirzel, Stuttgart (1970)
105b) *Weizsäcker, C. F. von:* Die Einheit der Natur, Verlag Hanser, München (1971)
106) *Westphal, W. H.:* Lehrbuch der Physik, Verlag Springer, Heidelberg (1970)
107) *Widmann, H.:* Exil und Bildungshilfe, Die deutsche Emigration in die Türkei nach 1933, Verlag H. und P. Lang, Bern-Frankfurt (1973)
108) *Wieland, Th., Pfleiderer, G.:* Strukturvergleich analoger Proteine der Cytochrome. Umschau, Wissenschaft, Technik, Verlag Breitenstein, Frankfurt am Main 7, 152 (1967)
109) *Wiener, N.:* Mensch und Menschmaschine, Verlag Metzner, Frankfurt am Main-Berlin (1952)
110) *Winterstein, H.:* Schlaf und Traum, Verlag Springer, Berlin (1932)
111) *Wittgenstein, L.:* Tractatus logico-philosophicus, Verlag Harcourt, New York (1922)
112) *Wollin, G., Ericson, D. B.:* Aminosäuren aus Bestrahlung, Nature, 233, 615 (1971)

Sach- und Namensregister